超声波电机控制技术

史敬灼　著

科学出版社

北京

内 容 简 介

本书主要阐述超声波电机控制技术及具体装置的设计与实现方法，反映超声波电机控制领域的最新进展，内容丰富，深入浅出，包括超声波电机改进PID控制技术、黄金分割自适应控制技术、模型参考自适应控制技术等。针对超声波电机产业化应用需求，书中给出多种在线计算量小的超声波电机新型控制策略及详细设计方法，分析超声波电机系统的控制非线性问题，并论述了适合控制应用的超声波电机控制系统建模方法。

本书可作为高等院校电力电子与电力传动、控制理论与控制工程、自动化、电气工程及其自动化等专业师生的参考书，也可供从事超声波电机驱动控制装置开发、设计生产的工程技术人员使用。

图书在版编目(CIP)数据

超声波电机控制技术/史敬灼著. —北京：科学出版社，2018. 11

ISBN 978-7-03-059351-1

Ⅰ.①超… Ⅱ.①史… Ⅲ.①超声波电机-控制系统 Ⅳ.①TM38

中国版本图书馆CIP数据核字(2018)第251420号

责任编辑：陈 婕 / 责任校对：张小霞

责任印制：吴兆东 / 封面设计：蓝 正

科学出版社 出版

北京东黄城根北街16号

邮政编码：100717

http://www.sciencep.com

北京建宏印刷有限公司 印刷

科学出版社发行 各地新华书店经销

*

2018年11月第 一 版 开本：720×1000 B5

2022年 7 月第四次印刷 印张：15 1/4

字数：300 000

定价：108.00元

(如有印装质量问题，我社负责调换)

前　言

超声波电机是一种新型的运动控制部件，它依靠压电材料的逆压电效应实现机电能量转换，其工作机理与运行特性不同于传统的电磁电机。因超声波电机具有无电磁干扰、形状自由度大、抗恶劣环境等优点，已在精密及普通运动控制领域成功应用，其工业化应用前景广阔。

由于超声波电机主要基于逆压电效应的机电能量转换过程，以及定子、转子间的机械能摩擦传递过程，其运行过程的非线性、时变特性明显，且电机内部多变量耦合较为复杂，因此不易实现良好控制。从控制角度来看，其非线性主要表现在三个方面：一是不同驱动参数（电压幅值、频率、相位差）情况下的电机动态运行特性存在差异；二是固定驱动参数运行情况下，能量损耗引起电机温度升高，电机定子压电材料特性及定子、转子间摩擦状况发生变化，导致电机内部机电能量转换及传递特性发生变化；三是驱动电路直接可控变量（PWM 占空比、相位差）与电机端电压实际表现之间的非线性，即驱动电路自身的非线性及其与时变负载（超声波电机）之间相互作用带来的耦合非线性。

对超声波电机非线性的研究及在此基础上的电机建模研究，是超声波电机运动控制研究的基础。超声波电机机电能量转换包含多个相互关联、相互影响的转换、传递过程，因此其理论建模复杂且不易在线实现。从控制应用角度出发，作为控制基础的电机（及其系统）模型应是适合于实时控制应用的，既相对简单，又能够准确反映非线性的主要方面。目前看来，理论与实验相结合的辨识建模方法较为合适，神经网络可以作为全部或部分模型的具体实现手段。

电机本体固有的非线性，是制约超声波电机驱动系统运动控制性能的关键因素。多年来，研究者不断探求新的控制策略与实现形式，控制算法渐趋复杂。许多复杂的控制策略先后被提出，并用于超声波电机。这些控制策略的算法复杂，不仅增加了系统复杂度、降低了系统可靠性，而且在线计算量大，其实现需要更高档的 DSP 芯片甚至台式计算机，从而增加了系统成本，不利于超声波电机的产业化应用。

另外，由于超声波电机非线性运动过程的复杂性，其运动控制策略为了抵消或补偿这种非线性，需要具有与超声波电机相适应的非线性特征和复杂度。如果所用控制策略的复杂度超出了超声波电机控制所需，或者控制策略具有的非线性与超声波电机的非线性特征不匹配，就类似于“过拟合”，反而会使超声波电机运动过程呈现出更多的非线性。

面对产业化应用需求，在满足系统性能要求的前提下，探求相对简单、在线计算量小的控制策略以降低系统复杂度，从而降低成本并提高系统可靠性，已成为当前超声波电机控制策略研究的热点。

作者课题组近年在超声波电机控制策略研究方面做了一些探索性的研究工作，本书是对这些研究工作的总结。感谢国家自然科学基金、河南省基础与前沿研究基金、河南省高校杰出科研人才创新工程等项目对与本书内容相关的研究工作的资助。感谢研究生尤冬梅、王晓阳、刘玉、沈晓茜、王晓节、赵福洁等同学在相关研究工作中的付出。

由于作者经验和水平所限，书中难免存在不妥之处，殷切希望读者批评指正。作者的联系地址是：河南省洛阳市开元大道 263 号河南科技大学电气工程学院 60 信箱，邮编 471023，Email：shijz@haust. edu. cn。

史敬灼

2018 年 3 月

目　　录

第1章　绪　　论

为了满足现代自动化设备对运动控制装置提出的诸多新要求，如短、小、轻、薄、无电磁干扰、低噪声等，自20世纪80年代起，国内外学者开始致力于超声波电机(ultrasonic motor，USM)这种新型微特电机的研究与开发工作。超声波电机结构及运行原理不同于传统的电磁电机，它利用压电材料的逆压电效应产生超声波振动，从而把电能转换为弹性体的超声波振动，并通过摩擦传动的方式转换为运动体的回转或直线运动。在各类超声波电机中，两相行波超声波电机应用最为广泛。本书所述研究工作均以此类电机为研究对象，下文所述超声波电机均指两相行波超声波电机。

应用领域的不断拓展，对行波超声波电机的转速控制性能提出了越来越高的要求。但由于超声波电机基于逆压电效应的机电能量转换过程，以及定子、转子间的机械能摩擦传递过程，其控制非线性及内部多变量耦合较电磁电机复杂，因此不易实现良好控制。电机本体固有的非线性，是制约超声波电机控制性能的关键因素。从控制的角度来看，其非线性主要表现在三个方面：一是不同驱动参数(电压幅值、频率、相位差)情况下的电机动态运行特性存在差异；二是固定驱动参数运行情况下，由于能量损耗引起电机温度升高，电机定子压电材料特性及定子、转子间摩擦状况发生变化，导致电机内部机电能量转换及传递特性发生变化；三是驱动电路可控变量与电机端电压实际表现之间的非线性。

对超声波电机的控制动作都是通过调节外加驱动电压来实现的。上述非线性体现在电机的驱动电压上，还表现出以下两个方面的特征：一方面，电机两相特性不一致使得两相驱动电压幅值差异较大，导致定子表面各质点的椭圆运动轨迹发生畸变；另一方面，驱动电压幅值存在波动现象。驱动电压幅值波动主要源于以下原因：一是电机定子每相压电陶瓷片各个分区的材料特性不完全一致；二是电机定子、转子接触表面各点接触状态有差异；三是电机运行过程中，各部位发热导致的温度变化不均匀等。这些电机特性差异使得电机每相等效电参数发生时变，导致驱动电压幅值波动。驱动电压的这些非线性表征，直接影响电机转速控制精度和响应速度。

如何克服超声波电机系统固有的非线性及时变特征，得到符合应用期望的转速控制性能和运行稳定性，是超声波电机转速控制研究面临的核心问题。近年来，研究者不断探求新的控制策略与实现形式，控制算法渐趋复杂化。许多复杂的控制策略，先后被提出并用于超声波电机。这些控制策略的算法复杂，不仅增加了系统复杂度、降低了系统可靠性，而且在线计算量大，其实现需要更高档的 DSP 芯片甚至台式计算机，增加了系统成本，不利于超声波电机的大规模产业化应用。

面对产业化应用需求，在满足系统性能要求的前提下，探求相对简单、在线计算量小的超声波电机控制策略，以降低系统复杂度，从而降低成本并提高系统可靠性，已成为当前超声波电机控制策略研究的又一热点。

1.1 超声波电机驱动控制技术的发展

关于超声波电机的研究，早期主要集中于材料特性、材料制备加工工艺、运动机理及机械结构，目前则集中于新的电机结构、运动控制策略、应用技术三方面。在电机结构研究方面，先后提出了行波型、驻波型、直线及模态耦合型、兰杰文振子等不同结构的超声波电机，其应用技术研究目前已经涉及航空航天、半导体工业、汽车、家用电器等众多领域。由于超声波电机应用场合的多样性和复杂性，以及其结构与外形设计的灵活性，其结构方面的研究工作仍将随着其应用领域的拓展而不断深入展开。

两相行波超声波电机的运行离不开合适的驱动电路。其原因有两点：一是两相行波超声波电机必须工作在超声频域，根据各种电机不同的结构形式，要求驱动器能够输出频率在 20～100kHz 的高频电压，且必须提供超声频段内两相具有一定相位差的同频、等幅的正弦交流驱动电压，电压峰峰值要求在几十伏特到上千伏特之间；二是压电材料具有容性负载的特点，不同于传统电机的感性或阻性特性，为了提高驱动电路效率，实现能量的高效转换，使超声波电机获得足够的功率，在驱动电源和电机之间必须加上匹配电路，以改善驱动电压波形、减小高频谐波分量，避免激发出定子的非工作模态。因此，传统电磁式电机的驱动装置对超声波电机并不适用，必须为其设计专用驱动电路。

驱动控制电路设计是否合理与超声波电机的运行性能和更大范围的推广应用息息相关。目前，驱动电路的设计大都采用全控型电力电子器件、PWM 高频逆变电路等现代电力电子技术手段。使用较多的主电路拓扑结构有推挽、半桥、H 桥等，与主电路结构相适应的不同 PWM 方法则被用来调节驱动电压的幅值、频率及相位差，进而实现对电机转速、位置的控制。可以看出，在超声波电机的闭环控制系统中，基于 PWM 技术的主电路是控制前向通道中的执行机构，其输入-输出线性度与调节精度直接关系到控制系统的动态性能。由此可以说，现代电力电子技术是超声波电机高性能控制的基础。

由于超声波电机具有特殊的本体结构和运行机理，故超声波电机的控制不同于传统的电磁电机。超声波电机的输出特性会随着环境温度、摩擦损耗、预压力、驱动激励频率等因素的变化而呈现出严重的非线性与分散性，且不易建立精确数学模型。为了实现超声波电机的高性能运行,必须获取相关反馈信号并进行闭环控制。所以超声波电机通常不能像传统电磁电机那样开环工作,转速和/或位置的闭环控制是发挥和提高超声波电机运行性能的必要环节。

对两相行波超声波电机进行控制,就是改变电机内部行波的波幅、速度和定子表面质点的椭圆运动轨迹,相应的控制变量为电机两相驱动电压的幅值、频率、相位差。若电机端电压过低,压电元件难以起振;过高则会超过电机允许的电压极限,损坏电机;而且在一定的电压调节范围内,电压幅值的改变对电机转速影响较小,在需要大范围调速的应用中较少使用,可用于转速在小范围内的高精度调节。调频控制通过改变两相电压激振频率来控制定子的共振状态。电机通常工作在其谐振频率点附近,调频调速具有响应快、调速范围大等特点。因为电机两相电压的相位差与定子表面质点的运行速度有一定的函数关系,所以通过改变两相电压之间的相位差也可对转速进行控制。

对超声波电机伺服定位和速度控制的研究始于20世纪90年代,Yuji、Senjyu、Lin等学者在该领域进行了较多的研究。随着机理研究的深入及性能要求的逐步提高,近年来关于超声波电机运动控制技术的研究越来越受到重视。由于超声波电机的运行包含压电能量转换、摩擦能量传递等过程,超声波电机非线性及内部多变量耦合较为严重,不易控制。众多控制策略,如PID、自适应、滑模变结构、神经网络、模型参考、逆模型、H^{∞}等,都已被尝试用于超声波电机运动控制,改善了超声波电机运行过程中的谐振频率点漂移、温度补偿等问题,提高了速度稳定性与跟踪性能。但是,由于超声波电机研究历史不长,对超声波电机不同于电磁电机的运行机理及非线性特点认识不足,超声波电机的潜能未得到充分发挥,控制效果仍有较大的改进余地。根据超声波电机的运动机理及不同应用场合的特定要求,研究合适的驱动控制电路及适当的控制策略,提高电机运动控制系统的运动精度、重复精度、整体效率及可靠性,一直是超声波电机研究的重点。

电机驱动控制系统的模型是控制策略研究的基础。因此,本节将从建模与控制策略两方面评述超声波电机运动控制的国内外发展现状。

1.1.1 超声波电机系统建模的研究

系统模型是控制系统设计的前提条件。超声波电机作为一种新型机电能量转换装置,其能量转换过程包括多个层次,首先是通过压电陶瓷材料逆压电效应将高频高压电能转换为定子表面质点的波动机械能,随后这一质点运动通过定转子接触表面的摩擦作用转换为转子的旋转运动。复杂的能量转换过程及功能材料的非线性特性,使得超声波电机具有较强非线性,内部状态变量耦合关系复杂,因此,超声波电机的准确理论建模难于实现。

从控制应用的角度出发,为使所建立的超声波电机系统模型更适合于控制应用，需考虑理论精确建模之外的其他方法，目前主要有等效电路模型、平均值模型和辨识建模三类。其中，等效电路模型已有较多研究，能够用来较好地表述超声波电机工作原理和静态特性，但在动态特性描述方面尚显不足，等效电路参数的在线辨识是将该模型用于高性能控制的一种途径。Maas 等(1997，2000)提出的超声波电机平均值模型，虽然未能确切描述能量的摩擦传递过程，但为研究者提供了可借鉴的思路。通过进一步研究(庞华山等，2010)与融合，平均值模型有可能成为一类有应用前景的建模方法。

近几年，超声波电机的辨识建模方法逐渐兴起，目前已成为超声波电机运动控制研究中采用的主要建模方法。文献中给出的辨识建模方法多种多样，模型形式亦有差异。其中最为常见的是差分模型，如 Senjyu 等(1998)所用模型形式为

$$\begin{cases} Ay(k)=q^{-d}Bu(k)+w(k) \\ A=1+a_1z^{-1}+a_2z^{-2}+\cdots+a_nz^{-n} \\ B=b_0+b_1z^{-1}+b_2z^{-2}+\cdots+b_mz^{-m} \end{cases} \tag{1.1}$$

式中，$y(k)$为系统输出；$u(k)$为输入的控制量；$w(k)$为白噪声信号；多项式 A、B 中的待定系数 $a_1,\cdots,a_n$ 和 $b_0,\cdots,b_m$ 由辨识获得，模型阶次根据应用所需模型精度确定。

根据控制算法设计或仿真分析的不同需求，模型形式也可以是传递函数，如张新良等(2008)以电机驱动器的输入给定电压作为输入量，得到的模型为

$$G(s)=\frac{\omega(s)}{V(s)}=\frac{\alpha}{J_r s+\delta}=\frac{K}{Ts+1} \tag{1.2}$$

式中，K、α 为比例系数；J_r 为转子转动惯量；δ 为阻尼力矩系数。

为了描述超声波电机的时变特性，差分或传递函数模型中的模型参数可以表述为一个或多个电机状态量的函数。例如，刘博等(2010)所用模型形式为

$$\frac{y(k)}{u(k)}=\frac{b_1(f)+b_2(f)z^{-1}+\cdots+b_5(f)z^{-4}}{1+a_1(f)z^{-1}+\cdots+a_5(f)z^{-5}} \tag{1.3}$$

式中，$a(f)$、$b(f)$ 均为以电机驱动频率 f 为自变量的多项式函数。张新良等(2008)则采用如下形式：

$$G_m(s,u)=e^{-\tau_m(u)s}\frac{K_m(u)}{T_m(u)s+1} \tag{1.4}$$

式中，$K_m(u)$、$T_m(u)s$、$\tau_m(u)s$ 用来表示模型参数随电机驱动器输入给定电压 u 变化的关系。

针对超声波电机系统不同控制需求，如何设计建模方法及建模过程以得到合适的模型，尤其是模型参数如何用来更准确地表述时变特性，仍需要进一步的细化研究。

1.1.2　超声波电机的运动控制策略

如前所述，超声波电机运行过程中表现出显著的时变及非线性特性，这给超声波电机的运动控制带来了不小的难度。按照超声波电机的运行机理，其控制的实质在于改变定子表面行波的波幅、速度以及质点的椭圆运动轨迹，相应的可控输入量为电机驱动电压的幅值、频率和相位差。已有许多控制策略应用于超声波电机，下面分类阐述比较典型的控制策略。

1. PID 控制

用于超声波电机的 PID 控制有固定参数 PID 和变参数 PID 控制两类。因为超声波电机的时变特性，固定参数 PID 控制难以取得好的控制效果，变参数 PID 则要好一些。神经元 PID 控制（傅平等，2007）采用单个神经元实现 PID 控制，并利用神经网络的在线学习算法实时更新连接权重，实现了 PID 控制参数的动态调节。贺红林等（2009）利用遗传算法在线优化 PI 控制器参数，优化过程以位置偏差最小为目标，能够在一定程度上补偿超声波电机的非线性及时变特性，但是遗传算法的随机特性及在线计算量与控制实时性、时变跟踪能力之间的折中考虑会影响到优化效果。

2. 自适应控制

自适应控制能通过不断调整控制器参数来补偿被控对象的特性变化，适用于超声波电机这样的时变对象。从实用角度讲，自适应控制可分为自校正、模型参考自适应和非线性自适应控制等几类。

1）自校正控制

李华峰等（2003）以驱动电压相位差作为控制量，使用包含在线参数辨识的最小方差自校正控制器来补偿电机的时变特性。电机数学模型采用差分形式，控制原则是使代价函数 J_1 最小：

$$J_1=\mathrm{E}\{[y(k+d)-y_m]^2+\lambda[u(k)]^2\} \tag{1.5}$$

式中，$y(k+d)$ 和 y_m 分别为实际的转子位置和期望的转子位置；$u(k)$ 为输入控制量（相位差）；λ 为加权因子，用以限制输入，使之不至过大，同时也改善系统的闭环稳定性。李华峰等（2003）采用经典的自校正算法进行控制，控制计算所需的电机参数由最小二乘法在线辨识获得，可实现对阶跃信号的快速准确响应。

2）模型参考自适应控制

模型参考自适应控制（MRAC）利用参考模型输出与实际系统输出之间的差值，不断调整控制器参数补偿被控对象的参数变化。Senjyu 等（2002）采用驱动电压相位差为控制量，采用标准的二阶环节作为参考模型，设计了模型参考自适应控制系统；控制器由前置滤波器 $\hat{F}_2(t)$、反馈补偿器 $\hat{F}_1(t)$、自适应机构和参考模型组成。为确定 $\hat{F}_1(t)$ 和 $\hat{F}_2(t)$ 的自适应律，定义 Lyapunov 函数：

$$V=e_m^{\mathrm{T}}Pe_m+\mathrm{tr}(\psi^{\mathrm{T}}\Gamma^{-1}\psi) \tag{1.6}$$

式中，e_m 为实际输出与模型输出间的差值；P、Γ^{-1} 为正定对称矩阵；ψ 为可调系统 $\hat{F}_1(t)$ 和 $\hat{F}_2(t)$ 与模型的偏差向量。由此 Lyapunov 函数得自适应律为

$$\begin{cases}\hat{F}_1(t)=-\mu B_m^{\mathrm{T}}Pe_m x^{\mathrm{T}}\\ \hat{F}_2(t)=-\mu B_m^{\mathrm{T}}Pe_m r^{\mathrm{T}}\end{cases} \tag{1.7}$$

式中，μ 为正实数。依此自适应律调节控制器参数，可使电机的转角较快地跟踪参考模型的输出。

3）非线性自适应控制

超声波电机是非线性、时变的被控对象，设计合适的非线性自适应控制算法，有可能达到更为理想的控制效果。但是从控制理论的发展来看，非线性系统的控制是十分复杂的问题，目前，只是针对某些特定的非线性控制问题取得了一些研究成果，还没有一般性的控制算法可以遵循。对于超声波电机而言，适当的非线性自适应控制算法仍有待细致探求。

Bigdeli 等（2004a）采用驱动电压相位差作为控制变量，对超声波电机的非线性自适应控制问题进行了初步研究，给出了一种超声波电机 Hammerstein 模型。该模型由静态非线性、动态线性脉冲传递函数两部分串联构成。根据实验结果，电机稳态转速 ω_{ss} 与驱动频率 f、T_L 和温度 φ 的关系可表述为

$$\begin{aligned}\omega_{ss}(f,T_L,\varphi)=&3.4333\times10^{-6}[f+5(\varphi-25)]^2-0.2868[f+5(\varphi-25)]\\&-66.6667T_L^2+5.9924T_L+5.9924\times10^3\end{aligned} \tag{1.8}$$

式(1.8)就是 Hammerstein 模型的静态非线性部分。动态线性部分的模型则取为

$$\frac{\omega(s)}{V(s)}=\frac{K_m}{\tau s+1} \tag{1.9}$$

根据上述 Hammerstein 模型，Bigdeli 等（2004b）采用广义预测控制实现了具有较强抗扰性的位置控制。

3. 智能控制

1）模糊控制

目前，单一的固定参数模糊控制方法应用于超声波电机控制，虽然可提高系统鲁棒性，但难以得到较高的控制精度，因此目前多采用变参数模糊控制，或与其他控制算法相结合，如 PI＋模糊控制。Senjyu 等（2002）将模糊推理与 MRAC 相结合，用模糊控制器来补偿相位差控制死区，用 MRAC 主要完成位置控制功能，将两个控制器输出的和作为控制量。

2）人工神经网络

人工神经网络（ANN）具有非线性逼近、自适应特征，在许多领域已获得广泛应用。目前，ANN 在超声波电机领域已被用于模型辨识和控制。ANN 用于辨识建模，可以得到前向模型或逆模型。逆模型可直接用作非线性控制器，如 Takemura 等（2002）采用神经网络构建了一种多自由度超声波电机的逆模型，并给出了一种基于逆模型的控制方法来实现转子绕任意轴旋转的目标。ANN 用于超声波电机控制的具体形式多种多样。Lin 等（2004）在神经网络结构中加入小波层，更好地实现了非线性特性映射，将其用于超声波电机 X-Y 运动台定位控制时具有较好的抗扰能力。

3）模糊神经网络控制

模糊与人工神经网络相结合，构成的控制方法可称为模糊神经网络控制。这种结合的形式多种多样。如贺红林等（2006）采用模糊与神经网络控制器各自独立工作、互相切换的方式，用模糊控制器来加快系统响应速度，用系统进入稳态后才开始工作的神经网络控制器消除稳态误差；这是一种互相独立的“结合”，神经网络仅用于克服模糊控制的缺陷。

综上所述，对超声波电机非线性的研究及在此基础上的电机建模研究，是超声波电机运动控制研究的基础。超声波电机包含多个相互关联、相互影响的机电能量转换、传递过程，因此其理论建模复杂且不易在线实现。从控制应用角度出发，在理论指导下的实验辨识建模方法较为合适。

随着对超声波电机系统非线性认识的不断深入，细致探求超声波电机系统控制策略的条件已日渐成熟。对于超声波电机这类非线性、时变控制对象，控制策略应具有自适应能力。随着研究与实践的逐步深入，超声波电机运动控制正向着充分利用控制自由度、实现性能动态优化的方向发展。

超声波电机运动控制技术研究以应用为目的。一方面，如上所述，需要研究高性能运动控制策略及实现方法；另一方面，也应注重面向工业应用，研究低成本、高可靠性的驱动控制装置。为降低成本，控制算法应相对简单，如固定及可变参数 PID 控制方法。

随着超声波电机的广泛应用，对其驱动控制技术提出了越来越高的要求，现有驱动控制技术有待进一步的改进和完善；而微型化、高性能的驱动控制电路和适合的控制算法依然是近年来国内外学者研究的热点和难点。

1.2　本书的内容安排

本书系统介绍了作者课题组近年在超声波电机控制领域进行的研究工作，章节内容安排如下：

第 1 章简单叙述了超声波电机驱动控制技术的发展。

第 2 章讨论两相行波超声波电机驱动控制系统的建模方法：采用系统辨识方法，建立适合于超声波电机转速闭环控制应用的电机系统模型，为后续章节控制策略研究提供基础。这里给出的辨识建模方法对其他类型的超声波电机及传统电磁电机的建模研究均有借鉴意义。

第 3 章针对超声波电机产业化应用需求，在满足系统性能要求的前提下，研究相对简单、在线计算量小的控制策略，以降低成本并提高系统可靠性；在研究 PID 控制性能的基础上，给出了简单专家 PID、单输入 Takagi-Sugeno 模糊控制等超声波电机控制策略。

第 4 章建立了超声波电机的特征模型，并基于该模型设计了超声波电机线性与非线性黄金分割转速控制策略、全系数自适应控制策略。实验结果表明，所提控制策略具有较好的鲁棒性，且具有在线计算量相对较小的特点。

第 5 章研究超声波电机模型参考自适应控制策略：首先设计改进 MIT 模型参考自适应转速控制策略，降低控制策略复杂度，以利于超声波电机的工业化推广应用；其次，为了保证系统的稳定性，给出采用 Lyapunov 稳定性理论推导自适应律的改进 MIT 转速控制策略；最后，基于波波夫超稳定理论，采用输入输出值微分反馈网络方法，设计了超声波电机模型参考自适应转速控制策略。

第 6 章尝试将迭代学习控制策略用于超声波电机控制，针对超声波电机的控制特点，设计了 P 型迭代学习、PI 型迭代学习和非线性迭代学习等多种控制律，并根据超声波电机的非线性、时变特点，给出了改进的控制算法。

参考文献

傅平，郭吉丰. 2007. 基于神经元自适应 PID 的超声波电机速度位置控制[J]. 电工技术学报，22(2)：28-33.

郭吉丰，楼少敏，刘晓. 2002. 微系统用超声微电机的研究现状和发展趋势[J]. 工程设计学报，19(4)：173-177.

贺红林. 2007. 超声波电机及其在机器人上的应用研究[D]. 南京：南京航空航天大学.

贺红林，赵淳生. 2006. 超声波电机驱动的机器人的模糊神经网络控制[J]. 压电与声光，28(2)：143-146.

贺红林，朱华，赵淳生. 2009. 行波超声波电机的遗传算法变增益 PI 位置控制[J]. 机械科学与技术，28(10)：871-875.

胡敏强. 2000. 超声电动机的研究及其应用[J]. 微特电机，28(5)：8-11.

蒋天发，王江晴. 2003. 神经网络 PID 复合智能控制参数自整定研究[J]. 武汉大学学报(工学版)，36(4)：111-114.

李华峰，辜承林. 2003. 使用自适应控制的超声波电机精密位置控制[J]. 压电与声光，25(2)：155-158.

刘博,史敬灼.2010.超声波电机频率-转速控制的动态辨识建模[J].微特电机,38(7):65-68.

庞华山,史敬灼,刘兆魁.2010.两相行波超声电机系统平均值模型研究[J].微特电机,38(1):4-8.

钱卫忠,曾周末,杨学友.2000.超声波电机驱动源的频率跟踪[J].天津大学学报,33(3):375-377.

上羽贞行,富川义郎.1998.超声波马达理论与应用[M].杨志刚,郑学伦,译.上海:上海科学技术出版社.

史敬灼.2006.基于Boost升压与LC谐振的超声波驱动电路[J].电气应用,25(8):20-22.

史敬灼.2008.调频调幅调相的超声波电动机控制电路[J].微特电机,36(1):46-49.

史敬灼.2011.超声波电机运动控制理论与技术[M].北京:科学出版社.

史敬灼,候义铭.2007a.超声波电机低成本驱动电路[J].电气传动,37(1):62-64.

史敬灼,尤向阳.2007b.超声波电动机等效电路模型参数辨识[J].微特电机,35(12):52-54.

史敬灼,徐迎曦.2009.具有正反转不对称补偿的超声波电机闭环控制电路[J].电机控制与应用,36(2):41-46.

史敬灼,吕方方,吕琳.2011.超声波电机运动控制技术的发展[J].微特电机,39(5):76-78.

史婷娜,徐绍辉,夏长亮,等.2003.超声波电机模糊-PI双模自适应速度控制[J].电工技术学报,18(3):1-4.

孙志峻,黄卫清.2009.超声电机驱动多关节机器人的类PID小波神经网络控制[J].机械工程学报,45(3):215-221.

王心坚,胡敏强,金龙,等.2008.基于单神经元PID-PI的行波超声波电机速度复合控制研究[J].微电机,41(3):19-22.

张新良,谭永红.2008.行波型超声波电机基于输入电压变化的参数模型辨识[J].系统仿真学报,20(13):3492-3496.

赵淳生.2002.面向21世纪的超声波电机技术[J].中国工程科学,4(2):86-91.

赵淳生.2004.世界超声电机技术的新进展[J].振动、测试与诊断,24(1):1-5.

赵淳生.2006.对发展我国超声电机技术的若干建议[J].微电机,39(2):64-67.

祖家奎,赵淳生.2004.行波超声波电机的驱动控制技术现状与发展[J].微特电机,32(6):38-42.

Bal G, Bekiroglu E. 2005. A highly effective load adaptive servo drive system for speed control of traveling-wave ultrasonic motor [J]. IEEE Transactions on Power Electronics, 20(5): 1143-1149.

Bigdeli N, Haeri M. 2004a. Modelling of an ultrasonic motor based on Hammerstein model structure[C]. The 8th Control, Automation, Robotics and Vision Conference, Washington DC.

Bigdeli N, Haeri M. 2004b. Position control of an ultrasonic motor using generalized predictive control[C]. The 8th Control, Automation, Robotics and Vision Conference, Washington DC.

Furuya S. 1992. Load adaptive frequency tracking control implementation of two-phase resonant inverter for ultrasonic motor[J]. IEEE Transactions on Power Electronics, 7(3): 542-550.

Izuno Y J, Izumi T, Yasutsune H, et al. 1998. Speed tracking servo control system incorporating traveling-wave-type ultrasonic motor and feasible evaluations[J]. IEEE Transactions on Industry Applications, 34(1): 126-131.

Jeng L F, Yi C S, Huan C P, et al. 2009. Interval type-2 fuzzy neural network control for X-Y-theta motion control stage using linear ultrasonic motors[J]. Neurocomputing, 18(3): 1138-1151.

Lin F J, Wai R J, Huang P K. 2004. Two-axis motion control system using wavelet neural network for ultrasonic motor drives[J]. IEE Proceedings-Electric Power Applications, 151(5): 613-621.

Maas J, Grotstollen H. 1997. Averaging model of inverter-fed ultrasonic motors[C]. IEEE Power Electronics Specialists Conference, Saint Louis.

Maas J, Schulte T, Fröhleke N. 2000. Model-based control for ultrasonic motors[J]. IEEE/ASME Transactions on Mechatronics, 5(2): 165-180.

Senjyu T, Uezato K, Miyazato H. 1995. Adjustable speed control of ultrasonic motors by adaptive control on power electronics[J]. IEEE Transactions on Power Electronics, 10(5): 532-538.

Senjyu T, Kashiwagi T, Uezato K. 2002. Position control of ultrasonic motors using MRAC and dead-zone compensation with fuzzy inference[J]. IEEE Transactions on Power Electronics, 17(2): 265-272.

Senjyu Y S, Miyazato H. 1998. Speed control of ultrasonic motors by adaptive control with a simplified mathematical model[J]. IEEE Proceedings-Electric Power Application, 145(3): 180-184.

Takemura K, Maeno T. 2002. Control of multi-DOF ultrasonic motor using neural network based inverse model [C]. IEEE/RSJ International Conference on Intelligent Robots and System, Beijing.

Xu J, Grant E, Kingon A, et al. 2005. Drive circuit for a mode conversion rotary ultrasonic motor[C]. The 31st Annual Conference of IEEE Industrial Electronics Society, Dallas.

第 2 章　超声波电机系统的辨识建模

超声波电机(USM)出现历史不长,以往研究多集中在电机本体的分析与设计,关于其控制的研究相对较少。随着超声波电机本体研究的不断深入与应用领域的不断拓展,人们对超声波电机装置的要求逐渐从“能用”发展到“用好”,并越来越重视其运动控制技术研究。由于超声波电机运行包含压电能量转换、摩擦能量传递等非线性过程,故超声波电机成为一种非线性、时变、强耦合的被控对象,不易实现高精度的运动控制。

被控对象数学模型是控制系统分析、设计与性能评估的重要基础。超声波电机的数学模型是分析、掌握其运行非线性的基础,同时也是自适应等控制策略研究、设计的必备前提。这也就使得超声波电机控制建模方法研究成为其运动控制研究的基础。为提高超声波电机运动控制装置的性能,研究更为合理的控制策略,必须得到适合于控制应用的超声波电机数学模型。超声波电机运行机理具有特殊性和复杂性,且其研究历史不长,其建模问题至今未得到很好解决,研究较多的是理论建模和采用有限元等方法的数值建模。这些模型都以压电、摩擦等理论知识为基础,试图能够完整描述超声波电机运行过程,目前已经取得较多进展,成为分析设计超声波电机的有力工具。但这些模型都过于复杂,难以直接应用和控制,且由于对超声波电机非线性的认识还不够透彻,模型中对非线性的表述不够全面,模型仍有改进的可能。

由于超声波电机包含压电能量转换和摩擦传递等具有非线性及较大分散性的过程,无论是理论建模还是数值建模,得到的模型对于控制应用而言,都过于复杂,难以实时应用。因此,研究能够反映超声波电机主要动态运行特征并适合于控制应用的超声波电机系统控制模型及相应的建模方法,成为当前超声波电机控制研究的主要方向之一。

从控制应用的角度出发,超声波电机的建模还可以采用其他的方法,如系统辨识的方法。超声波电机的输入输出信号能够反映电机(系统)的动态特性,而如果选择合适输入信号的形式,可以使输入、输出信号完全包含所关心的超声波电机非线性特征。因此,可以利用测试得到的输入输出数据对超声波电机建模,且得到的模型可以直接应用于控制。

本章讨论两相行波超声波电机驱动控制系统的辨识建模方法。以频率为输入变量的超声波电机转速控制模型对于提高转速控制性能具有重要意义。2.1 节设计实验测取转速阶跃响应,采用特征点法辨识电机模型,并针对模型参数的时变性,分别采用频率和转速为自变量对模型参数进行函数拟合,得到了适当考虑非线性的电机转速控制模型。2.2 节和 2.3 节进一步研究了超声波电机的非线性 Hammerstein 辨识建模问题,为超声波电机的非线性自适应控制研究提供了必要基础。

2.1 超声波电机系统的阶跃响应辨识建模

转速控制是电机运动控制的关键环节。在超声波电机的转速控制中,驱动电压的频率经常被用作控制变量来实现转速的调节。以频率为输入变量的超声波电机转速控制模型对于提高转速控制性能具有重要意义。本节测取电机系统的阶跃响应曲线,采用辨识建模方法,建立了适当包含非线性特征的超声波电机转速控制模型。该模型以频率为输入变量,对于提高调频转速控制性能具有重要意义。

2.1.1 数据测试实验设计

本节拟采用辨识方法建立超声波电机的频率-转速控制模型,因而需要通过实验测取的输入、输出信号分别为频率和转速。电机转速是在特定的频率输入信号作用下的输出响应,采用不同形式的输入信号,会得到不同的输出响应。为使所测数据能够完整反映超声波电机的特性,必须采用适当形式的频率信号作为输入。选取的输入信号必须充分激励出超声波电机的所有动态特征,这意味着输入信号的频率范围要能覆盖超声波电机动态频率范围中人们所关心的部分。阶跃形式的输入信号是符合上述要求的一种常用信号,形式简单,易于获得,便于分析和研究,是比较合适的输入信号。本节工作采用频率阶跃输入,在电机转速开环控制情况下测取电机转速的阶跃响应数据,进而辨识电机模型。

实验用电机为 Shinsei USR60 型两相行波超声波电机,自制 H 桥相移 PWM 驱动控制电路。直流测速发电机与电机同轴刚性连接,用于测量电机转速。驱动电压的频率通过电路调节设置为期望数值,为了获取实际驱动频率的准确值,以保证辨识精度,实验中实时测量电机驱动电压波形,并通过对记录波形的处理得到频率值。为使测量数据能够准确反映超声波电机的动态特性,进而保证辨识得到的电机模型的可信度,实验之前,需要根据先验知识和控制性能要求确定输入信号阶跃幅值、采样时间、数据记录长度等参数。

超声波电机的工作频率通常大于其机械谐振频率,频率越高,电机转速越低。频率输入阶跃幅值若过大,则转速过低,测量信号的信噪比降低,不利于提高辨识精度;若给定频率过小,对应的期望转速高,则电机转速变化量过大,可能会使开环运行的超声波电机突然停转。实验用电机的工作频率范围为 41.5~44kHz,经开环运行尝试,选定频率输入阶跃范围为 42.3~43.3kHz。超声波电机具有复杂的非线性，在不同输入频率情况下的特性表现不同，所以实验需在不同输入阶跃频率情况下分别测取输入、输出数据，以充分反映电机特性。同时考虑到测试过程中可能出现的不确定因素及随机扰动，每种频率情况都需要测取多组数据，以便剔除明显的偏差数据。实验设定的输入阶跃频率数值及其对应的电机稳态转速值如表 2.1所示。

表 2.1　阶跃响应测试数据分布

序号	频率/kHz	转速/(r/min)
1	43.1	22.4
2	43.2	20.3
5	43.3	18.5
13	42.7	37.1
14	42.8	32.6
15	42.9	30.3
17	42.4	53.6
18	42.5	46.9
19	42.6	43.2
21	42.3	62.8

数据记录时间要足够长以包含完整的阶跃响应过程。但时间长，数据量大，会给模型辨识计算带来不必要的负担，并可能影响辨识精度。实验表明，实验用电机的阶跃响应过程时间不大于 100ms，故取数据记录时间长度为 200ms。

实验中的数据记录是通过 A/D 采样完成的，采样时间的大小直接影响辨识精度。采样定理要求采样频率要至少为对象截止频率的两倍。若采样时间过大，会使信息损失过多，降低辨识精度。而在相同记录时间情况下，减小采样时间则会增加数据量，同时由于硬件响应速度和计算速度的限制，采样时间也不能过小。对于实验用电机，要求的控制响应带宽不大于 500Hz，进一步考虑到需要从所测电压波形获取频率信息，实验中选取采样频率为 10MHz，以保证测量精度。

实验中同步采集电机驱动电压和测速发电机输出电压信号，测得阶跃响应曲线如图 2.1 所示。为使波形清晰可见，图中仅给出了部分时间的数据。

2.1.2　基于阶跃响应的超声波电机模型辨识

在进行模型辨识之前，需要对数据进行必要的预处理。由图 2.1 可见，实测数据含有噪声；测速发电机输出信号幅值小，噪声更为明显。考虑到要求的控制响应带宽不大于 500Hz，对转速测量信号进行截止频率为 1000Hz 的低通滤波。另外，为保证数据测量的完整性，数据记录起始时间早于阶跃输入作用时间，因而在记录

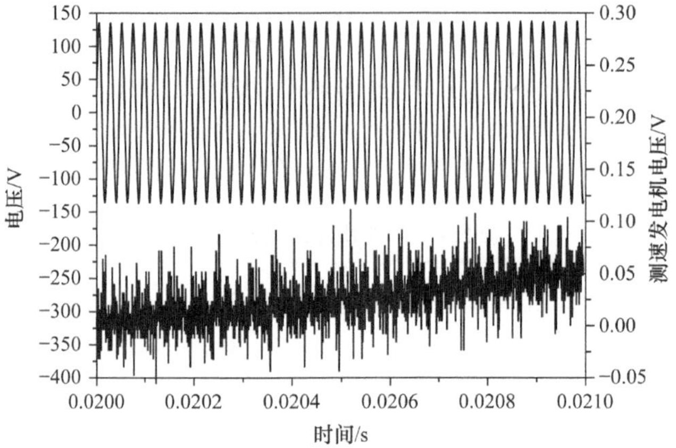

图 2.1　实测阶跃响应

数据起始处有一段转速为零的数据，这一段数据对辨识是无用的，若保留会影响辨识精度，需要去除。同时，测量数据中存在直流分量，这同样会影响辨识精度，可以采用平均值法去除。经上述预处理过程后，得到可用于模型辨识的转速阶跃响应数据，如图 2.2 所示。

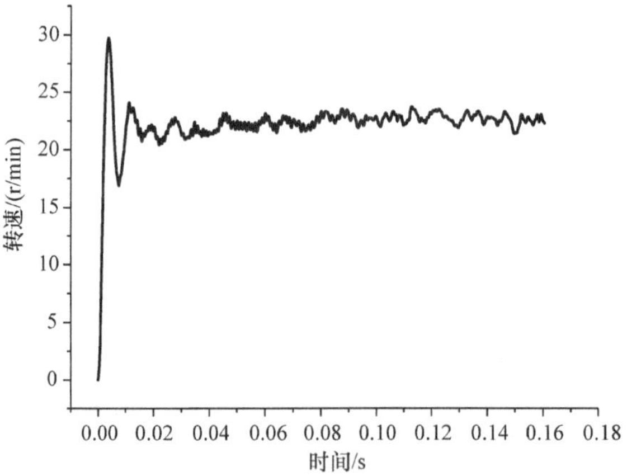

图 2.2　数据预处理后的阶跃响应

如前所述，超声波电机是一类非线性、时变对象，要实现这类对象的高性能控制，控制算法应具有在线修正能力，即控制算法应是自适应的。从这一考虑出发，将用于辨识的电机模型选为二阶。

采用阶跃响应数据辨识模型的方法有多种，如面积法、特征点法等。其中，面积法进行模型辨识可以充分利用每点数据信息，且抑制噪声能力强；但它不是一种优化算法，且不是针对指定阶次模型的辨识算法。如果设定的模型阶次等于或接近于实际对象的阶次，则采用面积法能够得到较为理想的结果。但是在实际的控制系统设计中，经常是用低阶模型模拟高阶对象以简化控制过程，这时采用面积法辨识得到的低阶模型必然会有偏差，模型精度不高。考虑到实测阶跃响应曲线具有衰减振荡特性，可以采用针对二阶欠阻尼模型的特征点法辨识电机模型。

取超声波电机的频率-转速控制模型传递函数为

$$G(s)=K\frac{\omega_0^2}{s^2+2\xi\omega_0 s+\omega_0^2}e^{-\tau s} \tag{2.1}$$

式中，$K=h_1/f$；h_1 为稳态转速值；f 为给定频率阶跃值；τ 为延迟时间；K 和 τ 可以从测量数据中直接获得；ξ 和 ω_0 为待辨识的模型参数，ξ 为阻尼系数，ω_0 为自然频率，$\xi=a_1/2\sqrt{a_2}$，$\omega_0=1/\sqrt{a_2}$。

为方便辨识，对式(2.1)进行归一化，得到二阶欠阻尼模型的标准形式的单位传递函数

$$G_1(s)=\frac{\omega_0^2}{s^2+2\xi\omega_0 s+\omega_0^2} \tag{2.2}$$

易知，式(2.2)所示对象归一化的阶跃响应时域表达式为

$$h(t)=1-\frac{e^{-\xi\omega_0 t}}{\sqrt{1-\xi^2}}\sin(\sqrt{1-\xi^2}\omega_0 t+\phi) \tag{2.3}$$

式中

$$\tan\phi=\frac{\sqrt{1-\xi^2}}{\xi} \tag{2.4}$$

令 Y_1^* 和 Y_2^* 分别是阶跃响应曲线第一、二波峰相对于稳态值(即归一化的单位值 1)的高度，且其间隔时间为 T_0，则由式(2.3)可得

$$Y_1^*=e^{-\frac{\pi\xi}{\sqrt{1-\xi^2}}} \tag{2.5}$$

$$Y_2^*=e^{-\frac{3\pi\xi}{\sqrt{1-\xi^2}}} \tag{2.6}$$

由上两式及 T_0 可解得

$$\xi=\frac{1}{\sqrt{1+(\pi/Y_1^*)^2}} \tag{2.7}$$

$$\omega_0=\frac{2\pi}{T_0\sqrt{1-\xi^2}} \tag{2.8}$$

设定电机模型如式(2.2)所示，采用特征点法对实测频率、转速数据进行辨识计算，得到模型参数如表 2.2 所示。

表 2.2 特征点法辨识的模型参数值

序号	ξ	ω_0/(rad/s)	K	τ/s
1	0.3373	887.533	0.5200	0.0138
2	0.3753	842.917	0.4707	0.0138
5	0.3241	837.550	0.4275	0.026
13	0.3912	825.563	0.8678	0.013
14	0.3744	865.378	0.7610	0.0137
15	0.4238	867.111	0.7064	0.0135
17	0.1999	738.785	1.2636	0.0172
18	0.2873	783.711	1.1021	0.019
19	0.3156	824.616	1.0137	0.021
21	0.2935	752.881	1.4855	0.022

图 2.3、图 2.4 给出了两组数据的辨识模型阶跃响应仿真结果与实测值的对比，可见结果较为理想。

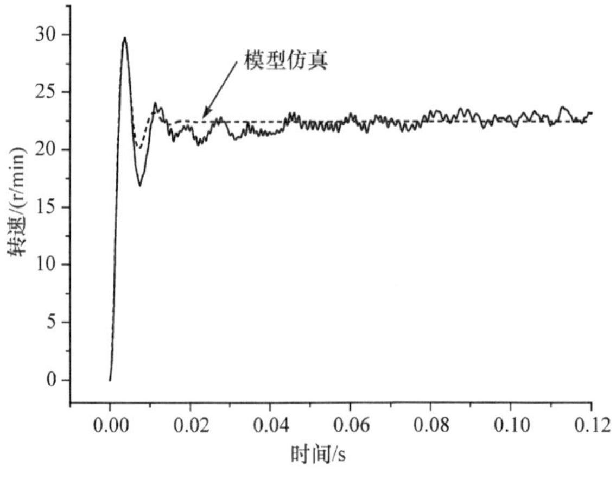

图 2.3 实测与仿真阶跃响应对比 I

由表 2.2 可知，电机模型参数具有时变性，这是超声波电机本身的非线性造成的。为使模型能够更充分地反映电机的非线性特征，需要在电机模型中表征出这种参数时变性。由于电机在不同输入频率的作用下会体现出不同的特性，故可以考虑用模型参数随频率的变化来表征这种时变非线性。在控制过程中，转速控制器的输出为频率给定值，若忽略频率调节动态过程，可认为上述频率给定值即实际值，于是频率值已知，故可以用频率 f 为变量对参数 ξ 和 ω_0 进行拟合，并分别用

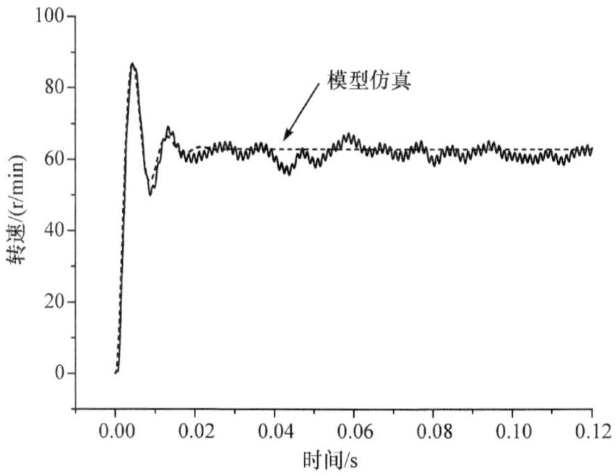

图 2.4　实测与仿真阶跃响应对比Ⅱ

$\xi(f)$和$\omega_0(f)$表示。为使拟合函数便于采用 DSP 等控制芯片在线计算，根据模型参数变化规律选用二次多项式函数进行拟合，得到拟合函数式为

$$\xi(f)=-336.67384+15.65764f-0.18186f^2 \tag{2.9}$$

$$\omega_0(f)=-115374.23674+5339.94183f-61.36374f^2 \tag{2.10}$$

图 2.5 为拟合前后的模型阶跃响应曲线对比，图中虚线为采用拟合数据计算的响应，可见两者基本重合，模型拟合效果良好。表 2.3 给出了拟合函数式(2.9)和式(2.10)计算的模型参数值。其中，相对误差为模型参数辨识值与拟合值之间的相对误差。

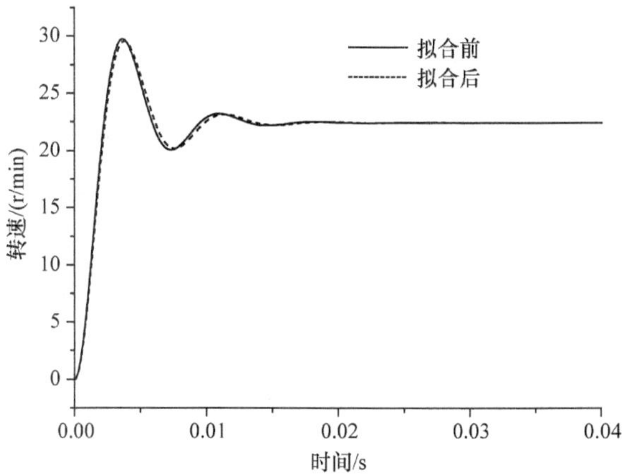

图 2.5　采用拟合参数计算的阶跃响应Ⅰ

表 2.3　频率拟合函数拟合的模型参数值

序号	$\xi(f)$		$\omega_0(f)$	
	数值	相对误差/%	数值/(rad/s)	相对误差/%
1	0.3442	2.0457	858.000	3.3276
2	0.3402	9.3525	856.416	1.6014
5	0.3326	2.6226	851.380	1.6512
13	0.3310	15.3885	831.025	0.6616
14	0.3407	9.0011	845.207	2.3308
15	0.3431	19.0420	849.303	2.0538
17	0.2817	40.9205	768.024	3.9578
18	0.3062	6.5785	798.463	1.8823
19	0.3202	1.4575	816.424	0.9935
21	0.2492	15.0937	728.803	3.1981

在超声波电机转速控制系统中，转速测量值是构成闭环控制所必需的。既然转速数据已知，当然也可以采用转速 n 为自变量对模型参数 ξ 和 ω_0 进行拟合，并分别用 $\xi(n)$ 和 $\omega_0(n)$ 表示。对于一些控制策略而言，采用这样的输出量拟合函数有可能得到更好的控制效果。根据辨识的模型参数选用二次多项式函数进行拟合，得拟合函数式为

$$\xi(n)=0.29595+0.00359n-7.00675\mathrm{e}^{-5}n^2 \tag{2.11}$$

$$\omega_0(n)=847.29469+1.83959n-0.05952n^2 \tag{2.12}$$

图 2.6 为拟合前后的模型阶跃响应曲线对比。以转速 n 为自变量的模型参数拟合值如表 2.4 所示。

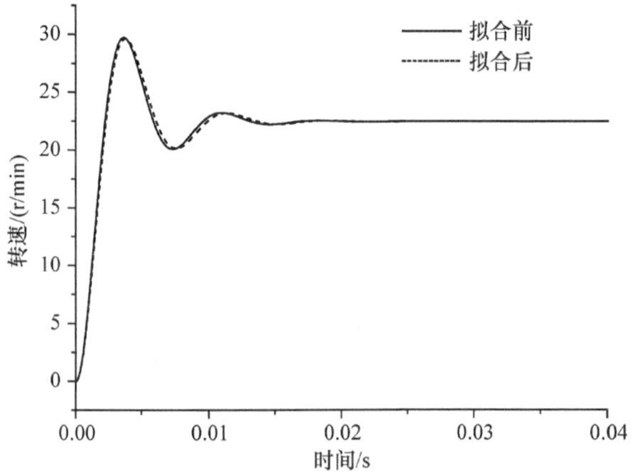

图 2.6　采用拟合参数计算的阶跃响应Ⅱ

表 2.4　转速拟合函数拟合的模型参数值

序号	$\xi(n)$		$\omega_0(n)$	
	数值	相对误差/%	数值/(rad/s)	相对误差/%
1	0.3412	1.1562	858.607	3.2592
2	0.3400	9.4058	860.085	2.0367
5	0.3384	4.4122	860.950	2.7938
13	0.3327	14.9540	833.592	0.9725
14	0.3385	9.5887	843.949	2.4762
15	0.3404	19.6791	848.354	2.1632
17	0.2869	43.5218	774.702	4.8617
18	0.3101	7.9360	802.549	2.4037
19	0.3201	1.4259	815.493	1.1064
21	0.2447	16.6269	727.717	3.3423

本节根据频率阶跃输入数据和转速输出数据，利用特征点法对超声波电机模型进行辨识，得到结论如下：

(1) 采用系统辨识的方法对电机建模，需要选取合适的输入信号形式以充分激励出电机特性。阶跃信号是一种符合辨识要求的输入信号。

(2) 特征点法是针对本节设定的电机模型(二阶欠阻尼模型)的辨识方法，辨识效果较好。

(3) 辨识结果表明模型参数存在时变性，故分别以频率和转速为自变量对模型参数进行了多项式函数拟合，寻求时变规律以适当反映电机非线性特征，实现简单，效果好。

2.2　超声波电机系统的转速控制 Hammerstein 辨识建模

超声波电机驱动系统的模型是其运动控制研究的重要基础。考虑到所建模型的控制应用，基于实验的辨识建模方法常被用于建立超声波电机系统的模型。为使模型适合于控制应用，通常要求模型结构相对简单又能够反映超声波电机运行的主要特性。超声波电机运行特性复杂，所建模型往往是模型复杂度与准确性之间的折中结果。另外，超声波电机具有明显的运行非线性，且时变明显。而目前采用辨识方法建立的模型多为线性模型，无法表述超声波电机的非线性特征。本节尝试建立超声波电机系统的非线性 Hammerstein 模型，以便用于设计非线性控制器，提高超声波电机运动控制性能。

2.2.1 非线性 Hammerstein 模型

对于非线性系统，目前还没有适用的统一数学模型形式，非线性系统的辨识往往是和特定的非线性系统描述形式相对应。Hammerstein 模型是一类可用来描述非线性系统特性的数学模型形式。Hammerstein 模型有广义模型和简便模型之分。广义 Hammerstein 模型是作为 Volterra 模型的一个特例产生的，能比较全面地描述非线性特性，但是形式较为复杂，参数多；而简便 Hammerstein 模型虽刻画非线性特性稍显粗糙，但是形式简单，适合于工程应用。在各种非线性模型结构中，简便 Hammerstein 模型已成为描述非线性过程经常使用的重要模型之一。它由一个非线性的静态环节和一个线性的动态环节串联而成，基本结构如图 2.7 所示。

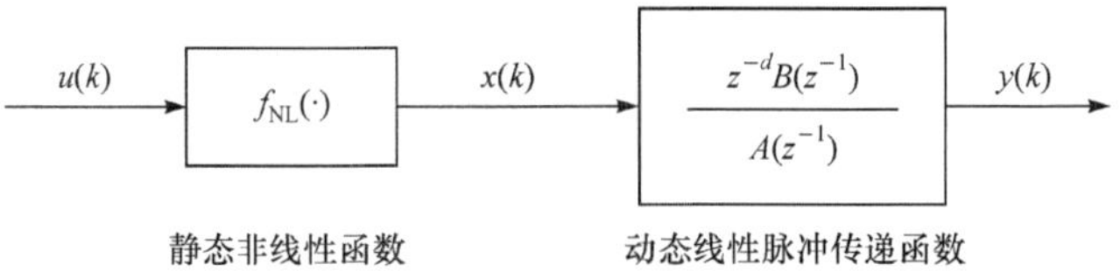

图 2.7　Hammerstein 模型结构图

Hammerstein 模型中的静态非线性环节通常为多项式形式

$$x(k)=f_{\mathrm{NL}}(u(k))=r_0+r_1u(k)+\cdots+r_iu^i(k)+\cdots+r_pu^p(k) \tag{2.13}$$

式中，$r_i(i=0,1,\cdots,p)$为待定系数；$u(k)$、$x(k)$分别为非线性部分的输入和输出。

Hammerstein 模型中的动态线性脉冲传递函数形式为

$$G(z^{-1})=\frac{y(k)}{x(k)}=\frac{z^{-d}B(z^{-1})}{A(z^{-1})} \tag{2.14}$$

式中

$$A(z^{-1})=1+a_1z^{-1}+\cdots+a_{n_\mathrm{a}}z^{-n_\mathrm{a}} \tag{2.15}$$

$$B(z^{-1})=b_0+b_1z^{-1}+\cdots+b_{n_\mathrm{b}}z^{-n_\mathrm{b}} \tag{2.16}$$

其中，d 为系统延时；$x(k)$、$y(k)$分别为线性部分的输入和输出。式(2.13)、式(2.15)和式(2.16)中的阶数 p、n_a 和 n_b 由实际系统的特性决定。

目前在超声波电机转速、位置控制研究中，常采用辨识建模方法获取被控电机模型用于控制策略设计，所得模型通常是线性模型。超声波电机运行过程中表现出明显的非线性。采用线性辨识模型，模型结构限制了系统非线性特性的表达；虽然可以通过设置时变的模型参数以拟合非线性特性，但模型表述形式又变得复杂化。本节基于实验数据，尝试建立超声波电机的简便 Hammerstein 非线性模型，并采用粒子群算法通过优化计算获取模型参数。

2.2.2 粒子群优化算法

1995 年，Eberhart 和 Kennedy 通过对鸟群、鱼群的群体社会行为进行建模，给出了模拟实际鸟群的简化模型，即粒子群优化(particle swarm optimization，PSO)算法，该算法相对简洁，易于实现。PSO 算法同其他进化算法如蚁群算法、遗传算法等一样，是一种基于群体智能的优化算法。这类算法的特点就是个体除了依靠自身感官获取信息，还能借助个体之间的信息交换使群体呈现出个体所不具备的能力，尤其是对复杂环境的适应能力。

基本 PSO 算法就是模拟鸟群自适应地寻找食物的过程。这些鸟在寻找食物的过程中，不停地改变自己在空中飞行的速度与位置，直到最后找到食物。粒子群算法中，将每一个优化问题的解看作搜索空间中的一只鸟，即“粒子”。其搜索过程为：首先在可行解空间中随机初始化一群粒子，构成初始种群，每个粒子都为优化问题的一个潜在可行解，并由适应度函数为之确定一个适应度值。随后，每个粒子都在解空间中运动，速度和位置两个量用来表征这一运动过程。粒子的速度用来决定它们飞行的方向与距离，而位置则代表优化问题在搜索空间中可能的解。通常，粒子在解空间中的搜索运动将追随当前的最优粒子，最终搜索到最优位置。

假设在一个 D 维的搜索空间中，由 m 个粒子组成了一个群落。第 i 个粒子的位置表示为矢量 $X=[x_1,x_2,\cdots,x_D]$，飞行速度表示为矢量 $V=[v_1,v_2,\cdots,v_D]$。每个粒子的运动跟踪两个“极值”，一个是粒子本身目前所找到的最好位置(pbest)，另一个是目前整个群体中所有粒子发现的最好位置(gbest)。显然，gbest 是所有粒子 pbest 中的最好值。对于第 k 次迭代，每个粒子的速度和位置是按照下式进行更新的：

$$v_{id}^{k+1}=\omega v_{id}^{k}+c_1r_1(p_{id}-x_{id}^{k})+c_2r_2(p_{gd}-x_{id}^{k}) \tag{2.17}$$

$$x_{id}^{k+1}=x_{id}^{k}+v_{id}^{k+1} \tag{2.18}$$

式中，$i=1,2,\cdots,m$，m 为粒子个数；v_{id}^{k} 为第 k 次迭代时粒子 i 飞行速度矢量的第 d 维分量；x_{id}^{k} 为第 k 次迭代时粒子 i 飞行位置矢量的第 d 维分量；p_{id} 为粒子 i 的个体最好位置 pbest 的第 d 维分量；p_{gd} 为群体最好位置 gbest 的第 d 维分量；c_1、c_2 为学习因子；ω 为惯性权重，为非负数；r_1 和 r_2 为[0,1]的随机数。

式(2.17)和式(2.18)表明了粒子是如何调整速度和位置的，用矢量图表示，如图 2.8 所示。图中，x_{id}^{k} 为当前的搜索点，x_{id}^{k+1} 为调整后的搜索点，v_{id}^{k} 为当前的速度，v_{id}^{k+1} 为调整后的速度。

由图 2.8 及式(2.17)可知，粒子的速度更新值是由三部分组成的。第一部分是粒子当前时刻的速度对下一时刻速度的影响，权重 ω 用来表征受影响的程度，它的引入使粒子在飞行过程中具有惯性，因此又将 ω 称为惯性因子。第二部分是反映粒子通过自身经验获得信息的能力，即粒子的本身记忆能力，该部分使粒子具

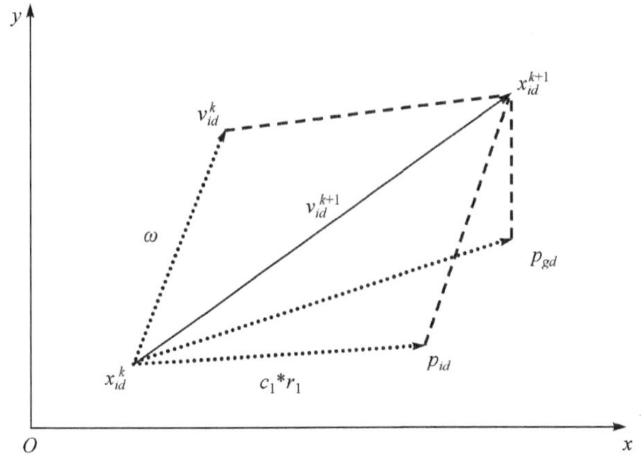

图 2.8 粒子调整位置示意图

有全局搜索能力，避免陷入局部极小。第三部分则是反映整个种群的社会经验，有利于提升粒子全局搜索能力。

由上述可知，PSO 算法的可调整参数有：群体规模 m、惯性因子 ω、学习因子 c_1 和 c_2、最大迭代次数 N 和粒子的最大速度 $V_{\max}$ 等。

1. 群体规模 m

通常，m 依经验选取，针对一般问题取 20～60 即可，对于较难的问题则可以取到 100～200。但是，Eberhart 也证明种群大小几乎不会影响到 PSO 算法的性能。

2. 惯性因子 ω

利用惯性因子 ω 可以控制粒子的搜索范围。ω 较大时，全局搜索能力强；ω 值较小时，则有利于局部搜索。如果 $\omega=0$，则粒子速度只取决于它当前位置的个体最优解和全局最优解，速度本身就没有了记忆能力。已有实验研究发现，动态的 ω 值能够获得比固定值更好的寻优结果。目前，采用较多的是 Shi 建议的线性递减权值策略，即

$$\omega(k)=\omega_{\min}+\frac{\omega_{\max}-\omega_{\min}}{N}(N-k) \tag{2.19}$$

式中，N 为最大迭代次数；$\omega_{\min}$ 和 $\omega_{\max}$ 分别为最小、最大惯性因子。另外，Shi 和 Eberhart 用模糊系统来控制粒子群算法中的惯性权重。

3. 学习因子 c_1 和 c_2

学习因子 c_1 和 c_2 代表每个粒子飞向个体最优值和全局最优值的加速权重。

当 $c_1=0$ 时，则粒子没有认知能力，速度迭代公式变为

$$v_{id}^{k+1}=\omega v_{id}^{k}+c_2r_2(p_{gd}-x_{id}^{k}) \tag{2.20}$$

此时粒子具有较快的收敛速度，但是由于缺少了该粒子个体最好位置的先验知识，对于复杂问题不易获得全局最优解。

当 $c_2=0$ 时，粒子只有自我认知能力，粒子之间没有社会信息交流，速度迭代公式变为

$$v_{id}^{k+1}=\omega v_{id}^{k}+c_2r_2(p_{gd}-x_{id}^{k}) \tag{2.21}$$

此时个体之间没有了信息交流，相当于整个群体有多个粒子在进行各自独立的搜索，收敛速度会较慢，得到最优解的可能性也小。

在早期的应用中，通常取 $c_1=c_2=2$；Suganthan 的实验也表明，c_1 和 c_2 设为常数可以取得较好的解，一般可以在[0,4]取值。随着 PSO 在各领域应用的不断深入，Ratnaweera 等给出了学习因子的动态更新算法

$$\begin{cases}c_1=(c_{1\mathrm{f}}-c_{1\mathrm{i}})\dfrac{k}{N}+c_{1\mathrm{i}}\\ c_2=(c_{2\mathrm{f}}-c_{2\mathrm{i}})\dfrac{k}{N}+c_{2\mathrm{i}}\end{cases} \tag{2.22}$$

式中，$c_{1\mathrm{i}}$、$c_{1\mathrm{f}}$、$c_{2\mathrm{i}}$和 $c_{2\mathrm{f}}$为常量；k 为当前迭代次数；N 为最大进化迭代次数。实验结果表明，这种方法在优化早期能够增强全局搜索能力，有利于收敛于全局最优解。

4. 最大迭代次数 N

最大优化迭代次数是用来判断优化计算是否结束的硬性依据。同群体规模一样，最大优化迭代次数 N 也没有一个明确可循的公式，一般情况下，在实验中依据被优化对象的复杂度来确定。

5. 粒子最大速度 $V_{\max}$

在迭代过程中，粒子最大速度 $V_{\max}$决定着粒子位置坐标值所允许的最大变化量。为防止系统在迭代中出现发散，需要对粒子的最大速度进行限制。实验发现，采用 $v_{\max}=x_{\max}-x_{\min}$为粒子最大速度时可取得较好结果，因此目前的 PSO 算法一般采用这个粒子最大速度约束条件。但是随着惯性因子 ω 被用于速度更新公式中，最大速度约束已不再显得那么重要了。没有它，算法的收敛性也能够得到保证。

粒子群算法的基本流程如图 2.9 所示。粒子群算法优化计算的基本步骤为：

(1) 初始化粒子群，即随机设定各粒子的初始位置和初始速度；

(2) 根据适应度函数计算每个粒子的适应度值；

(3) 对每个粒子，比较它的适应度值和它经历过的最好位置 p_{id} 的适应度值，如果优于 p_{id}，则更新；

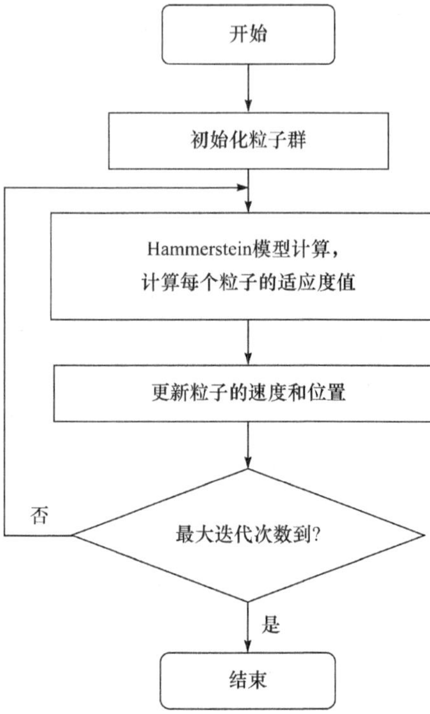

图 2.9 基本粒子群算法流程图

(4) 对每个粒子，比较它的适应度值和种群经历过的最好位置 p_{gd} 的适应度值，如果优于 p_{gd}，则更新；

(5) 根据公式调整粒子的速度和位置；

(6) 如果达到结束条件(足够好的位置或最大迭代次数)，则结束，否则，转步骤(2)继续迭代寻优。

粒子群算法是基于群体智能的优化算法，通过群体中粒子间的合作与竞争产生的群体智能指导优化搜索，具有进化计算和群智能的特点。与传统的进化算法相比，粒子群算法保留了基本的全局搜索策略，但是其采用的速度-位移模型，操作简单，避免了复杂的遗传操作；它特有的记忆使其可以动态跟踪当前的搜索情况并调整搜索策略。由于每代种群中的解具有“自我”学习和向“他人”学习来寻优的双重优点，故其经常能在较少的迭代次数内找到最优解。

2.2.3 基于粒子群优化的超声波电机非线性 Hammerstein 辨识建模

1. 超声波电机非线性 Hammerstein 模型结构

由于超声波电机包括压电能量转换和摩擦耦合等非线性过程，故其精确理论建模难以实现。因此，研究能够反映超声波电机运行特性的控制模型和相应的建模方法，已成为超声波电机控制研究的重要方向之一。考虑到超声波电机的非线性表现特点，本节尝试建立超声波电机系统的非线性 Hammerstein 模型，通过基于实验数据的辨识建模方法获取模型参数，并采用 PSO 算法来实现辨识过程。该模型采用将静态非线性部分和动态线性部分组合的方式对系统进行描述。其中，非线性部分静态非线性函数形式同式(2.13)，$f_{NL}(\cdot)$以超声波电机系统的驱动频率$u(k)$为输入信号，而中间变量 $x(k)$既是非线性部分的输出，又是线性部分$G(z^{-1})$的输入；动态线性部分采用传递函数的形式，同式(2.14)，则对于线性部分，有

$$A(z^{-1})y(k)=B(z^{-1})x(k)+e(k) \tag{2.23}$$

式中，$y(k)$为电机输出转速；$e(k)$为随机拟合误差。将式(2.13)代入式(2.23)可得

$$A(z^{-1})y(k)=B(z^{-1})[r_0+r_1u(k)+r_2u^2(k)+\cdots+r_pu^p(k)]+e(k) \tag{2.24}$$

将式(2.24)展开，则有

$$\begin{aligned}y(k)=&-a_1y(k-1)-a_2y(k-2)-a_3y(k-3)-\cdots-a_{n_a}y(k-na)+b_0r_0+b_0r_1u(k)\\&+b_0r_2u^2(k)+\cdots+b_0r_pu^p(k)+\cdots+b_{n_b}r_0+b_{n_b}r_1u(k-1)+b_{n_b}r_2u^2(k-1)\\&+\cdots+b_{n_b}r_pu^p(k-1)+e(k)\end{aligned} \tag{2.25}$$

给定一组模型参数，则可根据式(2.25)估计 $y(k)$的值。$y(k)$的估计值 $\hat{y}(k)$可记作

$$\hat{y}(k)=\varphi(k)\hat{\theta}+e(k) \tag{2.26}$$

其中

$$\begin{aligned}\varphi(k)=&(-y(k-1),-y(k-2),-y(k-3),\cdots,-y(k-na),1,u(k),u^2(k),\\&u^3(k),\cdots,u^p(k),\cdots,1,u(k-n_b),u^2(k-n_b),u^3(k-n_b),\cdots,u^p(k-n_b))\end{aligned} \tag{2.27}$$

$$\hat{\theta}=(a_1,a_2,a_3,\cdots,a_{n_a},b_0r_0,b_0r_1,b_0r_2,b_0r_3,\cdots,b_0r_p,\cdots,b_{n_b}r_0,b_{n_b}r_1,b_{n_b}r_2,\cdots,b_{n_b}r_p)^{\mathrm{T}} \tag{2.28}$$

于是，PSO 优化过程中的适应度函数可取为

$$J=\sum_{1}^{h}[\hat{y}(k)-y(k)]^2 \tag{2.29}$$

式中，$y(k)$为实测的真实值。粒子群算法优化的目标就是寻找 J 的最小值，使得根据辨识参数计算出的模型输出 $\hat{y}(k)$与实际输出 $y(k)$之间的误差平方和最小，以得到超声波电机非线性模型的参数。

2. 实验设计和实验数据筛选

辨识建模方法以实测的输入、输出数据为基础，辨识是从数据中提取系统的信息的过程。因而，对辨识所用数据的选择就显得尤为重要，应经过合理的实验设计和数据筛选。超声波电机的可控变量有两相驱动电压的幅值、频率和相位差三个，

改变其中任何一个变量都会改变电机的运行状态。本节所建模型用于电机转速控制，模型输入 $u(k)$ 为驱动电压频率，输出 $y(k)$ 为转速。

实验系统结构如图 2.10 所示。实验用电机为 Shinsei USR60 型两相行波超声波电机，H 桥相移 PWM 驱动电路。控制部分采用 DSP 为主控芯片，用于实现控制算法，包含分别用于控制两相驱动电压幅值的 A、B 相电压闭环控制器，以及通过调节驱动频率实现转速控制的转速闭环控制器。图中，N_{ref}、U_{ref} 分别为转速、驱动电压幅值的给定值。实验所用转速控制器为极点配置转速控制器，驱动电压峰峰值固定为 300V，两相电压相位差设定为±90°，测取转速阶跃响应过程中的驱动电压频率、转速值变化过程作为一组实验数据。改变转速给定值及转速控制器参数、结构，可测得多组实验数据。

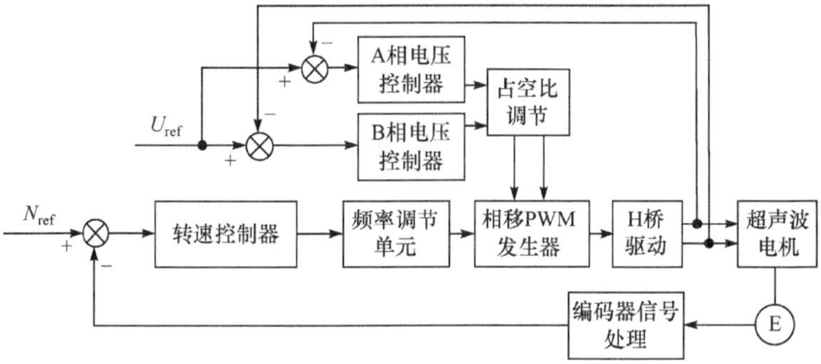

图 2.10　转速控制实验系统结构

在这些实验数据中，剔除阶跃响应过程相近的冗余数据后，选择有代表性的 18 组数据用于辨识建模。每组大约有 30 对输入、输出数据。这 18 组数据分为两类：一类是极点配置转速控制实验数据；另一类是极点配置自校正转速控制实验数据。另外，为了充分辨识出超声波电机的非线性特性，所选数据涵盖了电机转速可调范围，对应的转速给定值分别为 120r/min、110r/min、100r/min、90r/min、80r/min、70r/min、30r/min、20r/min 和 10r/min。另外，在实验过程中，为了保证所测数据的完整性，设定的数据记录时间较长，使得各组数据中均包含较长时间的稳态响应数据。当转速达到稳态后，频率和转速的变化量很小。过多的稳态数据对辨识没有太大意义，不仅会增加计算量，而且可能在一定程度上淹没其他数据的作用，使得优化过程偏离预期的理想结果。所以，每组数据仅保留动态及部分稳态响应数据，其余稳态数据予以剔除。

3. 粒子群优化算法参数选择

合适的优化算法参数是保证优化过程快速、有效的前提，但是由于待优化问题的复杂性及多样性，并没有普适的参数确定方法。多数情况下，需要针对特定问题通过尝试来确定。本节优化算法参数是在遵循粒子群参数选择规律的基础上，在仿真实验中通过比较分析逐步确定的。最终选定的参数如表 2.5 所示。其中，惯性因子 ω 采用式(2.19)进行动态更新，学习因子 c_1、c_2 采用式(2.22)进行实时更新。

表 2.5　粒子群优化算法的参数值

参数	数值
群体规模	30
惯性因子	$\omega_{max}=1, \omega_{min}=0$
学习因子	$c_{1f}=c_{2f}=1, c_{1i}=c_{2i}=2$
最大迭代次数	1500
最大速度	1.5

4. 模型阶次的确定

根据超声波电机非线性的先验知识及相关稳态测试数据，选定模型非线性部分的阶次 $p=3$。模型线性部分中 $A(z^{-1})$和 $B(z^{-1})$的阶次，由基于实验数据的最小二乘模型结构辨识确定。选取处于电机可调转速范围中段的 90r/min 阶跃响应实验数据进行最小二乘模型结构辨识，表明当 $n_a=3$、$n_b=1$ 时，所得模型损失函数和最终预报误差(FPE)最小。

由于超声波电机在不同转速情况下运行的动态性能存在差异，根据特定转速实验数据获取的线性模型阶次是否能够适用于涵盖整个转速范围的非线性 Hammerstein 建模，还需要验证。于是，在采用粒子群优化算法进行非线性模型辨识时，进一步对比了不同模型阶次情况下的辨识效果。例如，取 $n_a=3$、$n_b=2$ 时，实验数据与辨识所得模型计算结果的对比如图 2.11 所示。为节省篇幅，图 2.11 中

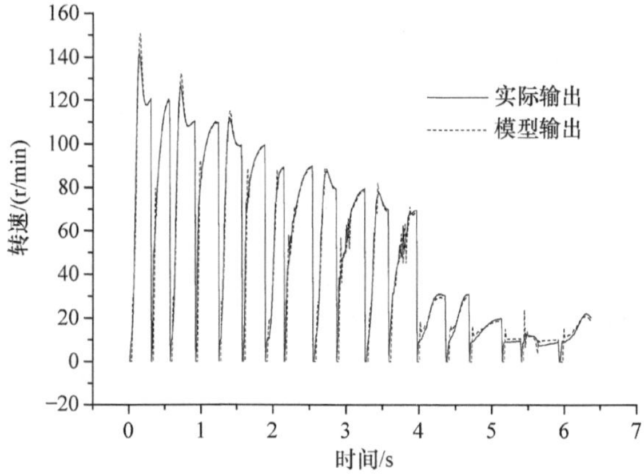

图 2.11　$n_a=3$、$n_b=2$ 时的辨识结果(7855.8)

连续画出了 18 组不同转速给定值的阶跃响应数据。此时适应度函数值，即 18 组数据的误差平方和为 7855.8。而当 $n_a=3$、$n_b=1$ 时，辨识结果对比如图 2.12 所示，这时的误差平方和为 4085.5。由图 2.12 也可看出，辨识所得模型的输出估计值与实验数据的接近程度明显好于图 2.11 的情况。因此，设定 Hammerstein 模型中线性部分的阶次为 $n_a=3$，$n_b=1$。

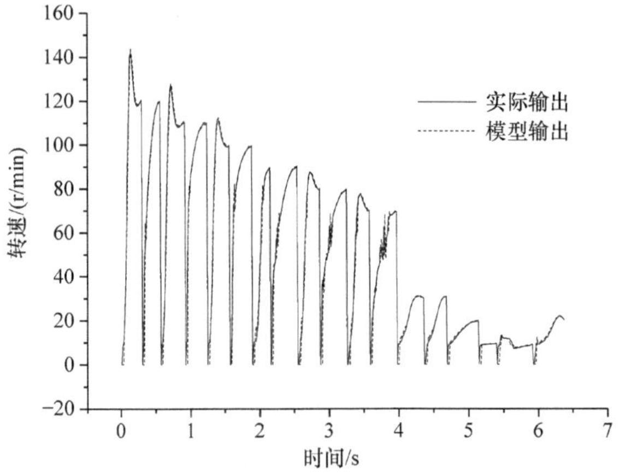

图 2.12　$n_a=3$、$n_b=1$ 时的辨识结果(4085.5)

另外，为减少待辨识参数的个数，可设线性部分中的待定参数 $b_0=1$，即令模型线性部分的增益为 1，将线性部分原有的增益归入非线性部分统一考虑，于是有

$$\varphi(k)=(-y(k-1),-y(k-2),-y(k-3),1,u(k),u^2(k),u^3(k),1,$$
$$u(k-1),u^2(k-1),u^3(k-1)) \tag{2.30}$$

$$\hat{\theta}=(\hat{a}_1,\hat{a}_2,\hat{a}_3,\hat{b}_1,\hat{r}_0,\hat{r}_1,\hat{r}_2,\hat{r}_3)^{\mathrm{T}} \tag{2.31}$$

$$\hat{y}(k)=-\hat{a}_1 y(k-1)-\hat{a}_2 y(k-2)-\hat{a}_3 y(k-3)+\hat{r}_0+\hat{r}_1 u(k)+\hat{r}_2 u^2(k)+\hat{r}_3 u^3(k)$$
$$+\hat{b}_1\hat{r}_1 u(k-1)+\hat{b}_1\hat{r}_2 u^2(k-1)+\hat{b}_1\hat{r}_3 u^3(k-1)+e(k) \tag{2.32}$$

5. 超声波电机的非线性频率-转速 Hammerstein 模型

由图 2.12 所示辨识结果可知，采用粒子群优化算法辨识得到的模型参数能较好地估计超声波电机的非线性运行特性；在不同的转速情况下，估计输出转速与电机实际转速误差都较小；高、低转速时电机特性的明显差异使得优化适应度值(估计误差平方和)最终停滞在 4085.5。

图 2.13 和图 2.14 分别给出了仅用高转速区域(70～120r/min)的实验数据和低转速区域(10～30r/min)的实验数据进行优化辨识的结果。

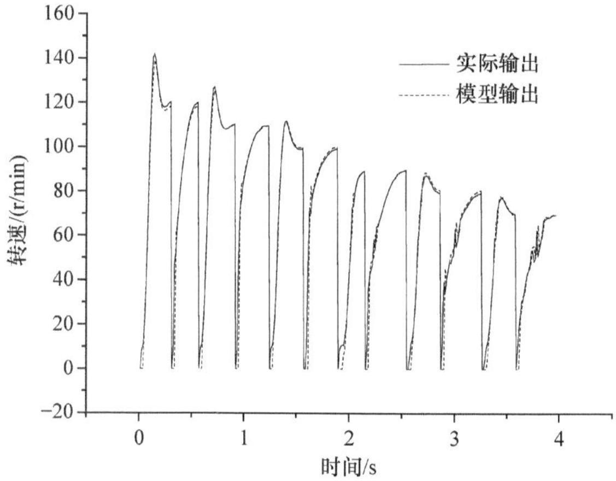

图 2.13　转速 70～120r/min 的辨识结果(2870.2)

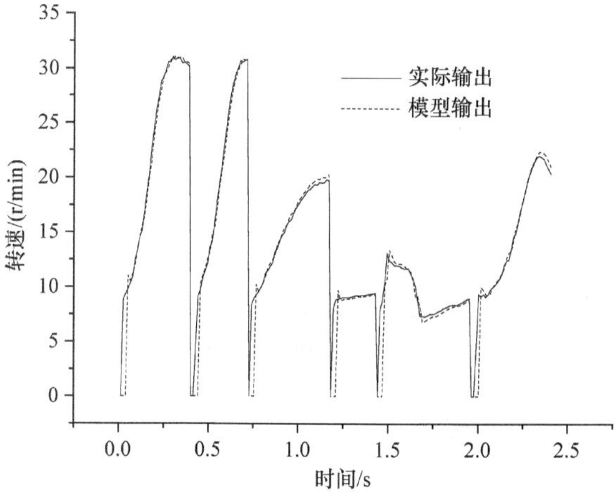

图 2.14　转速 10～30r/min 的辨识结果(33.5)

对比图 2.12 与图 2.13、图 2.14 可见，在用两组模型参数分别表征高、低转速电机模型的情况下，模型估计效果比囊括所有转速进行辨识所得结果要好一些，优化适应度值也要小得多。图 2.13 所示辨识结果对应的优化适应度值为 2870.2，图 2.14 所示辨识结果对应的优化适应度值仅为 33.5。这进一步表明了超声波电机的运行特性在高、低转速区域有明显差异，也表明试图用一个固定参数的模型来表述超声波电机的完整非线性特征是困难的，最终得到的模型只能是折中的结果。这也从一个侧面说明了超声波电机控制系统采用在线辨识或自适应控制策略的必要性。

对应于图 2.13 的优化辨识参数为

$$\theta=(-0.5826,-0.0013,0.0363,-0.0751,1.6788,0.5159,0.8362,-0.0195)$$

由式(2.31)可得对应的超声波电机非线性模型中的非线性部分为

$$x(k)=1.6788-0.5159u(k)+0.8362u^2(k)-0.0195u^3(k) \tag{2.33}$$

线性部分为

$$\frac{y(z^{-1})}{x(z^{-1})}=\frac{1-0.0751z^{-1}}{1-0.5826z^{-1}-0.0013z^{-2}+0.0363z^{-3}} \tag{2.34}$$

对应于图 2.14 的优化辨识参数为

$$\theta=(-0.9171,-0.1235,0.1274,-0.6580,-2.4737,-1.101,0.1861,-0.0036)$$

由式(2.31)可得对应的超声波电机非线性模型中的非线性部分为

$$x(k)=-2.4737-1.101u(k)+0.1861u^2(k)-0.0036u^3(k) \tag{2.35}$$

线性部分为

$$\frac{y(z^{-1})}{x(z^{-1})}=\frac{1-0.6580z^{-1}}{1-0.9171z^{-1}-0.1235z^{-2}+0.1274z^{-3}} \tag{2.36}$$

对应于适应度值 4085.5(图 2.12)的优化辨识参数为

$$\theta=(-1.2185,0.1815,0.1387,-0.2361,0.7737,-0.4899,0.1784,-0.0038)$$

由式(2.31)可得超声波电机频率-转速非线性 Hammerstein 模型中的非线性部分为

$$x(k)=0.7737-0.4899u(k)+0.1784u^2(k)-0.0038u^3(k) \tag{2.37}$$

模型线性部分为

$$\frac{y(z^{-1})}{x(z^{-1})}=\frac{1-0.2361z^{-1}}{1-1.2185z^{-1}+0.1815z^{-2}+0.1387z^{-3}} \tag{2.38}$$

图 2.15～图 2.22 给出了不同转速给定值情况下，采用式(2.37)、式(2.38)所示模型计算的转速阶跃响应过程与实测数据的对比。表 2.6 给出了模型输出与实测结果的误差数值。从这些图、表可以看出，模型输出与实际输出接近，表明了上述建模方法及所建模型的有效性。

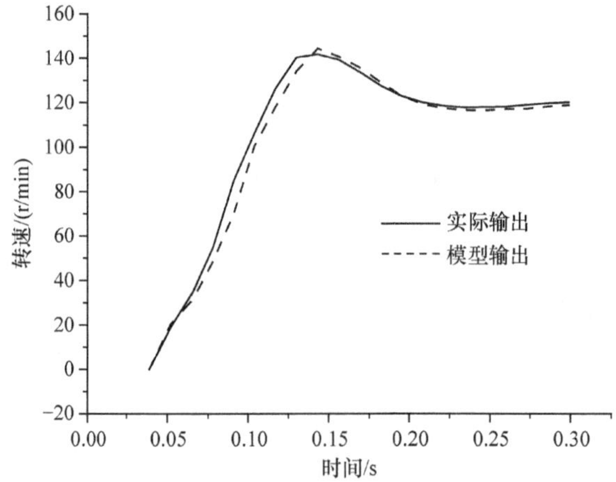

图 2.15　转速 120r/min 的辨识结果

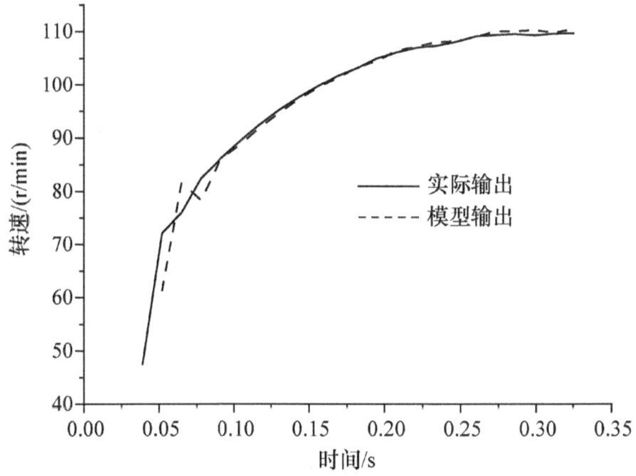

图 2.16　转速 110r/min 的辨识结果

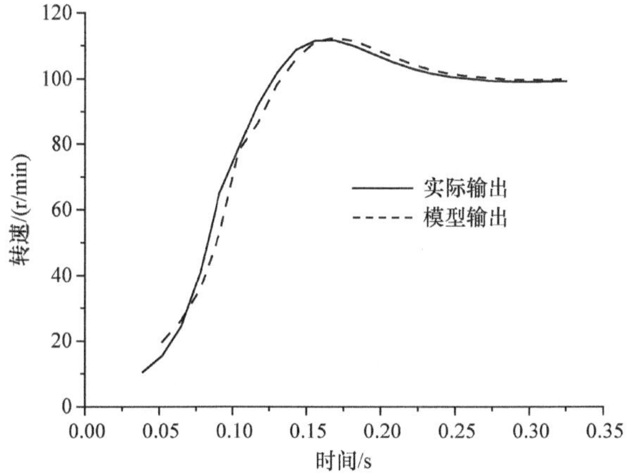

图 2.17　转速 100r/min 的辨识结果

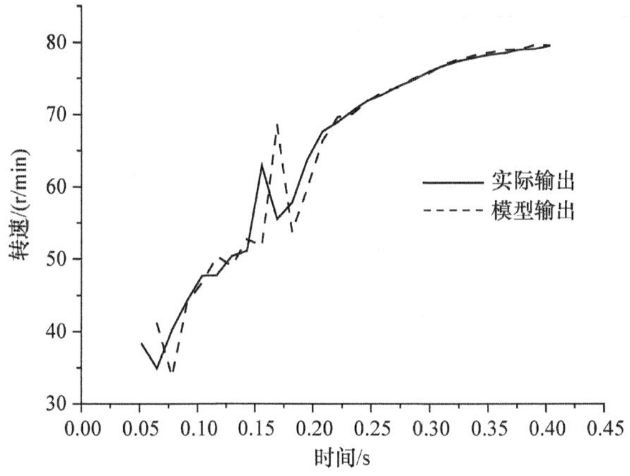

图 2.18　转速 80r/min 的辨识结果

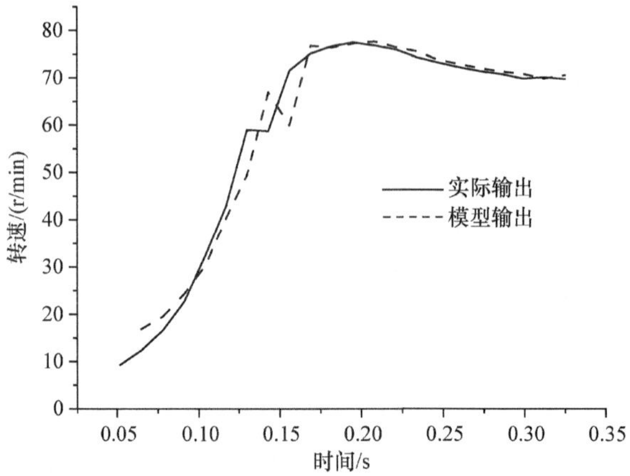

图 2.19　转速 70r/min 的辨识结果Ⅰ

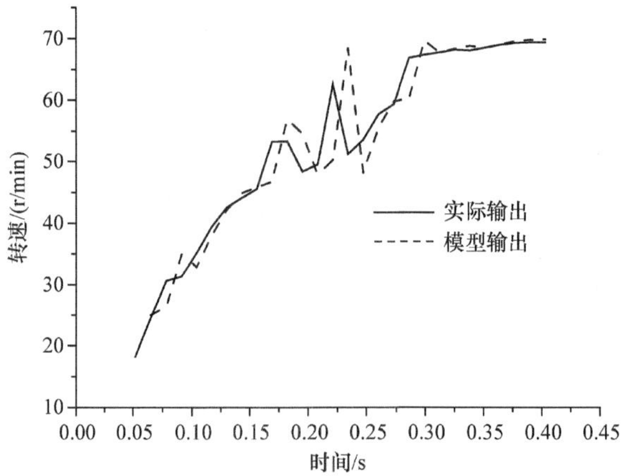

图 2.20　转速 70r/min 的辨识结果Ⅱ

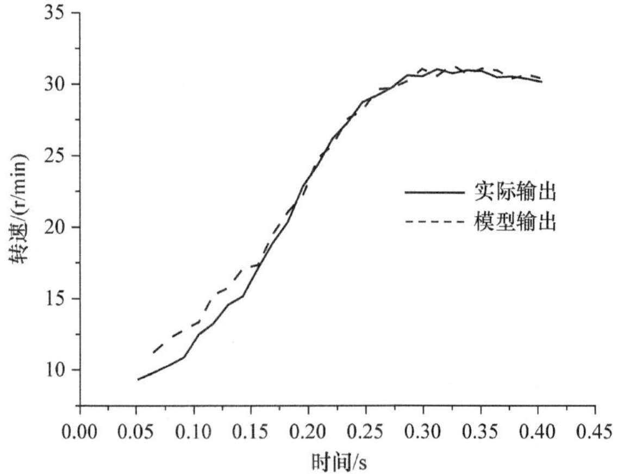

图 2.21　转速 30r/min 的辨识结果

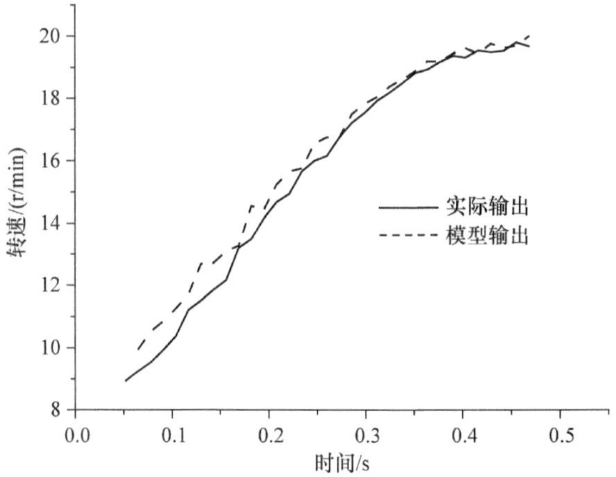

图 2.22　转速 20r/min 的辨识结果

表 2.6　不同给定转速下模型输出与实测结果的误差

转速/(r/min)	误差平方和	最大误差绝对值	最大相对误差/%	平均误差/(r/min)
120	794.6	11.7	9.8	2.91
110	482.2	9.46	8.6	1.94
100	630.5	11.63	11.6	2.07
90	793.9	8.05	8.9	2.29
80	584.6	7.23	9.0	2.03
70	684.5	8.19	11.7	2.45
30	46.1	2.92	9.7	0.72
20	31.6	3.2	16.0	0.74
10	41.3	3.01	30.1	0.63

2.3　超声波电机系统的位置控制 Hammerstein 辨识建模

发展到今天，超声波电机的研究工作重点已经逐渐从初期的电机运行机理和本体结构逐步拓展到电机系统运动控制策略和电机系统集成与应用。两相行波旋转型超声波电机一直是超声波电机生产与应用的主流品种，该型电机的运动控制策略研究是决定其应用领域和应用水平的关键之一。超声波电机运动控制策略的研究目的核心是扬长避短，符合特殊应用需求。

超声波电机(系统)的模型是超声波电机控制策略研究与系统分析的基础。独特的运行机理，使得超声波电机的运行过程呈现出复杂的非线性和时变特性。这使得难以利用相对简单的模型形式来表述超声波电机的动态运行过程，也就必然增加其控制复杂度。

既然超声波电机本质上是非线性的，就可以考虑采用非线性模型来表述它。非线性 Hammerstein 模型是一类常用的非线性模型形式，已被尝试用于超声波电机建模。Zhang 等(2008)所述 Hammerstein 模型，仅对超声波电机的稳态特性数据进行多项式拟合，得到静态非线性环节；对于动态线性环节，没有进行分析推理，直接简化等效为一阶惯性环节。稳态非线性环节的数据，并不能完全表达电机的特性，这样得到的模型误差较大。Bazrafshan 等(2010)采用 Hammerstein 模型结构对超声波电机进行模糊建模，尝试解决超声波电机运行死区对控制效果的影响。该文同样未认真考虑模型动态部分的合理表述，亦未明确表述模型静态部分的确定方法，所得模型精度不高。

2.2 节建立了超声波电机转速控制 Hammerstein 模型，本节针对超声波电机位置控制需要，采用菌群觅食优化算法进行模型辨识，建立超声波电机的动态非线性 Hammerstein 位置控制模型。校验结果表明，所建模型虽然形式较为简单，但能够较好地反映电机的运行特征。

2.3.1　超声波电机 Hammerstein 位置控制模型的结构

用于位置控制的超声波电机非线性 Hammerstein 模型结构如图 2.23 所示，由静态非线性部分 F 和动态线性部分 G 串联而成。图中，$x(k)$ 为模型中间变量；$u(k)$、$y(k)$分别为模型输入、输出。本节采用超声波电机驱动电压的频率作为控制量，故 u、y 分别对应于频率、电机转轴位置角。

图 2.23 所示模型的静态非线性部分，可表示为多项式的形式

$$x(k)=F(u(k))=r_0+r_1u(k)+\cdots+r_iu^i(k)+\cdots+r_pu^p(k) \tag{2.39}$$

式中，$r_i(i=0,1,\cdots,p)$为待定系数；p 为模型非线性部分的阶次。

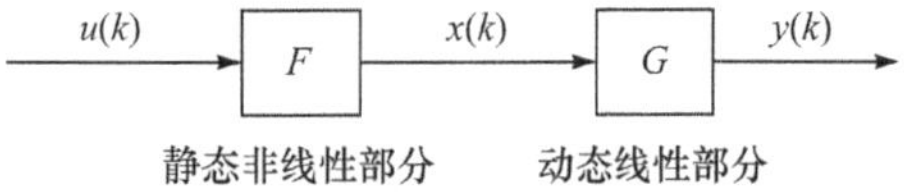

图 2.23　Hammerstein 模型结构

模型动态线性部分通常表示为传递函数的形式：

$$G(z^{-1})=\frac{z^{-d}B(z^{-1})}{A(z^{-1})} \tag{2.40}$$

式中

$$A(z^{-1})=1+a_1z^{-1}+a_2z^{-2}+\cdots+a_mz^{-m} \tag{2.41}$$

$$B(z^{-1})=b_0+b_1z^{-1}+b_2z^{-2}+\cdots+b_nz^{-n} \tag{2.42}$$

其中，d 代表系统的延迟时间，此处，$d=1$；$a_1,a_2,\cdots,a_m,b_0,b_1,\cdots,b_n$ 为待定系数。

式(2.39)、式(2.41)与式(2.42)中的阶次 m、n 和 p 都是由超声波电机系统的实际特性决定的,需要在模型辨识过程中确定。

式(2.39)、式(2.40)构成了超声波电机系统的 Hammerstein 位置控制模型。基于实验数据,采用辨识的方法,确定一组合适的模型阶次和模型参数,也就完成了该模型的建模。

2.3.2 超声波电机 Hammerstein 位置控制模型的辨识

1. 实验数据的测取与处理

涵盖超声波电机可用运行范围的实验数据,是辨识建模的基础。本节所建模型以驱动频率为输入、电机旋转位置为输出,因而应测取驱动频率-位置动态变化过程的实验数据。每次实验,同时保存频率、位置数据序列作为一组数据,分别对应于模型的输入变量 $u(k)$和输出变量 $y(k)$。

在超声波电机运行范围内,测取 30 组实验数据序列。每组实测数据均对应于电机位置控制的完整过程,包括动态及稳态数据。若稳态数据过多,会在辨识过程中弱化动态数据的影响力。因此,为了得到更为准确的电机模型,剔除每组实验数据序列中多余的稳态数据部分,仅保留动态响应过程及小部分稳态数据。进一步,剔除动态响应过程特征相近的冗余数据序列后,整理得到 15 组实验数据用于辨识建模,3 组实验数据用于模型校验。

2. 辨识优化过程的适应度函数

从一般意义上来看,超声波电机 Hammerstein 模型的辨识建模过程,亦即模型阶次与模型参数的确定过程,是以实验测得的电机系统实际运行数据为依据,不断尝试不同的模型阶次与模型参数,使模型输出 $y_r(k)$与实验数据 $y(k)$趋于一致的优化过程。

在开始这一优化建模过程之前,需要确定适当的适应度函数来表征 $y_r(k)$与 $y(k)$的差别,进而指导优化过程的进行。选取 $y_r(k)$与 $y(k)$的均方误差作为适应度函数

$$J=\frac{1}{q}\sum_{i=1}^{q}\left[\frac{1}{h}\sqrt{\sum_{k=1}^{h}(y_{ir}(k)-y_i(k))^2}\right] \tag{2.43}$$

式中,h 为每组实验数据序列中的数据个数;q 为辨识用实验数据序列的组数,$q=15$。

显然,适应度函数值 J 越小,模型误差越小,得到的 Hammerstein 模型就越能准确表达超声波电机系统的运行特性。

3. 基于菌群觅食优化算法的模型辨识方法

传统辨识方法采用最小二乘类优化算法进行建模。最小二乘类优化算法计算

量小,算法渐进稳定性较好,适合于在线辨识,但对于复杂对象建模则显得力不从心。既然辨识建模过程就是一个优化过程,那么,其他优化算法也可以被用于辨识建模。尤其是在离线建模时,由于对计算量大小的限制相对较弱,可以采用性能更好的优化算法来应对复杂对象建模问题,以提高建模精度与效率,如菌群觅食优化(bacterial foraging optimization,BFO)算法。

BFO算法是由学者Passino在2002年提出的。自此,便开启了菌群觅食优化算法研究与应用的历程。BFO算法是一种智能仿生优化算法,它模拟细菌群体的觅食行为实现优化计算。作为一种新型优化算法,BFO算法在应用中表现出明显的优点,包括算法简单、灵活、具有自组织能力、需要较少的先验知识、适应于复杂优化环境等,其应用领域越来越广。

BFO算法的整个执行操作包含趋化性、复制性、迁徙性等步骤。趋化操作使细菌趋向于一个更加有利于生长的生存环境,有利于趋近最优解所在范围;复制操作淘汰健康度差的个体,繁殖健康度良好的个体,以不断改善菌群算法的搜索性能;迁徙操作使细菌以一定的概率随机分布到寻优空间中,以便跳出局部极小值,有利于找到全局最优解。

优化算法中,各个参数的取值不仅会影响优化进程和效率,也会影响最终优化结果,必须确定合适的优化参数以保证模型辨识的有效性。在BFO算法中,菌群规模S是在觅食区域中的细菌数。S取值较大即菌群规模较大,能更广泛地涵盖不同特性的细菌,细菌的多样性较高,有利于避免优化算法陷入局部极小值,提高菌群觅食优化算法的寻优能力,但同时也会增大优化算法的计算量,收敛速度减慢。S取值较小,可以提高算法的计算速度,然而降低了菌群的多样性,会影响算法的优化性能。

趋化操作是BFO算法中的重要步骤。若将第i个细菌个体所包含的待优化信息表示为$X(i,:)(i=1,2,\cdots,S)$,$X(i,m)$表示第i个细菌的第m个分量。事实上,每个细菌的信息对应于自然界细菌觅食活动中细菌当前所处的位置。经过一次趋化操作后,细菌的位置会进行一次更新,第i个细菌的信息由原来的X_i更新为X_{i1},可用公式表示为

$$X_{i1}=X_i+C_i\varphi_i \tag{2.44}$$

式中,C_i表示趋化操作的前进步长,$C_i>0$;φ_i表示单位长度的随机方向向量。显然,C_i决定了一次趋化操作导致的信息变化量大小。经验表明,该值过大或过小都会导致算法陷入局部最优,一般可取C_i为0.1或更小。

趋化操作的允许次数N_c也是BFO算法中的一个重要参数。N_c值较大,会增大算法的寻优能力,寻优结果会更加精确,但是计算量会因此而增加。如果N_c取值较小,则可能无法得到全局最优解。趋化操作是指在菌群优化算法中对适应度函数J进行计算和处理。趋化操作过程流程图如图2.24所示。

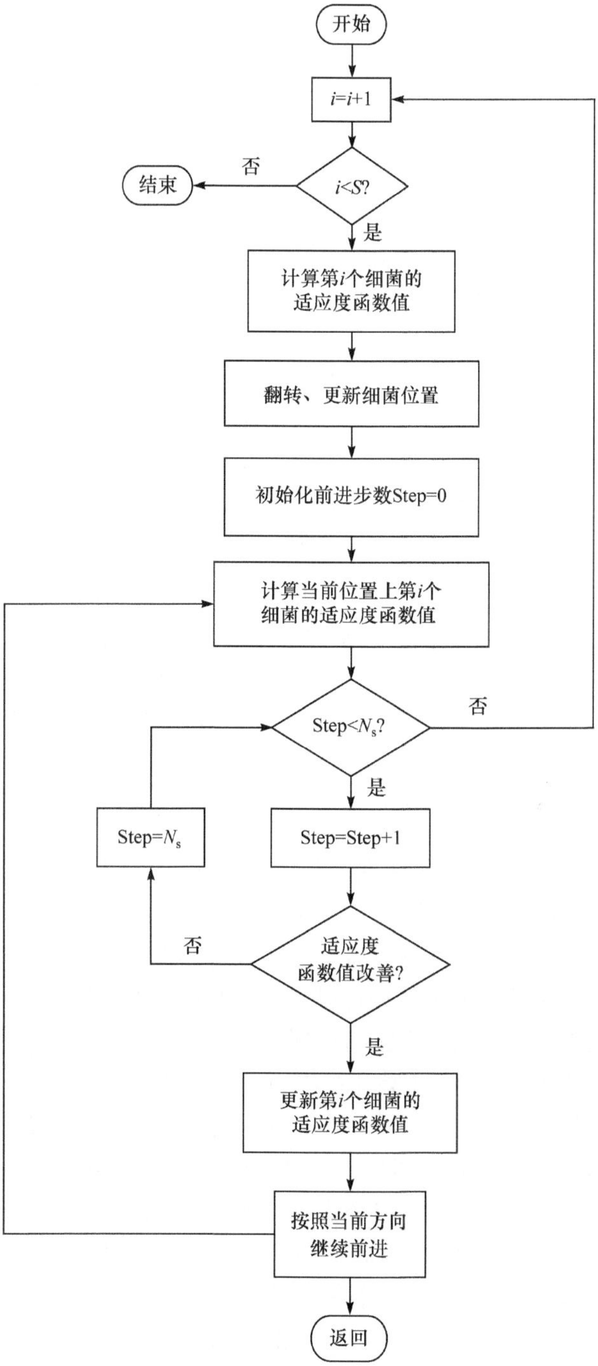

图 2.24　菌群觅食优化算法趋化操作流程图

复制操作采用"优胜劣汰"的思想，加快收敛速度，更快向最优解靠拢。在选取复制操作次数 N_{re} 的时候，要统筹考虑算法的优化性能和算法的复杂度。

细菌的迁徙操作可以使优化算法涉猎更多的觅食区域，有利于避免过早收敛和局部最优。但考虑到迁徙次数过多会显著加大计算量，一般将迁徙操作的允许次数 N_{ed} 取为较小值，如 2。在迁徙操作中，细菌的迁徙概率 p_{ed} 在一定程度上决定了细菌是否会迁徙、有没有可能优化适应度函数值，该值较大，利于算法跳出局部极小值而达到全局最优解。当然，p_{ed} 也不能太大，以防止算法陷入随机搜索，降低搜索效率。一般情况下，p_{ed} 可取 0.2。

确定 BFO 算法的初始参数之后，就可编程实现该算法，通过辨识获得模型参数，建立超声波电机 Hammerstein 位置控制模型。BFO 算法首先要初始化一组随机解，然后将想要解决问题的潜在解通过细菌的位置表示出来。对于 BFO 算法的实现过程，叙述如下：

(1) 初始化所有的参数。对菌群中使用到的各项参数进行初始化。其中，菌群规模为 S；细菌在同一方向上前进的最大限制步数为 N_s；在一个周期的细菌趋化循环中的趋化操作次数为 N_c；在运行周期中，细菌复制的代数为 N_{re}；细菌迁徙过程的操作次数为 N_{ed}；迁徙操作的基本迁徙概率为 p_{ed}；趋化操作的步长为 $C(i)$。

(2) 定义细菌的适应度函数值 J，并对各个细菌的初始位置进行初始化。设 $P(j,k,l)=\{\theta^i(j,k,l)\,|\,i=1,2,\cdots,S\}$ 表示菌群中细菌个体的位置，则细菌的位置初始化为

$$P(1,1,1)=P_{min}+\text{rand}(P_{max}-P_{min}) \tag{2.45}$$

式中，P_{max} 和 P_{min} 分别表示优化区间的最大值和最小值；P 为细菌的初始化位置；随机函数 rand( )用来产生一个均匀分布在区间[0,1]中的随机数。

(3) 对迁徙操作循环的参数进行设置。迁徙操作循环次数 $l=1:N_{ed}$。

(4) 对复制操作循环的参数进行设置。复制操作循环次数 $k=1:N_{re}$。

(5) 对趋化操作循环的参数进行设置。趋化操作循环次数 $j=1:N_c$。

(6) 开始迭代次数为 N_c 的趋化操作，j 以 0 为初始值，以 1 为单位逐步递增。首先对各个细菌所处的位置更新，如果菌体的适应度函数值在新的空间位置上得到了一定的改善，菌体按照这个方向继续前进，直到无法再对适应度函数值改善，或者已达到细菌在同一方向上前进的最大限制步数 N_s。

(7) 开始迭代次数为 N_{re} 的复制操作，k 以 0 为初始值，以 1 为单位逐步递增。细菌经过趋化操作过程后，对每个细菌的适应度函数值做求和运算，得到细菌的健康度函数值。将所得值按照升序排好，将值低的一部分 S_r 个细菌淘汰掉，而对值高的各个细菌执行复制操作。

(8) 开始迭代次数为 N_{ed} 的迁徙操作，l 以 0 为初始值，以 1 为单位逐步递

增。复制操作完成后，为每个菌体设置一个随机概率，并将这个随机概率与迁徙概率 p_{ed} 进行比较。如果菌体的随机概率小于迁徙概率，则菌体迁移到新的觅食区域。

(9) 判断是否达到循环操作结束的条件，如果达到，则算法结束；否则，返回步骤(6)继续搜索，直到取得满意结果或者各个操作均达到最大循环次数。

菌群觅食算法按照以上操作步骤，对问题进行分析并求出合适的解，当达到所要求的算法精度或者达到所规定的迭代次数时，算法结束。将辨识计算得到的模型参数代入模型结构中，即得到超声波电机的非线性模型。图 2.25 为菌群觅食优化算法的基本流程图。

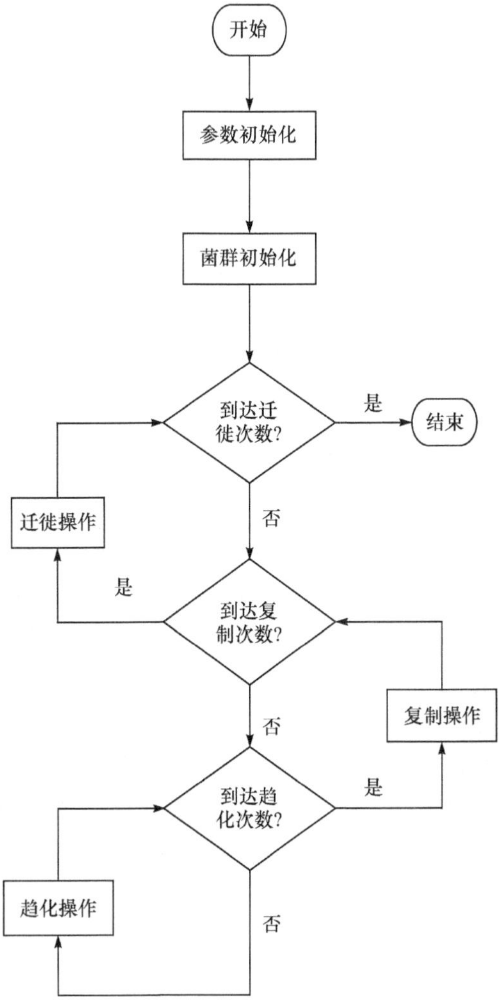

图 2.25　菌群觅食优化算法基本流程图

2.3.3 菌群觅食优化算法参数值的确定

如前所述,BFO 算法参数值的选取直接关系到优化算法的结果,而待优化问题又具有明显的多样性和复杂性,所以这些参数的取值不可能一蹴而就,需在根据具体问题复杂度确定初始参数值之后,在实际的优化辨识尝试中不断调整以得到适合于待优化问题的合适参数值。而参数合适与否的主要判据是优化结果的好坏。

在优化辨识尝试中,取 BFO 算法参数初值如表 2.7 中第二列所示,进行模型参数辨识。辨识得到的适应度函数值为 1.7588。从辨识结果来看,辨识模型输出数据与实际输出数据存在较大偏差,优化过程陷入了局部最优;而且辨识优化过程收敛速度较慢,运行时间长。这表明,根据先验知识所取的 BFO 算法初始参数不适合超声波电机模型的参数辨识过程。由此,为得到合理的模型辨识结果,需要对这些参数值进行适当调整。

表 2.7 菌群优化算法的参数值

参数名称	初始数值	调整后的数值
菌群规模 S	100	80
在同一方向上前进的最大限制步数 N_s	4	4
趋化操作次数 N_c	100	100
复制操作次数 N_{re}	10	10
迁徙操作次数 N_{ed}	3	5
迁徙概率 p_{ed}	0.1	0.2
趋化步长 C_i	0.002	0.002

BFO 算法参数值调整的过程,是在前述算法原理及先验知识指导下,结合模型辨识结果,不断有目的地修改参数进行尝试的过程。在综合考虑算法的全局收敛性能、收敛过程的稳定性、收敛速度等指标的情况下,经过多次尝试,当迁徙操作次数为 5 时,菌群的初始收敛速度快,随着当前最优值逐渐趋于期望值,收敛速度渐慢。虽然辨识过程总的执行时间有所延长,但是得到的优化结果更接近于最优,其适应度函数值为 0.012。为表明 BFO 算法参数调整过程中辨识结果的变化情况,图 2.26 和图 2.27 分别以第二组和第六组实验数据为例,给出了利用不同 BFO 算法参数所得模型的计算结果。图 2.28 给出了不同 BFO 算法参数情况下,优化过程中的适应度函数值的收敛过程。

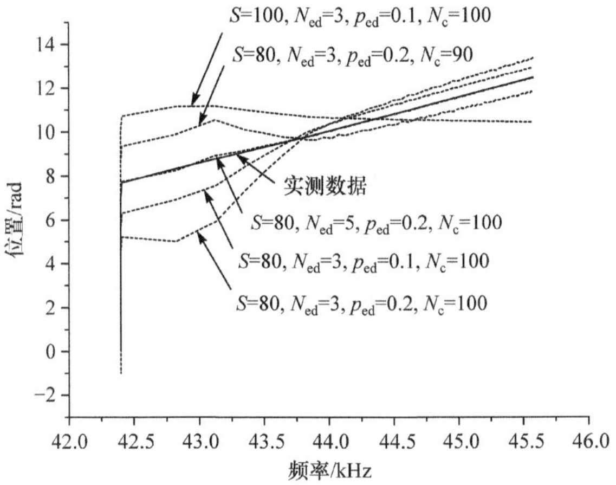

图 2.26　不同 BFO 算法参数情况下的模型辨识结果比较 I

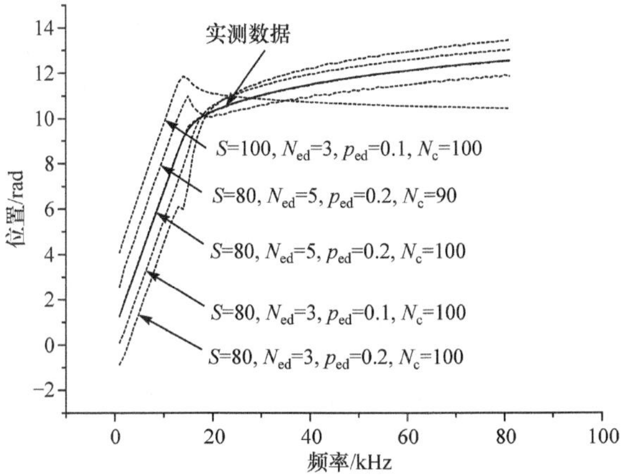

图 2.27　不同 BFO 算法参数情况下的模型辨识结果比较 II

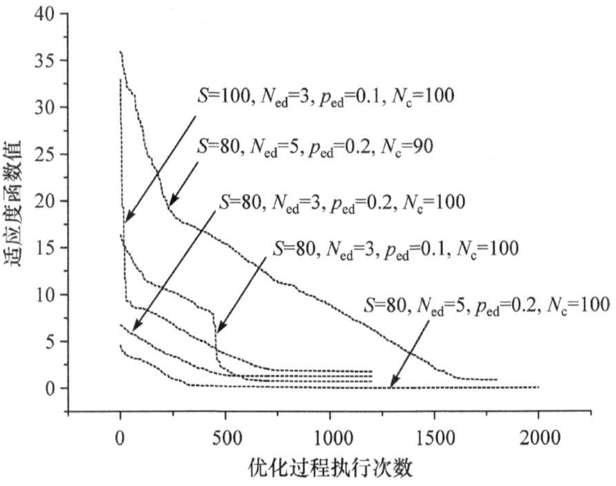

图 2.28　不同 BFO 算法参数情况下的优化过程比较

由图 2.26～图 2.28 可以看出，随着 BFO 算法参数的不断调整，收敛速度有所提高，模型计算输出也越来越接近实际输出，即模型精度不断提高。通过上述尝试过程，确定菌群优化算法参数值如表 2.7 中第三列所示。

2.3.4　超声波电机系统位置控制模型阶次的确定

模型阶次辨识是辨识建模过程的重要一环，通过选取不同的模型阶次进行辨识建模，选取使得模型精度最高，即模型计算输出与实测数据误差最小的阶次数据作为模型阶次。

为了降低模型复杂程度，考虑超声波电机建模经验及控制性能要求，本节将超声波电机系统位置控制 Hammerstein 模型的阶次限制在 1～3。图 2.29～图 2.31 分别给出了选取不同阶次的情况下，两组模型计算输出和优化过程适应度函数值的变化过程。

其中，图 2.29 和图 2.30 依然以第二组和第六组实验数据为例。显然，当选取 $m=2$、$n=1$、$p=1$ 时，适应度函数值较小，模型计算输出与实际输出之间的误差较小，能够得到更为准确的超声波电机非线性 Hammerstein 模型。因此，将模型阶次设定为 $m=2$、$n=1$、$p=1$，通过基于 BFO 算法的模型辨识过程，得到模型参数为 $r_0=8.2278$、$r_1=0.0727$、$b_0=-4.6964$、$b_1=4.6945$、$a_1=-2.1069$、$a_2=1.1061$，对应于适应度函数值为 0.012。将这些参数带入式(2.39)～式(2.42)，得超声波电机非线性频率-位置 Hammerstein 模型的非线性部分

$$x(k)=8.2278+0.0727u(k) \tag{2.46}$$

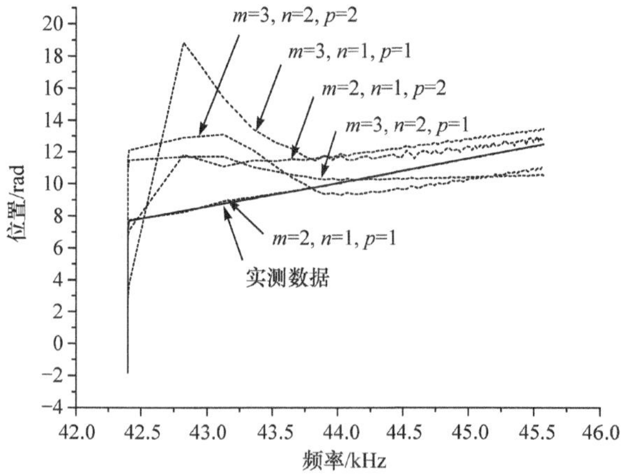

图 2.29　不同阶次情况下的模型辨识结果比较 Ⅰ

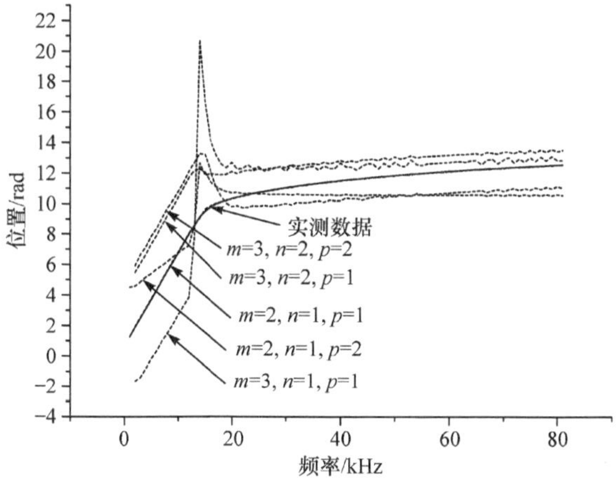

图 2.30　不同阶次情况下的模型辨识结果比较Ⅱ

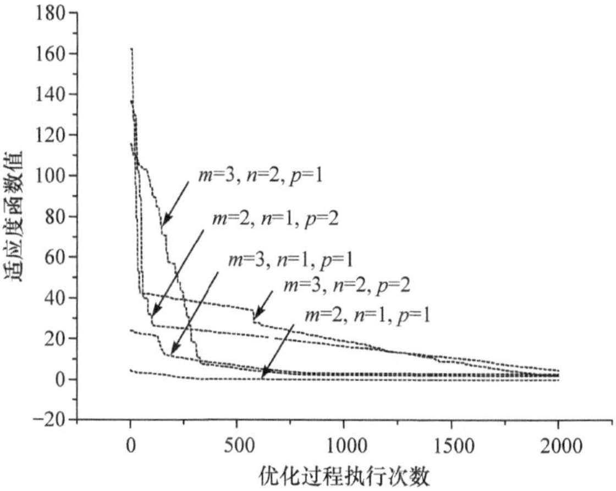

图 2.31　不同阶次情况下的优化过程比较

模型的线性部分为

$$\frac{y(z^{-1})}{x(z^{-1})}=\frac{-4.6964+4.6945z^{-1}}{1-2.1069z^{-1}+1.1061z^{-2}} \tag{2.47}$$

图 2.32、图 2.33 分别给出了三组用于建模的实验数据、三组用于校验的实验数据分别与模型式(2.46)、式(2.47)计算数据的对比，表 2.8 给出了所有 18 组实验数据与模型计算数据之间的均方误差、最大绝对误差数值。由图、表可见，模型计算数据与实验数据的一致性较好，模型精度较高，反映了超声波电机非线性动态运行特性的主要方面。

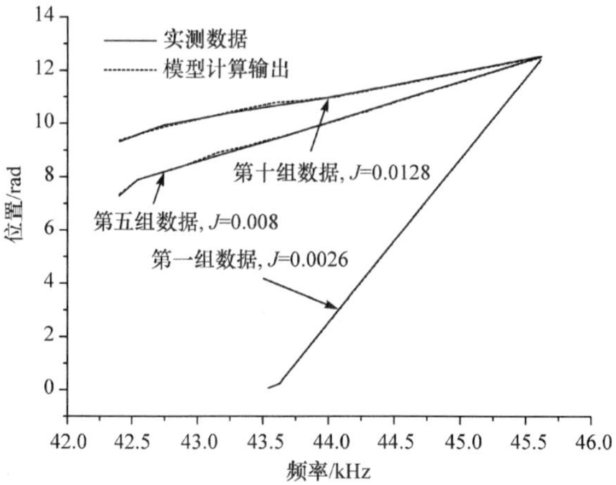

图 2.32　模型计算结果与实测数据的比较(建模数据)

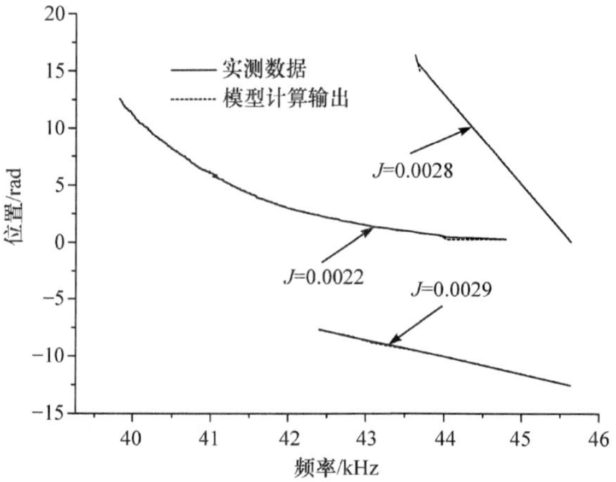

图 2.33　模型计算结果与实测数据的比较(校验数据)

表 2.8　模型计算结果与实测数据之间的误差

数据组号	均方误差	最大绝对误差/rad	数据组号	均方误差	最大绝对误差/rad
1	0.0026	0.0282	10	0.0128	0.1202
2	0.0091	0.1519	11	0.0156	0.2303
3	0.0084	0.1255	12	0.0198	0.1602
4	0.0078	0.0983	13	0.0157	0.1568
5	0.008	0.1172	14	0.0123	0.1259
6	0.0095	0.1303	15	0.0244	0.236
7	0.0109	0.1185	16	0.0029	0.1077
8	0.0103	0.0968	17	0.0022	0.2042
9	0.0093	0.1011	18	0.0028	0.4932

为了采用较为简单的模型形式来有效表达超声波电机的非线性运行特性，以便设计更为合理并相对简便的超声波电机控制策略，提高超声波电机运动控制系统的应用水平，本节给出了超声波电机非线性 Hammerstein 模型的建模方法。模型计算数据与实验数据的对比，表明了所建模型的有效性。

模型以超声波电机驱动频率为输入，以电机转轴位置角为输出，适用于电机位置控制系统的分析与设计。建模过程中，采用 BFO 算法进行模型参数辨识及阶次辨识。实践表明，对于超声波电机这类多参数非线性对象的建模，BFO 算法能够给出较为理想的辨识结果。

参考文献

雷伏容，钟宜生. 2003a. 超声马达数学建模研究现状与展望[J]. 压电与声光，25(1)：64-67.

雷伏容，钟宜生. 2003b. 行波型超声马达的数学模型[J]. 压电与声光，25(8)：329-332.

刘博，史敬灼. 2010. 超声波电机频率-转速控制的阶跃响应建模[J]. 微电机，43(11)：77-80.

吕方方，史敬灼. 2011. 基于粒子群优化的超声波电机非线性 Hammerstein 辨识建模[J]. 微电机，44(12)：17-20.

尤向阳，史敬灼. 2007. 超声波电机驱动控制系统建模与仿真[J]. 微电机，40(10)：77-81.

Bazrafshan F, Rasti B, Mojallali H. 2010. Neural network based modeling of a traveling wave ultrasonic motor using genetic algorithm[C]. The Second International Conference on Computer and Automation Engineering, New York.

Maas J, Ide P, Frohleke N, et al. 1995. Simulation model for ultrasonic motors powered by resonant converters[C]. IEEE Thirtieth Industry Applications Conference, Orlando.

Zhang X L, Tan Y H. 2008. Modelling of ultrasonic motor with dead-zone based on Hammerstein model structure[J]. Journal of Zhejiang University Science A, 9(1)：58-64.

第 3 章　超声波电机改进 PID 控制策略

超声波电机是一种新型微特电机，其运行机理不同于传统电机依靠电磁能量转换产生功率，而是通过内部压电材料的逆压电效应使定子在超声频段内发生共振产生能量，能量通过摩擦作用转换成转子的输出功率。超声波电机的特殊运行机理，使它具有无磁干扰、断电自锁、形状自由度大、体积小、重量轻、响应快、低速转矩大等优点。这些优点，使超声波电机在众多运动控制领域具有广阔的应用前景。但从电机控制角度来看，超声波电机也具有强非线性、强耦合、快时变等不利于提高运动控制精度的问题，需要研究适用的控制策略来克服这些问题，推进超声波电机的产业化应用。

关于超声波电机控制策略的研究，已有许多。总的来看，为了更好地克服超声波电机存在的上述问题，控制策略日趋复杂。复杂控制策略在提高电机系统控制性能的同时，也会因增加系统复杂度而导致系统可靠性降低、成本提高，不利于超声波电机的产业化应用。面对产业化应用需求，在满足系统性能要求的前提下，研究相对简单、在线计算量小的控制策略以降低系统复杂度，从而降低成本并提高系统可靠性，已成为当前超声波电机控制策略研究的又一热点。

为得到计算量较小且具有较高控制性能的控制策略，在 3.1 节细致研究 PID 控制器性能的基础上，通过对超声电机典型控制过程的理论分析与实验研究，在 3.2 节提出一种仅有两条专家规则的简单专家 PID 控制方法。专家规则根据当前控制状况，调节 PID 控制参数，改善控制性能。与常规 PID 控制相比，所提方法的在线计算量增加不大，易于采用单片机等器件实现。多种变化工况下的实验表明，所提方法对超声波电机特性变化及负载扰动的适应能力强。同样基于 3.1 节关于 PID 控制的研究工作，3.3 节借用另一类智能控制思想——模糊逻辑，给出了一种适用于超声波电机转速控制的单输入 Takagi-Sugeno 模糊控制器。与传统的模糊控制器相比，该控制器结构简单，减少了设计工作量与在线计算量。

3.1　超声波电机常规 PID 转速控制性能

PID 控制器，结构简单，原理清晰明了，参数设计与现场整定均有成熟的工程化方法，是目前工业领域实际应用最多的一类控制器。PID 控制也早已被用于超声波电机控制。但由于超声波电机的驱动电压频率、幅值、相位差等控制量与电机转速、转角等被控量之间的关系具有明显的非线性和时变性，采用固定参数的 PID

控制器难以得到满意的控制效果。也正是超声波电机所具有的这种非线性、时变性特征，使得众多近现代的复杂控制算法被尝试用来改善控制效果。同时，在超声波电机产业化不断推进的过程中，PID 控制器因其异常简单的结构和低廉的实现成本，仍然吸引着人们的目光。基于结构简单但控制效果不好的固定参数 PID 控制器，可以考虑采用某种变参数的 PID 控制策略来改善控制效果。这是一种自然的想法。如何“变参数”，可以有不同的方式和具体方法，不论什么方法，都应该是与超声波电机的具体的非线性、时变特征相适应的。因为，问题是由这些特征而起，要解决问题或改善问题，当然也应针对这些特征来想办法。

本节首先通过仿真、实验等手段，细致研究固定参数 PID 控制器控制下的超声波电机转速控制特性，探究问题的缘由与具体表象；随后，给出一种变参数 PID 控制策略，并进行实际控制性能的对比；在最后两节中，进一步给出不同方式的“变参数”PID 控制策略，试图探求适合于超声波电机及不同应用场合需求的适当控制策略。

3.1.1　超声波电机固定参数 PID 控制方法仿真研究

1. 固定参数 PID 控制系统结构与电机模型

图 3.1 是采用固定参数 PID 控制的超声波电机转速控制系统基本结构框图。图中，系统输入变量是速度给定值(参考转速)，输出是超声波电机的实际转速，并通过光电编码器进行转速信号采集后形成反馈回路。实测转速与转速给定值做差，得到误差信号作为 PID 控制器的输入，控制器输出的控制量为电机驱动电压的频率值，该值作为电机驱动电路的输入量，进而调节施加于超声波电机的驱动电压，构成一个完整的闭环控制系统。对图 3.1 所示系统进行仿真研究，是在 PID 控制器参数设计与整定的基础上，研究超声波电机转速控制性能。

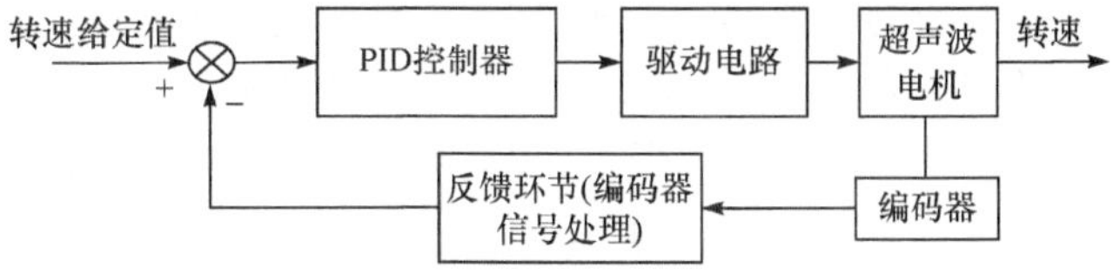

图 3.1　超声波电机转速 PID 控制系统基本结构框图

由本书 2.1 节知，取超声波电机的频率-转速控制模型传递函数为

$$G(s)=K\frac{\omega_0^2}{s^2+2\xi\omega_0+\omega_0^2}\mathrm{e}^{-\tau s} \tag{3.1}$$

式中，$K=h_1/f$，h_1 为稳态转速值；f 给定频率阶跃值；τ 为延迟时间；ξ 为阻尼系数；ω_0 为自然频率。为便于实现参数辨识，对式(3.1)做归一化处理，得到标准形

式的二阶欠阻尼单位传递函数模型

$$G_1(s)=\frac{\omega_0^2}{s^2+2\xi\omega_0+\omega_0^2} \tag{3.2}$$

设定电机模型形式如式(3.2),使用 Shinsei USR60 型两相行波超声波电机,进行电机转速测量实验以确定模型参数。采用特征点法对实测频率、转速数据进行辨识计算,得到对应的模型参数,如表 3.1 所示。具体方法请参看本书 2.1 节。使用表 3.1 所示三组模型参数进行仿真研究。

表 3.1　特征点法辨识的模型参数

序号	转速/(r/min)	频率/kHz	ξ	ω_0/(rad/s)	K	τ/s
第一组	20.3	43.2	0.3753	842.917	0.4707	0.0138
第二组	30.3	42.9	0.4238	867.111	0.7064	0.0135
第三组	62.8	42.3	0.2935	752.881	1.4855	0.022

2. 固定参数 PID 控制器设计

PID 控制器的设计可分两步进行:首先根据被控对象及系统控制要求确定控制器的具体形式,常用的是 PID 或 PI,这里选用 PID 形式,即包含完整的比例、积分、微分三个控制环节,以便考察参数影响;然后,设计控制参数初值,并在实际系统中,根据控制性能在线整定控制参数。

常规 PID 控制器输出控制量和其输入,即系统误差信号之间的时域关系表达式为

$$u(t)=K_{\mathrm{P}}e(t)+\frac{1}{T_{\mathrm{I}}}\int e(t)\mathrm{d}t+T_{\mathrm{D}}\frac{\mathrm{d}e(t)}{\mathrm{d}t} \tag{3.3}$$

式中,$u(t)$为控制器输出的控制量;$e(t)$为系统控制误差。对超声波电机而言,可用的控制量有驱动电压的幅值、频率、相位差三个量,这里选用频率作为控制量,即控制器输出 $u(t)$为频率值。由于本节考虑电机的转速控制,故 $e(t)$为转速误差。控制器参数 K_{P}、T_{I}、T_{D} 分别为比例系数、积分时间系数和微分时间系数。

对式(3.3)进行拉普拉斯变换,得 PID 控制器的传递函数

$$U(s)=\left(K_{\mathrm{P}}+K_{\mathrm{D}}s+\frac{K_{\mathrm{I}}}{s}\right)E(s) \tag{3.4}$$

式中,K_{D}、K_{I} 分别为微分系数、积分系数,且有

$$T_{\mathrm{D}}=K_{\mathrm{D}} \tag{3.5}$$

$$T_{\mathrm{I}}=\frac{1}{K_{\mathrm{I}}} \tag{3.6}$$

在目前广泛采用的数字控制方式中,常用增量形式的 PID 控制器,即当前时

刻(k 时刻)的控制量为

$$u(k)=u(k-1)+K_P(e(k)-e(k-1))+K_Ie(k)+K_D(e(k)-2e(k-1)+e(k-2)) \tag{3.7}$$

式中,控制器参数 K_I、K_D 分别为积分系数和微分系数,且有

$$K_I=\frac{T_S}{T_I} \tag{3.8}$$

$$K_D=\frac{T_D}{T_S} \tag{3.9}$$

其中,T_S 为数字控制中的采样时间。

常规 PID 控制器的设计,就是确定合适的控制参数 K_P、K_I、K_D,以满足期望的控制性能。已有很多简便的方法可用于设计 PID 控制参数。为便于工程应用,这些设计方法通常都是近似的,设计结果还需在实验中进行整定。

这里,采用工程设计法离线设计 PID 控制器中的三个控制参数 K_P、K_I、K_D。已知电机模型为式(3.2)所示的二阶形式,将表 3.1 给出的模型参数带入式(3.10)和式(3.11)得到中间量 δ_s 和 T_r 的值

$$T=\frac{1}{2\xi\omega_0} \tag{3.10}$$

$$T_P=\frac{\pi}{\omega_0\sqrt{1-\xi^2}} \tag{3.11}$$

$$\delta_s=0.6K\frac{\tau}{T} \tag{3.12}$$

$$T_r=T_P \tag{3.13}$$

然后,将这些中间量的数值代入式(3.14)~式(3.16)中,就可以求出 K_P、K_I、K_D 三个控制参数值。

$$K_P=0.8\delta_s \tag{3.14}$$

$$K_I=1.2T_r \tag{3.15}$$

$$K_D=0.4T_r \tag{3.16}$$

需要注意,超声波电机在不同转速运行时,其特性表现是有差异的,这也是其非线性的一个主要方面。针对这一现象,本书 2.1 节所述模型在不同转速时也有所不同。为全面考察常规 PID 控制下的超声波电机转速控制特性,选用表 3.1 所示三个典型转速情况下的三个不同模型,分别设计了三组对应的 PID 控制参数。这三组设计参数之间存在明显差异,反映了电机自身运行状态的变化和与之对应的电机模型差异。表 3.2 列出了对应于表 3.1 三组不同模型参数的 PID 控制参数设计值。

表 3.2　不同模型参数对应的 PID 参数设计值

控制参数	第一组	第二组	第三组
K_P	1.97	0.00482	0.0016
K_I	3.37	0.00479	0.00159
K_D	6.94	0.0052	0.0017

3. 固定参数 PID 控制器参数值的仿真整定

设计超声波电机转速 PID 控制系统的 Simulink 仿真结构如图 3.2 所示。图中所示电机模型对应于表 3.1 第一组模型参数。

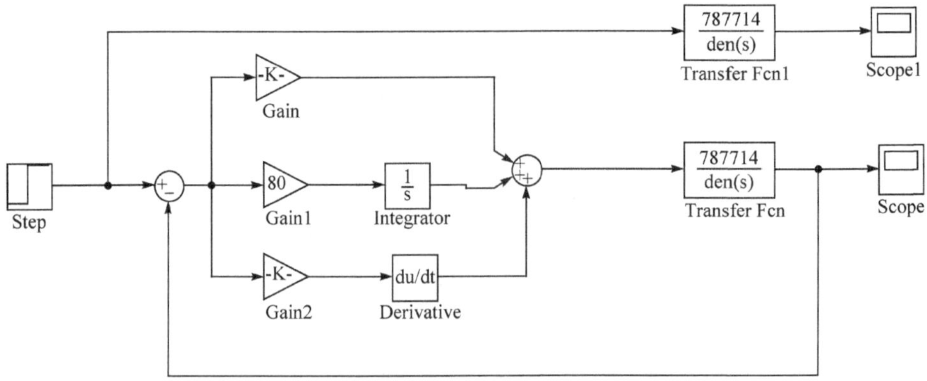

图 3.2　超声波电机转速 PID 控制系统 MATLAB 仿真结构图

按照表 3.2 所示 PID 控制参数初值进行转速控制仿真，所得阶跃响应过程存在稳态误差且误差值较大，明显不符合控制要求，需要进行 PID 参数的整定。先保持 K_I、K_D 值不变，只调节 K_P 参数值。当增大 K_P 时，转速阶跃响应的稳态误差及超调量随之减少；但是当 K_P 增大到一定值后，继续增大 K_P，稳态误差会逐渐增大。因此，将 K_P 调节到合适值后，固定 K_P 值，进行积分与微分系数值的调节。调节 K_I 值时，增大 K_I 值有助于进一步减小稳态误差，但是当 K_I 值过大时，会产生超调。K_D 值与 K_I 值是相互影响的，可以根据 K_I 值的当前大小同步调整 K_D 的取值。K_D 值过大，阶跃响应会出现振荡；K_D 值过小，会出现超调。由上可以看出，一个 PID 控制参数的仿真整定过程不可能一步到位，需要逐一调整三个参数，确定三个参数各自对控制性能指标的影响，明确各自的合适取值范围；随后，进行三个参数的联调，以最终确定合适的参数值。表 3.3 列出了控制参数调节过程中的部分数据，从这些数据可以看出调节过程的大概思路。表 3.3 中数据，对应于表 3.1、表 3.2 所列第一组参数值。最终整定的控制参数值为 $K_P=330$、$K_I=189$、$K_D=0.098$，对应的阶跃响应曲线如图 3.3 所示，调节时间为 0.004s，无超调。

表 3.3　PID 参数调节过程相关性能变化

K_P	K_I	K_D	调节时间/s	稳态误差/%	是否有超调
1.97	0.00482	0.0016	0.005	33.7	较大
50	0.00482	0.0016	0.006	1.5	较大
50	30	0.01	0.002	1.5	较小
50	30	0.05	0.008	1.5	无
188	30	0.05	0.004	0	无
250	150	0.05	0.0015	0	无
330	189	0.098	0.004	0	无

对于表 3.1、表 3.2 所列第二组、第三组参数值，分别进行类似的 PID 控制参数整定过程，最终整定值分别为 $K_P=390$、$K_I=398$、$K_D=0.175$，$K_P=295$、$K_I=576$、$K_D=0.51$；对应的阶跃响应曲线如图 3.4、图 3.5 所示；调节时间分别为

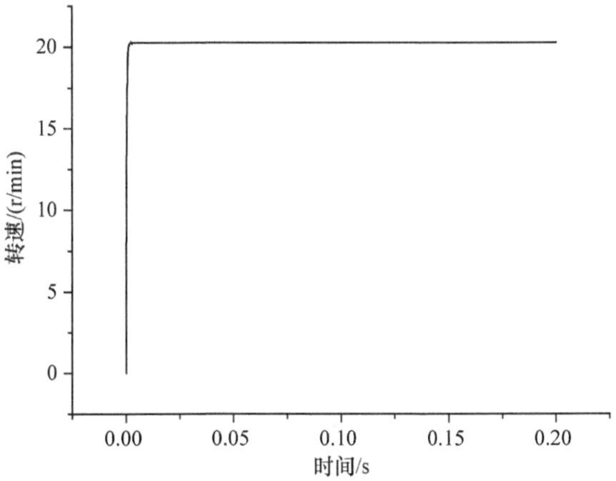

图 3.3　转速阶跃响应曲线(仿真，$N_{ref}=20.3$r/min)

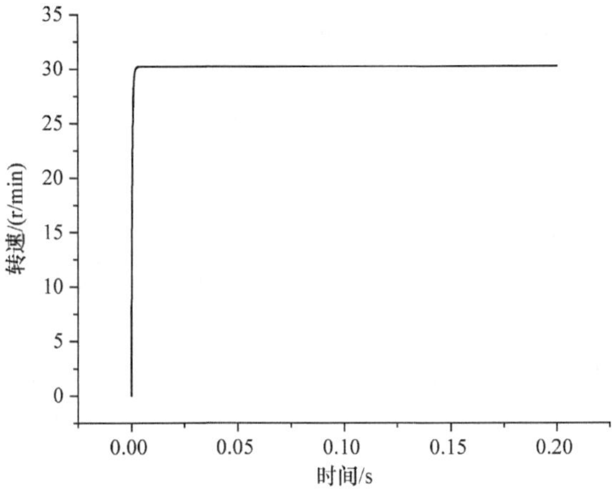

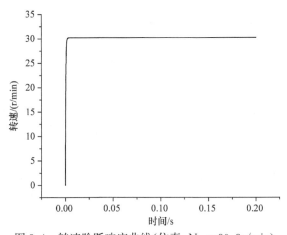

图 3.4　转速阶跃响应曲线(仿真，$N_{ref}=30.3$r/min)

0.002s、0.01s，无超调。

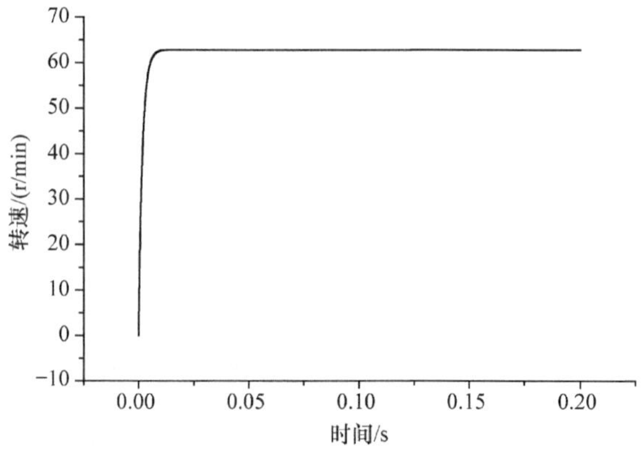

图 3.5 转速阶跃响应曲线(仿真，N_{ref}=62.8r/min)

通过仿真，可以明确 PID 控制器三个控制参数的作用，掌握参数整定的思路与方法。但应指出的是，上述仿真所得阶跃响应的调节时间都不超过 0.01s，这在实际系统中是不可能的。实际的超声波电机转速控制系统中，控制器输出的控制量即电机驱动电压的频率是有范围限制的。可用的频率范围是由特定型号的超声波电机自身特性决定的。而在仿真中，控制其输出控制量没有限幅，可以无限增大、快速变化以得到快速的输出响应，于是使得上述阶跃响应的调节时间都很短。

3.1.2 超声波电机固定参数 PID 控制性能的实验研究

通过实验研究常规固定参数 PID 控制器的转速控制效果，实验用电机为 Shinsei USR60 型两相行波超声波电机，驱动电路为两相 H 桥结构，电机连接光电编码器来提供转速反馈信号，电机允许的正常工作转速范围是 0～120r/min。

1. 固定参数 PID 控制器参数值的实验整定

针对 30r/min、90r/min、120r/min 三种不同给定转速值情况下的阶跃响应过程，分别采用上述三组 PID 设计参数作为对应转速情况下的初始控制参数，进行 PID 控制参数的实验整定，分别使三种转速情况下的阶跃响应过程符合期望，得到三组 PID 控制参数，如表 3.4 所示。可以看出，三组参数值之间存在明显差异，这反映了电机的非线性特征。分别对应于这三组控制参数的 30r/min、90r/min、120r/min 阶跃响应曲线如图 3.6 所示，均无超调，调整时间随转速增大而增大，依次为 0.065s、0.156s、0.221s。图中虚线给出了与 90r/min 阶跃响应曲线对应的控制器输出控制量(电机驱动频率)变化过程，以表明控制器的作用过程。

表 3.4　不同转速对应的 PID 参数整定值

转速给定值/(r/min)	K_P	K_I	K_D
30	0.8	15	0
90	3	6	0
120	3	3.5	0

表 3.4 及图 3.6 表明，通过实验整定，一组固定的 PID 控制参数可在特定转速情况下得到较好的控制结果；但是当转速改变时，PID 控制参数值也需要改变，以保证同样较好的控制效果。常规 PID 控制器的应用中，对所有可能的转速情况，通常都采用固定不变的 PID 参数值。这样，是否能够对超声波电机进行有效控制，需要进一步的实验验证。

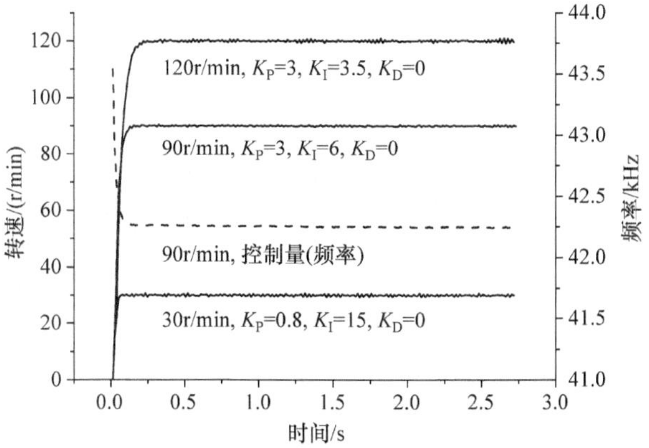

图 3.6　PID 参数整定后的转速阶跃响应

2. 固定参数 PID 控制性能的实验研究

将表 3.4 中对应于 30r/min 的一组 PID 控制参数用于所有转速给定值情况下的阶跃响应控制过程，得到一族响应曲线如图 3.7 所示。其中，当转速给定值为 120r/min 时，电机转速始终为 0；当转速给定值为 110r/min 和 100r/min 时，电机能够启动，但在上升过程达到给定值之前，转速瞬间跌落并停转，同样不能正常、连续运转；当转速给定值减为 90r/min 时，响应过程呈现明显振荡；转速给定值继续降低，电机可以正常运行，但仅在与该 PID 参数值相对应的转速(30r/min)附近才能够得到较好的运行效果。

采用表 3.4 中对应于 90r/min 的 PID 控制参数，所得阶跃响应曲线如图 3.8 所示，也存在类似情况。转速给定值为 120r/min 时，电机不能稳定运行；其他转速能够正常运行，但是仅在 90r/min 附近具有良好控制效果，其他转速情况下，控制效果就大打折扣。

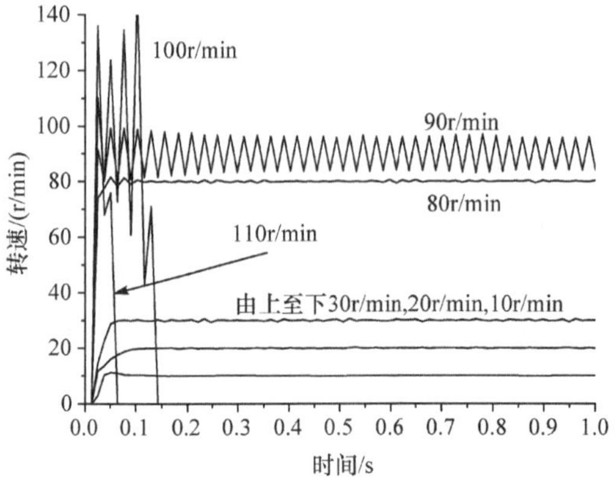

图 3.7　阶跃响应（固定参数 PID，30r/min 整定）

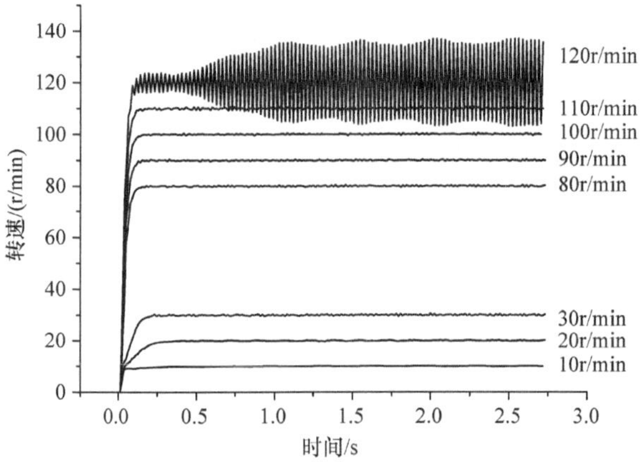

图 3.8　阶跃响应（固定参数 PID，90r/min 整定）

使用对应于 120r/min 的 PID 控制参数，情况稍好，在调速范围内的所有转速均能正常旋转，但除转速给定值 120r/min 的情况之外，其他转速情况下的控制效果均不甚理想，尤其是 10～30r/min 时的响应速度明显放慢，如图 3.9 所示。

图 3.7～图 3.9 表明，对于超声波电机这类具有显著非线性特征的对象，固定参数的 PID 控制器难以实现涵盖调速范围的良好控制。如果进一步考虑超声波电机的时变特性及扰动作用，控制效果更不易保证。对超声波电机而言，驱动电压幅值的改变会导致电机运行特性的变化，可从一个侧面表征其时变特性。而电机负载的变化，则是一种常见的外加扰动形式。上述控制实验均是在电机空载、驱动电压峰峰值为 300V 的情况下进行的。

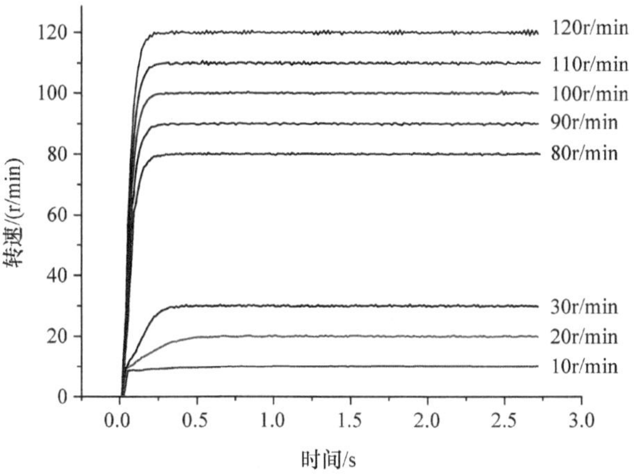

图 3.9　阶跃响应(固定参数 PID,120r/min 整定)

下面,分别改变电机驱动电压峰峰值和负载状况,进一步考察 PID 控制器的控制性能。实验中,对于不同转速给定值,分别采用了表 3.4 所示不同转速情况下的 PID 参数值,以反映整定后的 PID 控制器在对象及扰动变化情况下可能达到的性能。这样,PID 参数在转速可调范围内不再是固定的,为区别于图 3.7～图 3.9 所示控制实验,称之为变参数 PID。

图 3.10 所示为电机两相驱动电压峰峰值为 250V、空载时的转速阶跃响应实验结果。与图 3.6 相比,图 3.10 所示阶跃响应控制性能变差。给定转速为 30r/min 时,转速发生明显的小幅振荡;而当给定转速为 90r/min、120r/min 时,稳态转速波动亦相对增大,如表 3.5 中性能参数值所示。表 3.5 还表明,响应过程的调整时间没有变化,但高、低转速时的调整时间差别较大。

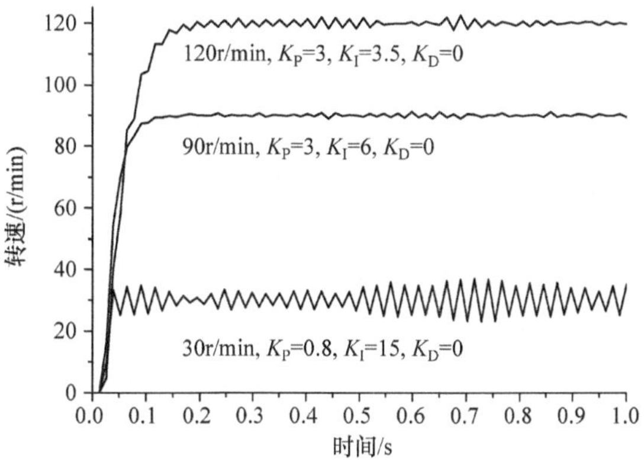

图 3.10　阶跃响应(变参数 PID,250V,空载)

表 3.5 变参数 PID 控制器的控制性能

转速给定值/(r/min)	调整时间(5%)/s			稳态转速波动最大绝对值/(r/min)			稳态转速波动绝对平均值/(r/min)		
	300V空载	250V空载	300V 0.1N·m	300V空载	250V空载	300V 0.1N·m	300V空载	250V空载	300V 0.1N·m
30	0.052	—	0.052	0.58	10.88	0.76	0.173	6.129	0.213
90	0.091	0.091	0.091	1.06	1.64	1.72	0.289	0.463	0.405
120	0.143	0.143	0.143	2.41	2.47	3.71	0.708	0.806	1.109

注:“—”表示不存在。

设定电机两相驱动电压峰峰值为 300V,分别施加 0.1N·m、0.2N·m 的负载转矩,进行转速阶跃响应实验。当负载转矩为 0.2N·m 时,因控制器输出的控制量变化过大,电机启动后出现突停现象,表明表 3.4 所示 PID 参数抗负载扰动的能力较弱。加载 0.1N·m 时,电机可正常旋转。图 3.11 给出了转速给定值分别为 30r/min、90r/min、120r/min 的实验结果,同样表现出较大的转速稳态波动,具体数据如表 3.5 所示。

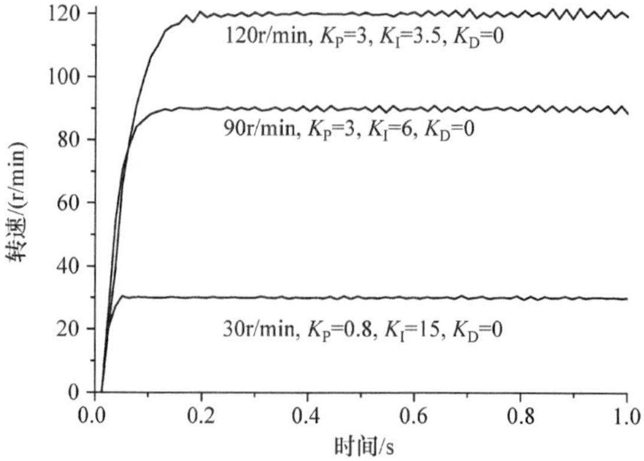

图 3.11 阶跃响应(变参数 PID,300V,0.1N·m)

综上所述,因为超声波电机具有较强的非线性及时变特性,所以在不同转速情况下,得到较好转速控制性能的 PID 参数值是不同的。采用一组固定的 PID 参数值,不能保证整个转速可调范围内的转速控制性能良好,且可能导致振荡等异常情况发生。另外,即便是采用对应于不同转速的不同 PID 参数值进行控制,也不能有效应对电机时变及负载扰动的影响,电机驱动电压幅值的变化可能导致电机转速振荡或抖动,较大的负载转矩可能导致电机突停。

由此,若采用常规的固定参数 PID 控制器实现超声波电机的转速控制,即所有可能工况下均采用一组固定的 PID 控制参数值进行控制,则这组 PID 参数值必然是一组折中的数值。其设计过程的首要目标是,保证电机能够在所有工况下正常运转,不振荡、不突停。所以,这样折中得到的 PID 控制器,不可能达到各种工况下的良好控制性能。要改善控制性能,PID 控制参数值必须是变化的。变化的目的,是削弱超声波电机自身特性及外加扰动的变化对电机控制性能的影响。

3.1.3 基于曲线拟合的变参数 PID 控制器

如前所述,不同转速情况下,对超声波电机转速 PID 控制器参数进行实验整定,得到的 PID 参数值不同,如表 3.4 所示。显然,对不同转速情况分别采用与之对应的 PID 参数值,会得到比固定参数 PID 好一些的控制效果,且简单易行。

至于具体的实现方法,可以是对表 3.4 所示整定参数的曲线拟合,也可以是查表之后的线性或非线性插值。对于复杂参数情况,也可以采用离线训练的神经网络作为在线的参数计算手段。表 3.4 所示数据情况较为简单,综合考虑在线计算量、数据存储量、计算精度因素,本节采用多项式曲线拟合的方法实现这种变参数 PID 控制器。

对表 3.4 所示 PID 控制参数数据,以转速给定值 N_{ref} 为自变量进行多项式拟合,得到拟合表达式如下:

$$K_P=\begin{cases}-0.52+0.044N_{ref}, & 0<N_{ref}<80\\ 3, & N_{ref}\geqslant 80\end{cases} \tag{3.17}$$

$$K_I=21.5-0.23889N_{ref}+7.4074\times 10^{-4}\times N_{ref}^2 \tag{3.18}$$

式中,转速给定值 N_{ref} 的单位为 r/min。表 3.4 中参数 K_D 固定为 0,不需要拟合,这样的 PID 控制器实际上是 PI 控制器。

用式(3.17)、式(3.18)对表 3.4 中数据进行拟合,仅考虑了表 3.4 所示的电机正转数据。若考虑电机反转时的 PID 整定参数,方法相同,不再累述。

采用 16 位 DSP 芯片 DSP56F801 编程实现这种变参数 PID 控制器。在不同转速给定值情况下,DSP 计算出的 PID 参数值列入表 3.6。对比表 3.4 和表 3.6 可知,数据基本一致,拟合精度较高。既然如此,采用这种基于曲线拟合的变参数 PID 控制器进行超声波电机转速控制,能够达到的控制效果也就与前述图 3.5、图 3.10、图 3.11 和表 3.5 情况相同,不再重复给出。应指出的是,虽然本节实验采用一款低成本的 DSP 芯片作为控制器的执行芯片,但因为上述变参数 PID 算法简单,计算量小,完全可以在更低成本的单片机上有效实现。

表 3.6 DSP 计算得到的 PID 参数值

转速给定值/(r/min)	K_P	K_I
10	−0.080000	19.1852
20	0.360000	17.0185
30	0.800000	15.0000

续表

转速给定值/(r/min)	K_P	K_I
90	3.00000	5.99990
100	3.00000	5.01841
110	3.00000	4.18507
120	3.00000	3.49987

3.2 超声波电机的简单专家 PID 速度控制

超声波电机利用压电材料的逆压电效应进行机电能量转换,借助摩擦力传递机械能以驱动转子旋转。特殊的运行机理,使超声波电机的运行特性表现出明显的非线性及时变特征,不易得到理想的运动控制性能。

常规的固定参数 PID 控制器结构简单、易于进行工程设计,在低成本的超声波电机运动控制场合获得较多应用。但这种固定参数的 PID 控制器难以应对超声波电机明显的非线性与时变特性,因而整体控制性能不佳,且随着时间的推移及外界扰动的变化,控制性能变差,即不具有鲁棒性。因此,采用自适应控制、滑模变结构控制及神经网络等智能控制算法的控制策略先后被提出,使超声波电机的控制性能,尤其是动态控制性能,得到明显改善。但是这些控制算法的复杂度远高于固定参数的 PID 控制,需要足够的在线计算能力,导致系统硬软件成本提高,在超声波电机的产业化应用中不易被接受。

在电机控制的研究中,希望控制策略既能够满足性能期望,又能够具有较少的计算量以降低系统复杂度,从而降低成本并提高系统可靠性。从这个角度出发,本节在计算量小的固定参数 PID 控制器基础上,研究其改进形式,提升超声波电机转速控制性能并尽量少增加控制计算复杂度;在掌握常规 PID 控制下的超声波电机转速控制特性的基础上,根据理论分析与实验研究,给出了一种基于两条专家规则的专家 PID 控制器。实验表明,电机控制性能明显趋好,实时计算量则只有少量增加。

3.2.1 专家规则的设计

3.1 节所述基于参数拟合的变参数 PID 控制器,其控制参数是以转速给定值为自变量进行调整的。对于某一转速给定值情况下的阶跃响应控制过程,其控制参数在控制起始时刻根据拟合多项式计算得到,然后在整个阶跃响应过程中不再变化。这种变参数 PID 控制方式很简单,控制性能会比固定参数 PID 控制好一些，但只是从总体上考虑了不同转速情况下的电机特性平均差异，并没有充分考虑电机特性的持续时变，控制性能还有较大的改进余地。至于改进的思路，正像通常认为的，PID 控制器的参数应该是跟随被控对象的变化而持续调整的，不应是在控制起始时刻设定为常数。

PID 控制器参数在线持续调整的实现方法可以有不同的思路，如单神经元 PID，就是常用的，也是较为成功的一种实现方法。单神经元 PID 虽然结构简单，但需要在线的网络权值优化训练，整体的算法复杂度较高，且对于超声波电机这种快时变对象，优化训练也需要快速进行以实现有效的 PID 参数调整，由此带来的在线计算量是可观的。

本节的研究目的是在尽量少增加在线计算量以降低实现成本的前提下，探求 PID 控制器的改进形式以提高控制性能，为超声波电机的产业化应用提供支撑。针对超声波电机的控制特点，若能够根据控制经验，设计出几条简单的专家规则用来调整 PID 参数，从而给出一种专家 PID 控制器，有可能是实现上述目的的一种有效办法。

采用式(3.7)所示增量 PID 计算式进行转速 PID 控制器的在线计算。如表 3.4 所示，K_D 固定为 0，所以这里的 PID 控制器实际上是 PI 控制器，当前时刻(k 时刻)的控制量可写为

$$u(k)=u(k-1)+K_P[e(k)-e(k-1)]+K_I e(k) \tag{3.19}$$

定义转速误差 $e(k)$ 为

$$e(k)=N_{ref}(k)-n(k) \tag{3.20}$$

式中，$n(k)$ 为当前时刻的实际转速值。定义转速误差变化量 $\Delta e(k)$ 为

$$\Delta e(k)=e(k)-e(k-1) \tag{3.21}$$

本节设计专家规则进行在线调节的 PID 参数，就是式(3.19)中的 K_P 和 K_I 值。期望的超声波电机转速控制性能为，超调为 0，响应过程尽量平稳、快速，不同转速给定值情况的调整时间接近。

为设计调整 K_P 和 K_I 值的专家规则，首先应掌握响应过程与 PI 控制参数之间的关系。图 3.12 给出了一类典型的单位阶跃响应曲线形状，含超调，有收敛振荡过程。图 3.12 所示响应曲线被分成了Ⅰ～Ⅴ共 5 个区域。其中，Ⅰ、Ⅲ、Ⅴ区域的被控量正在趋近给定值，误差 $e(k)$ 的绝对值减小，且有 $e(k)\Delta e(k)<0$；而Ⅱ、Ⅳ区域的被控量正在远离给定值，误差 $e(k)$ 的绝对值增大，且有 $e(k)\Delta e(k)>0$。显然，在Ⅰ、Ⅲ、Ⅴ区域内，希望尽快趋近给定值以加快响应速度；但过快的趋近速度，即过大的误差变化量 $\Delta e(k)$，又会导致Ⅱ、Ⅳ区域的出现。而在Ⅱ、Ⅳ区域，则期望被控量远离给定值的运动尽快转变为趋近给定值。据此，可得出如下的控制器调节要求：

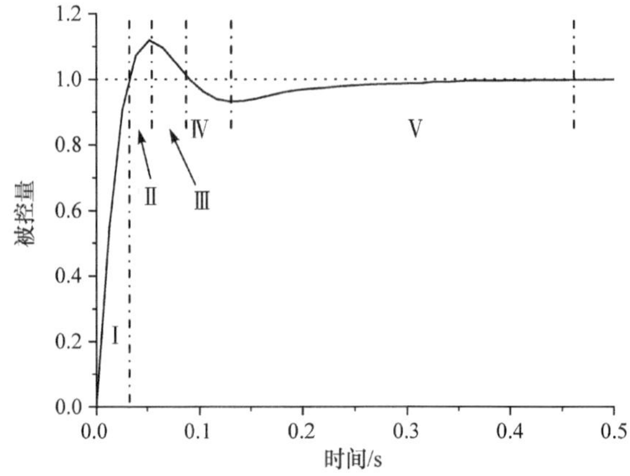

图 3.12　典型阶跃响应过程

(1) 若 $e(k)\Delta e(k)<0$,表明被控量正在趋近给定值。若被控量正在以理想的速度趋近给定值,应保持当前控制参数不变。若被控量趋近给定值的速度过快,为避免超调,应适当减弱控制作用;反之,则应增强控制作用。

(2) 若 $e(k)\Delta e(k)>0$,表明被控量正在远离给定值,应增强控制作用,以扭转错误的变化方向,且被控量远离给定值的速度越快,控制作用的增幅应越大。

这里,当前被控量趋近或远离给定值的速度可用 $\Delta e(k)$的绝对值来衡量。考察控制量计算式(3.19),若 $e(k)\Delta e(k)<0$,即图 3.12 所示Ⅰ、Ⅲ、Ⅴ区域内,减小 K_P 或增大 K_I,均可增强控制作用;反之,增大 K_P 或减小 K_I,均可减弱控制作用。下面以Ⅰ区为例来说明。为减小上升时间,可适当增强控制作用,即要增大式(3.19)给出的 $u(k)$值。Ⅰ区中,实际转速小于给定值,且转速渐增,即有 $e(k)>0$、$\Delta e(k)<0$;在式(3.19)中等号右端,$K_P\Delta e(k)$项小于零,$K_Ie(k)$项大于零,而这两项之和是 k 时刻的 $u(k)$增量。当 K_P 减小时,$K_P\Delta e(k)$项的绝对值减小;K_I 增大时,$K_Ie(k)$项的值增大;于是,减小 K_P 或增大 K_I,均可使 $K_P\Delta e(k)+K_Ie(k)$的值正向增大,导致 $u(k)$值更快增大,即增强了控制作用。反之,若要减弱控制作用,则应增大 K_P 或减小 K_I,使 $u(k)$的增量减小,导致 $u(k)$值增速放慢,从而使控制作用相对减弱一些。以此类推,在Ⅲ、Ⅴ区域内可以用相同的分析得到相同的参数调整方法。

而在图 3.12 所示Ⅱ、Ⅳ区域内,即 $e(k)\Delta e(k)>0$ 时,增大 K_P 或增大 K_I,均可增强控制作用。Ⅱ、Ⅳ区域的具体分析与上段分析类似,区别是在Ⅱ、Ⅳ区域中,实际转速偏离给定值越来越远,只需要加强控制作用,来尽快扭转转速变化方向。以Ⅱ区为例,有 $e(k)<0$、$\Delta e(k)<0$,式(3.19)中等号右端 $K_P\Delta e(k)$、$K_Ie(k)$两项的值均小于零。所以,当 K_P 或 K_I 值增大时,$K_P\Delta e(k)$、$K_Ie(k)$的绝对值也随之增大,即 $u(k)$的增量绝对值更大,$u(k)$更快减小,以达到控制期望。

于是，设计如下两条专家规则。

规则1　若 $e(k)\Delta e(k)<0$，则按照下式计算控制量：

$$u(k)=u(k-1)+K_{\mathrm{P}}\left[1-a\left(1-\frac{|\Delta e(k)|}{b}\right)\right]\Delta e(k)+K_{\mathrm{I}}\left[1+a\left(1-\frac{|\Delta e(k)|}{b}\right)\right]e(k) \tag{3.22}$$

式中，a 为增量系数，用来调节控制参数 K_{P}、K_{I} 的变化量；b 为期望的转速误差变化量，r/min。

规则2　若 $e(k)\Delta e(k)>0$，或者，$e(k)\neq 0$ 且 $\Delta e(k)=0$ 时，则按照下式计算控制量：

$$u(k)=u(k-1)+(K_{\mathrm{P}}\Delta e(k)+K_{\mathrm{I}}e(k))\left(1+\frac{|\Delta e(k)|}{b}\right) \tag{3.23}$$

规则1中，参数 b 用来确定合理的转速误差变化量 $|\Delta e(k)|$，可令 b＝期望的 $|\Delta e(k)|$。当实际的 $|\Delta e(k)|>b$ 时，按照式(3.22)计算控制量，使实际的 K_{P} 值增大、K_{I} 值减小，从而减弱控制作用，以抑制过快的误差变化率。反之，若 $|\Delta e(k)|<b$ 时，式(3.22)使实际的 K_{P} 值减小、K_{I} 值增大，增强了控制作用，使误差变化量增大。

b 值的设定，首先需要考虑被控超声波电机能够达到的最大转速变化量，这受限于电机输出功率。因为期望的控制性能为无超调，所以 b 值的设定主要考虑图3.12所示转速上升区域Ⅰ。根据以往的控制经验，实验电机型号在区域Ⅰ能够达到量值为24.9r/min的最大转速变化量。其次，转速控制采用驱动电压的频率作为控制量 $u(k)$，超声波电机驱动频率变化过快会导致电机突然停转，这要求 b 值不能过大。最后，还要考虑到电机特性时变及工况变化对电机能够达到的最大转速变化量的影响。综合考虑上述要求，b 值应略小于24.9r/min，本节取为20r/min。

另外，考察图3.12所示转速上升区域Ⅰ。当转速误差较大时，转速变化率应该较大，以缩短响应时间。而当转速上升到接近给定值时，转速变化率应减小，以避免超调，即前述控制器调节要求(1)。据此，按照如下方式设定 b 值：若 $|e(k)|>cN_{\mathrm{ref}}$，令 $b=20$；否则，令 $b=2$。其中，c 为阈值系数，$0<c<1$，用来确定“转速接近给定值”的程度。

规则2中，K_{P}、K_{I} 同时增大，加强控制作用以扭转误差变化方向。K_{P}、K_{I} 的放大倍数 $(1+|\Delta e(k)/b|)$ 被设置为与 $|\Delta e(k)|$ 相关。由于 $|\Delta e(k)|$ 越大，说明被控量远离给定值的速度越快，则按照式(3.23)使 K_{P}、K_{I} 值增大越多，这符合前述控制器调节要求(2)。对规则2而言，放大倍数 $(1+|\Delta e(k)/b|)$ 中的参数 b 并不具有设置“理想的转速误差变化量”这一功能，仅用来限制 K_{P}、K_{I} 的调节幅度，合适的除数还需实验确定。

上述两条专家规则用来在转速响应的动态过程中调整 K_P、K_I 值。当转速响应进入稳态后，不再调节 K_P、K_I 值，维持固定的 K_P、K_I 值有利于转速稳定。本节采用转速误差作为判定转速响应过程是否进入稳态的依据。当转速误差 $|e(k)|<0.02N_{ref}$，不进行 K_P、K_I 值调节；否则，按照上述规则调节 K_P、K_I 值。

3.2.2 专家规则的实验研究

在实验平台上，对 DSP56F801 芯片编程实现所提专家 PID 控制器，通过实验研究所提专家规则的有效性，进行必要的改进并确定适当的规则参数值。实验电机为 Shinsei USR60 型两相行波超声波电机，额定输出功率 5.0W。驱动电路为 H 桥结构。转速采用与电机转轴刚性连接的光电编码器测量，K_P、K_I 值调节过程由 DSP 芯片在控制程序执行过程中记录，数据存放在 DSP 芯片内的数据存储器中。程序运行结束后，利用 Freescal DSP 开发软件读出 K_P、K_I 值调节过程数据。

实验中，将 K_P、K_I 的初值分别设定为 1、2，这样的初值可以保证任意转速、任意工况下的电机正常启动。启动后，根据上述规则调整 K_P、K_I 值以得到好的控制效果。

首先，需确定编程是否正确，程序是否与前述规则一致。为此，设定规则参数 $a=0.001$、$b=100$，分别用来限制规则 1、规则 2 对 K_P、K_I 值的调节量，以免程序错误导致失控。进行转速阶跃响应实验，结果如图 3.13 所示，图中方点代表实测数据点。对图 3.13 所示数据进行逐点分析，K_P、K_I 值的调节规律与前述规则一致，表明程序编写正确。

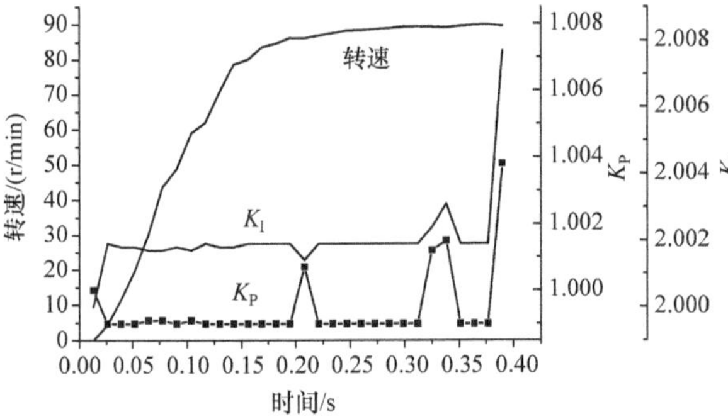

图 3.13 阶跃响应($a=0.001$，$b=100$)

1. 专家规则参数 b 和 c 的调整

大增量系数 a 值为 0.5，进行转速阶跃响应实验，验证专家规则的有效性。b 值采用 3.2.1 节所述设定方法，并取阈值系数 $c=0.2$。在规则中，参数 b 用来限制误差变化率。转速误差较大时，b 的取值相对较大一些，用于加快转速响应，如前

述设定 $b=20$。而当转速误差较小时，b 就相对较小一些，用以减小或避免超调，这里取 $b=2$。实验结果如图 3.14 所示，图中虚线为转速给定值。

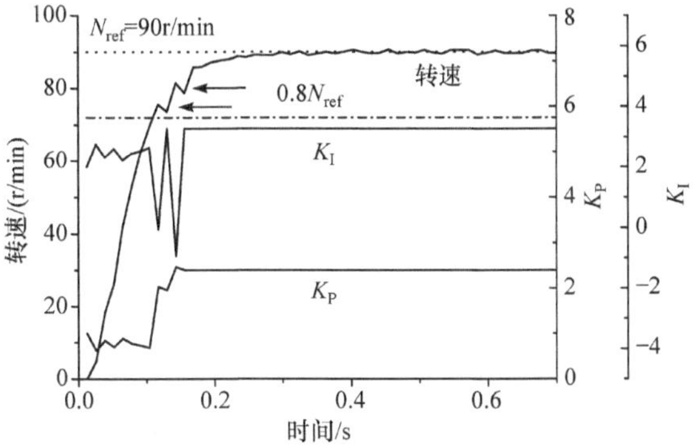

图 3.14　阶跃响应($b=20$ 或 2)

图 3.14 表明，在转速上升过程中，K_P、K_I 值根据规则不断进行调节，而且都是有增有减，说明其间转速误差变化量已经达到设定的期望值 $b=20$；并在超出这一数值后，在规则 1 的作用下，K_P 值增大、K_I 值减小，从而使转速保持了较为理想的上升速率。当转速上升至图中点划线所示的 $0.8N_{ref}$ 时，根据前述 b 值设定方法，b 值由 20 变为 2。随后，转速响应曲线出现了图中箭头所指的两处下陷，转速有明显的下降，这并不符合控制期望。这一现象是因为，b 值由 20 变为 2，意味着由 b 值所表达的期望的转速上升速率(即转速误差变化量 $|\Delta e(k)|$)突然减小，而当前时刻的 $|\Delta e(k)|$ 远高于现在期望的 $b=2$。于是，在规则 1 的作用下，K_P 大幅度增大，K_I 大幅度减小，以减小 $|\Delta e(k)|$ 至当前的期望值，如图 3.14 中 K_P、K_I 变化过程曲线所示。但是，K_P、K_I 的调整幅度过大，导致转速上升速率不仅减小，而且反向，于是出现了图示的下陷。

为了避免这种转速下陷现象的发生，有必要对规则做出改进，可能的改进方法有两种。一种是减小规则 1 中对 K_P、K_I 值的调整幅度，但这会同时影响转速起始上升过程中的 K_P、K_I 值调节，导致转速上升率的变化趋缓，不利于整体控制性能的改善和电机时变特性的快速跟踪。另一种是增大 $|e(k)|\leqslant cN_{ref}$ 时的 b 值，将 b 由 2 增大为 5，其他规则参数不变，得到图 3.15 所示阶跃响应过程。为便于比较改进效果，图中还用虚线给出了图 3.14 转速响应曲线，可以看出，转速下陷消失，对应的 K_P、K_I 值调节量变小，改进有效；同时，转速响应过程的其他阶段，没有明显变化。

另外，在图 3.15 中箭头所指位置，转速接近给定值的区域，转速上升速率显著趋缓，出现了一个近似的“平台”区域，这不利于上升时间的缩短。观察图 3.15 所示 K_P、K_I 变化过程可以看出，这一现象的直接原因是，规则设计为当转速误差

$|e(k)|<0.02N_{ref}$时，不再进行 K_P、K_I 值调节，以保持较好的稳态性能。而此前转速上升速率已经被降低，这里出现了较长时间的爬行区域。

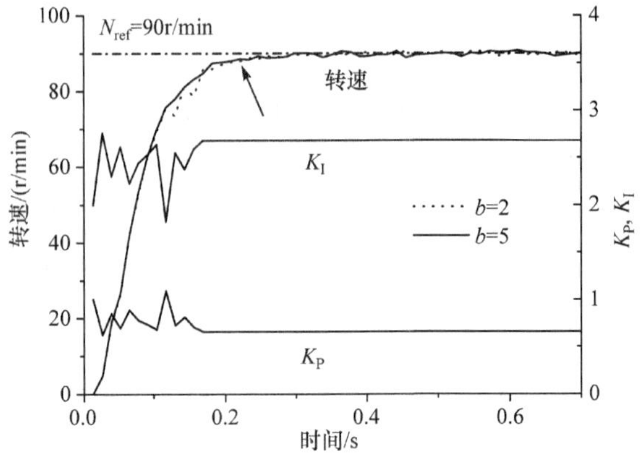

图 3.15 阶跃响应($b=20$ 或 5)

为改善这一现象，提高响应速度，将 $b=5$ 进一步增大为 10，以提高转速变化率；同时，将阈值系数 $c=0.2$ 调整为 $c=0.1$，以缩短转速接近给定值过程中的低变化率区域。进行转速阶跃响应实验，得到图 3.16，“平台”现象改善。

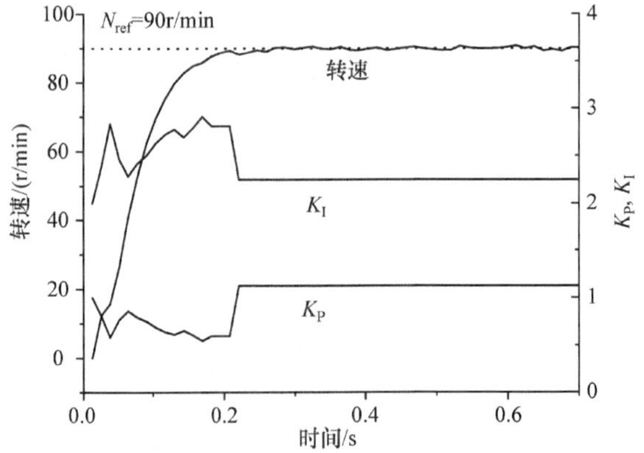

图 3.16 阶跃响应($b=20$ 或 10，$c=0.1$)

2. 专家规则参数 a 的调整与规则改进

以上实验中，采用 3.2.1 节所述两条专家规则进行 K_P、K_I 值的在线调整。在这两条规则里，对 K_P、K_I 值的调整，不是修改 K_P、K_I 的数值，而是在现有 K_P、K_I 值的基础上分别乘以一个与 $|\Delta e(k)|$ 及 a、b 相关的系数。这样，程序中变量 K_P、K_I 中保存的数值从未被改变，始终是其初值 $K_P=1$、$K_I=2$。由此带来的结果是，

在采样时刻 k 进行控制器计算时，是在 K_P、K_I 初值的基础上，通过乘系数来调整 K_P、K_I 的实际作用值；k 时刻的 K_P、K_I 实际作用值，与前一时刻的 K_P、K_I 实际作用值无关。但是事实上，控制过程通常多是连续变化的，超声波电机的非线性及时变特性也是前后相关、连续变化的，与之相适应的控制器参数也应是顺序变化的，不应将前一时刻与当前时刻的 K_P、K_I 实际作用值割裂开来。另外，因为期望的转速控制特性没有超调，所以多数情况下都是规则 1 满足其前提条件并起到调节作用。而规则 1 对 K_P、K_I 值的调整量，受到增量系数 a 取值的严格限制。显然，在转速响应过程的不同区段，考虑到当时的转速误差状况，K_P、K_I 值的调整量应该有所不同，这就使得增量系数 a 的取值需要考虑多种需求，不易实现更好的转速控制性能。

基于这些考虑，将规则修改如下，使规则的每次执行都修改变量 K_P、K_I 中保存的数值。

规则 1′　若 $e(k)\Delta e(k)<0$，则按照下式计算控制量：

$$\begin{cases} K_P=K_P\left[1-a\left(1-\dfrac{|\Delta e(k)|}{b}\right)\right] \\ K_I=K_I\left[1+a\left(1-\dfrac{|\Delta e(k)|}{b}\right)\right] \\ u(k)=u(k-1)+K_P\Delta e(k)+K_Ie(k) \end{cases} \tag{3.24}$$

规则 2′　若 $e(k)\Delta e(k)>0$，或者，$e(k)\neq 0$ 且 $\Delta e(k)=0$ 时，则按照下式计算控制量：

$$\begin{cases} K_P=K_P\left(1+\dfrac{|\Delta e(k)|}{b}\right) \\ K_I=K_I\left(1+\dfrac{|\Delta e(k)|}{b}\right) \\ u(k)=u(k-1)+K_P\Delta e(k)+K_Ie(k) \end{cases} \tag{3.25}$$

前述实验，都是在设置 $a=0.5$ 的情况下进行的。规则如上修改后，当前时刻的 K_P、K_I 值，积累了之前所有时刻的调节作用，若仍设置 $a=0.5$，得到的 K_P、K_I 值调整量必然远大于前述实验的情况。因而，设置 a 为较小值 0.01，进行转速阶跃响应实验，可得到图 3.17，图中同时用虚线画出了图 3.16 所示的阶跃响应过程，以便对比。可以看出，虽然 a 值大幅度减小，但由于 K_P、K_I 值的调整量的不断累计，电机转速响应还是明显快于前述实验结果。

增大 a 值为 0.1，以得到更快的转速响应。实验表明，电机旋转过程中，会突然停止，如图 3.18 所示。与图 3.18 同时测得的 K_P、K_I 值的调节过程如图 3.19 所示。

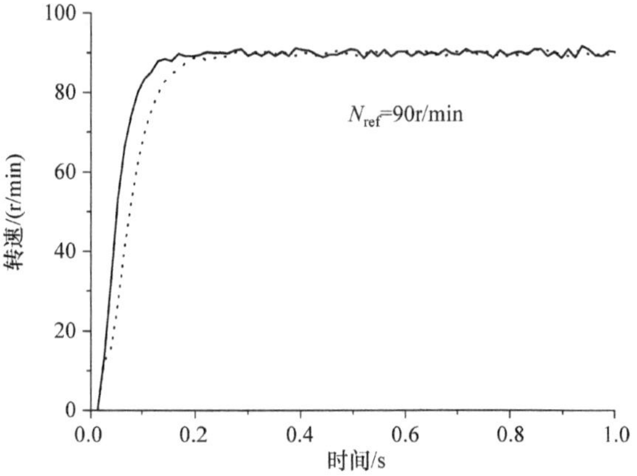

图 3.17　阶跃响应(a=0.01)

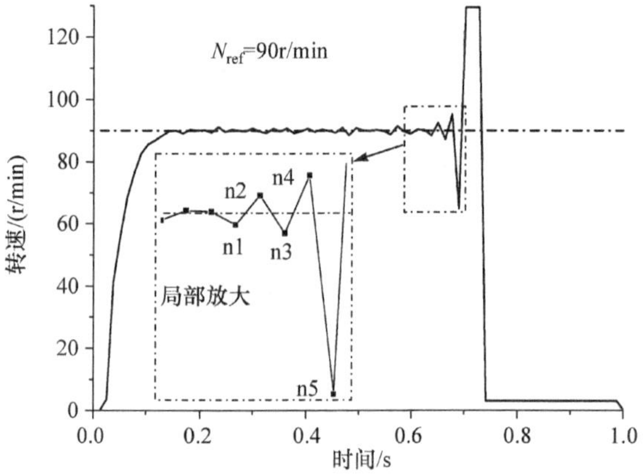

图 3.18　阶跃响应(a=0.1)

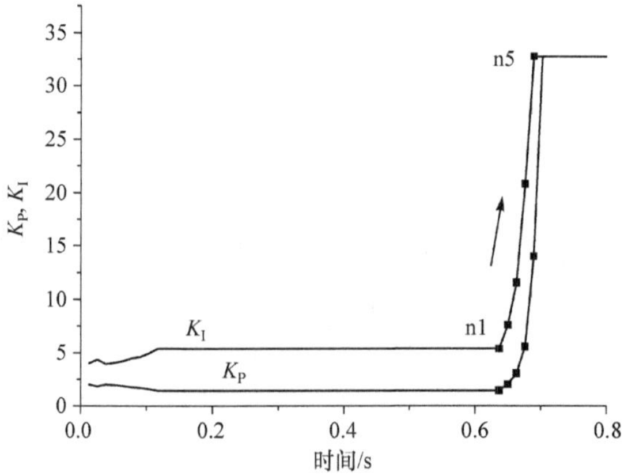

图 3.19　K_P 和 K_I 值调节过程(a=0.1)

图 3.18 中，转速在达到稳态并稳定运行一段时间后，发生振荡，振幅渐大直至停转。为考察导致电机停转的原因，将停转之前的转速变化过程放大如图 3.18 下部所示，并用符号 n1～n5 标示相关数据点，图 3.19 中与之对应的数据点也用方点标出，并注明符号 n1～n5。

观察图 3.18，在 n2 点之前，转速误差 $|e(k)|$ 一直小于 $0.02N_{\mathrm{ref}}$，如 n1 点的 $|e(k)|=1.64$r/min；按照 3.2.1 节所述，不进行 K_{P}、K_{I} 值调节，故图 3.19 中 K_{P}、K_{I} 值在 n2 点之前保持不变。n2 点的 $|e(k)|>0.02N_{\mathrm{ref}}$，于是专家规则开始对 K_{P}、K_{I} 值进行调节；因有 $e(k)\Delta e(k)>0$，满足规则 2′的前提条件，K_{P}、K_{I} 值如图 3.19 所示同步增加，以尽快扭转误差的逆向变化。但是，K_{P}、K_{I} 值的调节过于剧烈，因而使得转速误差在下一时刻 n3 点由正变负，规则 2′继续作用，得到图 3.19 中 n3 点所示 K_{P}、K_{I} 值。在这样的控制参数作用下，电机转速振幅继续增大，如此下去，直至停转。

针对这一问题，修改导致这一问题的规则 2′如下。

规则 2″　若 $e(k)\Delta e(k)>0$，或者，$e(k)\neq 0$ 且 $\Delta e(k)=0$，且有 $e(k)e(k-1)>0$ 时，则按照下式计算控制量：

$$u(k)=u(k-1)+(K_{\mathrm{P}}\Delta e(k)+K_{\mathrm{I}}e(k))\left(1+a+\frac{|\Delta e(k)|}{10b}\right) \tag{3.26}$$

与式(3.25)给出的原规则 2′相比，这里做了三处修改。一是在前提条件中，增加条件 $e(k)e(k-1)>0$，以限制规则 2′在图 3.18 所示转速误差正负交替情况下的作用。二是将规则 2′的执行过程恢复为不直接修改 K_{P}、K_{I} 值，即不再进行累积，以减小规则 2′对 K_{P}、K_{I} 值的修改量；同时，将除数由 b 改为 $10b$，以进一步限制规则 2′的修改幅度。三是在对规则 2′的修改幅度进行适当限制之后，考虑到规则 2′与规则 1′的衔接，将 K_{P}、K_{I} 放大倍数中的数字 1 增大为 $1+a$。

采用修改的规则进行转速阶跃响应实验，图 3.18 所示电机突停现象消失。进一步增大 a 值为 0.2、0.3、0.4、0.5，电机突停现象均不再发生。实验表明，a 值大于 0.3 时，转速响应特性(尤其是上升时间和调整时间)已无明显改善。于是，可取 $a=0.3$，对应的实验结果如图 3.20 所示。为使图形清晰，图示 K_{P} 曲线为实测值的 2 倍。

图 3.20 所示转速响应过程的调整时间较短，但稳态转速波动值较大。其原因主要是此时的积分系数 K_{I} 较大、比例系数 K_{P} 较小，这是转速动态变化过程中规则调整的累积结果，不利于稳态过程中的转速稳定，易于使系统逐渐趋于不稳定。为此，在转速响应达到稳态之后，设定 K_{P}、K_{I} 值分别为 1、3，得到图 3.21 所示实验结果，稳态最大误差绝对值由图 3.20 的 2.898r/min 降至图 3.21 所示响应过程的 0.83r/min。

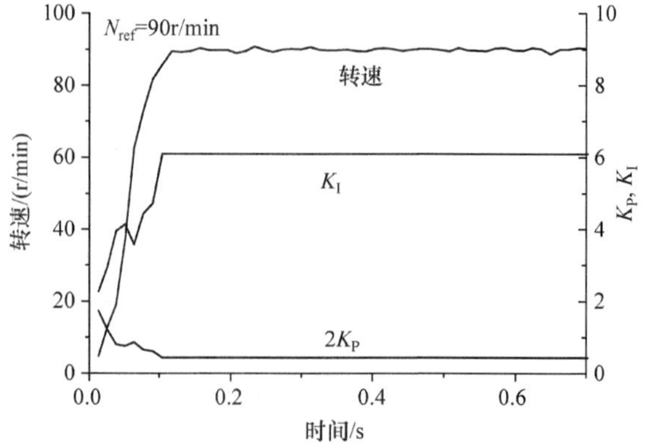

图 3.20　阶跃响应(a=0.3)

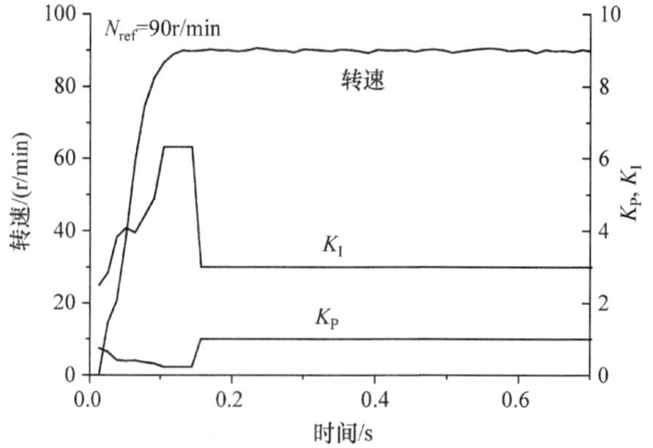

图 3.21　阶跃响应(a=0.3,稳态 K_I=3)

至此,专家规则的实验调整及规则参数的实验整定完成,得到专家规则 1′、规则 2′,分别如式(3.24)、式(3.26)。与之对应的专家 PID 控制程序流程如图 3.22 所示。在完整的控制程序中,图 3.22 所示的专家 PID 控制程序通常位于中断子程序中,由特定的中断触发执行。其参数的初始化则放置在主程序中。

考察图 3.22 所示专家 PID 程序的在线计算量,因其中包含逻辑判断,不同工况的计算量会有差异,可能存在下列三种执行情况:执行规则 1′的情况,计算量是 5 次逻辑判断、8 次乘法、1 次除法、7 次加减法;执行规则 2′时,计算量是 9 次逻辑判断、8 次乘法、3 次除法、5 次加减法;规则 1′和规则 2′均不执行时,计算量是 4 次逻辑判断、3 次乘法、4 次加减法。这样的计算量,远小于包含在线权值更新的神经网络等超声波电机运动控制算法;与固定参数 PI 控制器(2 次乘法、2 次加法)相比,计算量增加不多。

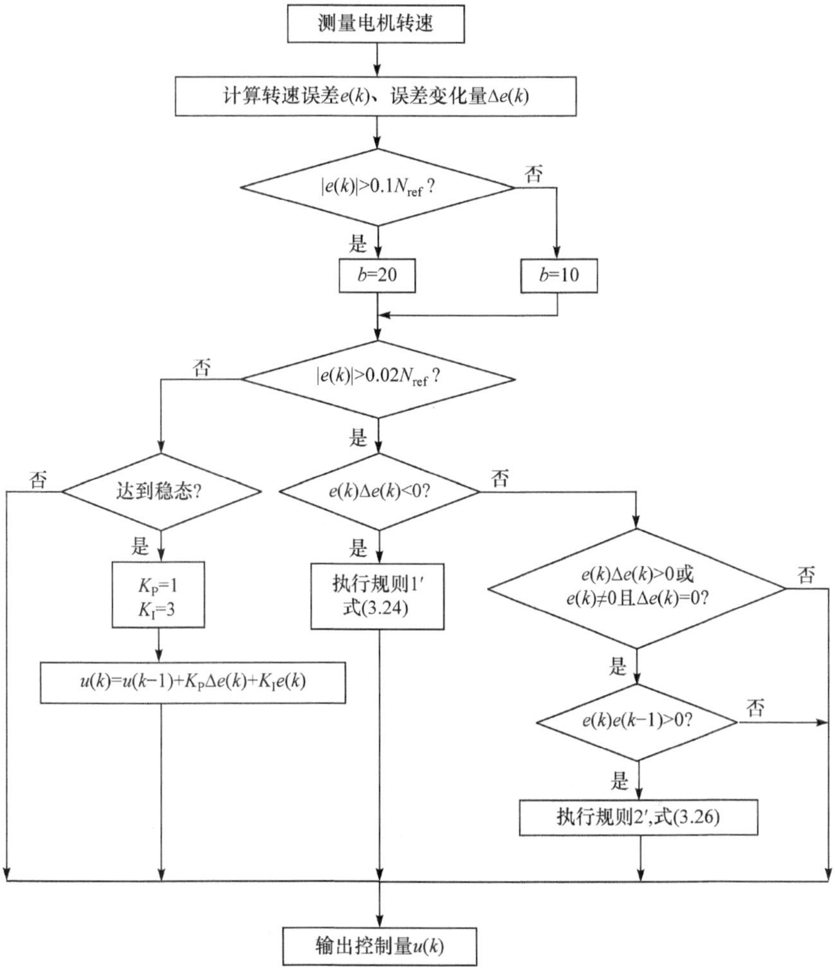

图 3.22　专家 PID 控制程序流程图

3.2.3　简单专家 PID 控制器的性能测试

上述专家规则参数整定及规则改进的实验研究，均是在空载、驱动电压峰峰值 300V、转速给定值 90r/min 的情况下进行的。本节在电机可调转速范围内，采用不同的驱动电压幅值及负载状况进行实验，测试所提专家 PID 控制器的控制性能。

空载情况下，分别设置驱动电压峰峰值为 300V、250V，进行不同转速的阶跃响应实验，结果如图 3.23、图 3.24 所示。驱动电压峰峰值 300V 情况下，分别施加 0.1N·m、0.2N·m 负载，得实验结果分别如图 3.25、图 3.26 所示。表 3.7 给出了图 3.23～图 3.26 所示阶跃响应过程的控制性能指标数值。因超调为 0，表中未列出。

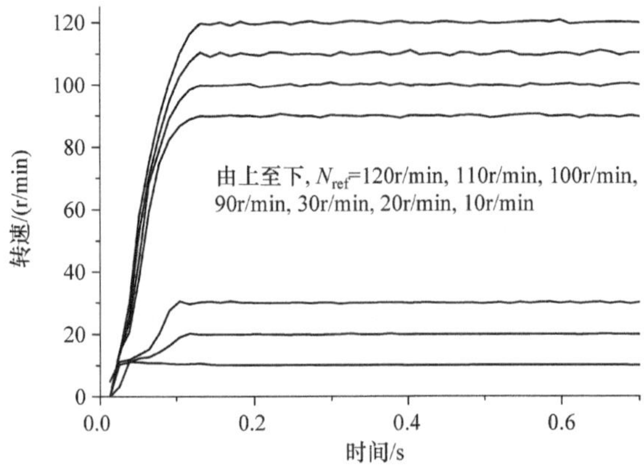

图 3.23　阶跃响应(300V,空载)

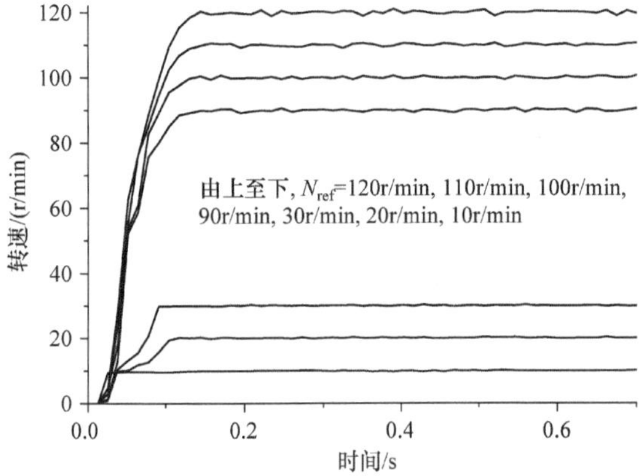

图 3.24　阶跃响应(250V,空载)

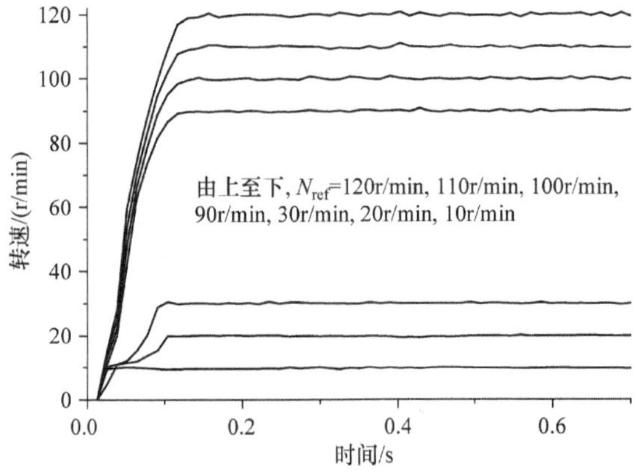

图 3.25　阶跃响应(300V,负载 0.1N · m)

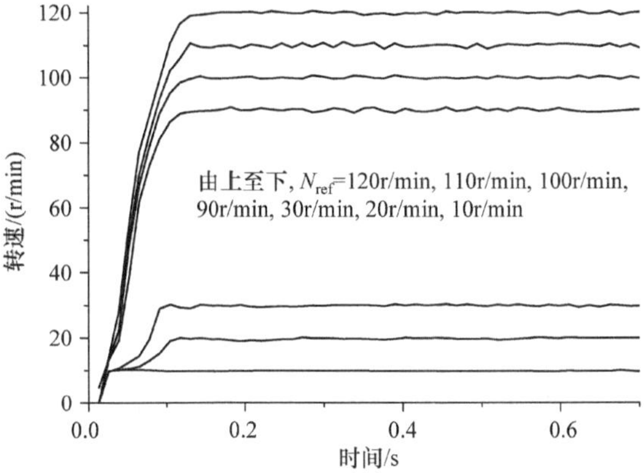

图 3.26　阶跃响应(300V,负载 0.2N·m)

表 3.7　专家 PID 控制器控制性能对比

转速给定值/(r/min)	调整时间(5%)/s				稳态转速波动最大绝对值/(r/min)				稳态转速波动绝对平均值/(r/min)			
	300V 空载	250V 空载	300V 0.1N·m	300V 0.2N·m	300V 空载	250V 空载	300V 0.1N·m	300V 0.2N·m	300V 空载	250V 空载	300V 0.1N·m	300V 0.2N·m
10	0.104	0.091	0.117	0.091	0.21	0.44	0.48	0.47	0.077	0.158	0.202	0.170
20	0.104	0.104	0.104	0.104	0.23	0.29	0.59	0.63	0.085	0.095	0.156	0.251
30	0.104	0.091	0.091	0.091	0.47	0.39	0.58	0.79	0.113	0.132	0.133	0.212
90	0.104	0.117	0.104	0.104	0.77	0.83	0.79	0.90	0.256	0.295	0.229	0.370
100	0.117	0.104	0.104	0.104	0.91	0.72	0.72	0.72	0.327	0.265	0.288	0.288
110	0.117	0.117	0.117	0.117	1.05	0.99	1.11	1.13	0.360	0.325	0.310	0.413
120	0.117	0.117	0.117	0.117	0.98	1.17	0.98	0.98	0.280	0.343	0.405	0.278

图 3.23～图 3.26 及表 3.7 数据表明,在所有实验工况下,所有转速的阶跃响应调整时间均在 0.1s 左右,驱动电压幅值及负载变化对调整时间无明显影响,而且,高、低转速情况的调整时间无显著差异,一致性趋好。驱动电压峰峰值从 300V 到 250V,从空载到加载,稳态转速波动最大绝对值及绝对平均值有增大趋势,但增幅不大。即使在加载 0.2N·m 的情况下,稳态最大误差也不大于 1.13r/min,绝对平均值最大为 0.413r/min。与前述 PID、变参数 PID 实验结果相比,简单专家 PID 控制器对特性变化及负载扰动的适应能力显著增强,鲁棒性较好。

本节针对复杂控制算法导致超声波电机系统硬件成本升高及可靠性降低的问题,以降低控制算法复杂度为目的,在理论分析与转速控制实验研究的基础上,提出了一种简单的专家 PID 控制方法,该方法仅有两条采用基本逻辑判断的专家规则。与常规的固定参数 PID 控制相比，所提方法的计算复杂度增加不大，在线计算量远小于神经网络等控制算法，易于采用较低档次的单片机等器件实现。

不同驱动电压幅值及负载情况下的实验表明，所提控制方法对超声波电机时变及非线性特性的适应能力较强，控制效果较好，为超声波电机的产业化应用提供了一种可选的控制方法。

3.3 超声波电机单输入 Takagi-Sugeno 模糊转速控制

超声波电机因其不同于传统电磁电机的独特优点已在众多领域取得应用，并有着广泛的应用前景。超声波电机有多种不同类型，行波超声波电机是其中被研究、应用最多的一类。随着对行波超声波电机本体结构、材料工艺、运行机理研究的渐趋成熟，电机的运动控制策略已成为制约行波超声波电机更广泛应用的主要因素之一。

行波超声波电机的运行过程具有明显的非线性和时变特征。为使其平稳运行，并充分发挥其不同于传统电磁电机的优点，许多控制策略已经被应用于行波超声波电机。在不断的研究中，研究者认识到，超声波电机具有不同于一般的运行特点，为其设计的运动控制策略必须与其自身特点相适应。近年来，为了有效应对电机的非线性，具有本质非线性的智能控制策略受到重视。智能控制包含人工神经网络、模糊逻辑、专家系统等控制方法。其中，模糊控制策略在超声波电机控制中应用较多。

将模糊控制用于超声波电机的具体方法，主要可分为两类。一类是用模糊逻辑设计调节器，在线调节转速或位置控制器的参数。较为常见的是模糊 PID 控制器，转速/位置控制器为 PID 控制器，模糊调节器在线调节 PID 控制器的参数。另一类是将模糊控制器直接用做电机转速或位置控制器，具体形式多是以转速/位置误差、误差变化率两个变量为输入的二输入模糊控制器。为使模糊控制器的动态控制特性与超声波电机自身的运行特征相适应，通常需要对模糊控制器进行离线优化设计与在线动态调整。离线优化设计往往基于动态测试数据，设计工作量大。在线动态调整，虽然通常采用调整量化因子或比例因子的方法以降低复杂度，但仍然会增大在线计算量。

3.1 节研究了超声波电机 PID 转速控制性能。研究表明，由于超声波电机具有固有的运行非线性，故不同转速情况下的电机控制特性存在明显差异。在 PID 控制系统中，一种转速情况下整定得到的 PID 控制参数不能通用于所有转速情况。为得到较好的控制性能，需在不同转速情况下采用不同的 PID 控制参数。3.1 节在不同转速情况下，分别进行了 PID 控制器参数整定，得到了不同的控制参数值，如表 3.4 所示。

实际应用中,电机系统可能运行在转速可调范围内的任意转速情况下。为得到任意转速情况下的 PID 控制参数,需要对表 3.4 所示实验整定数据进行适当的拟合。由于超声波电机内部压电能量转换和机械能摩擦传递过程具有复杂的非线性,故不同转速的 PID 控制参数值之间自然也是非线性关系。这一关系,与超声波电机本体非线性相关。为了根据有限的实验整定数据更好地拟合出其他转速情况下的合适的 PID 参数值,考虑到模糊逻辑及模糊控制器的特点,本节给出一种用于超声波电机转速控制的单输入 Takagi- Sugeno(T-S)模糊控制器。该控制器的设计以 PID 控制参数为基础,减少了设计工作量;采用单一输入变量,减小了在线计算量和复杂度。实验表明,该控制器控制效果较好。

3.3.1　单输入 T-S 模糊转速控制器的设计

本节所提单输入 T-S 模糊控制器的结构,如图 3.27 所示。图 3.27 中,输入变量 ω 为当前电机转速的测量值,经模糊化、模糊推理、解模糊等步骤,得到单输入模糊推理系统的输出 df。df 为模糊控制器输出控制量的增量,再经积分环节,得到输出控制量 f。图中解模糊环节用到另外两个变量 e 和 ec,分别是当前电机转速的误差和误差变化率(即误差的微分);这两个变量不参与模糊化、模糊推理等过程,仅用于计算输出控制量,因而不算做模糊推理系统的输入变量。

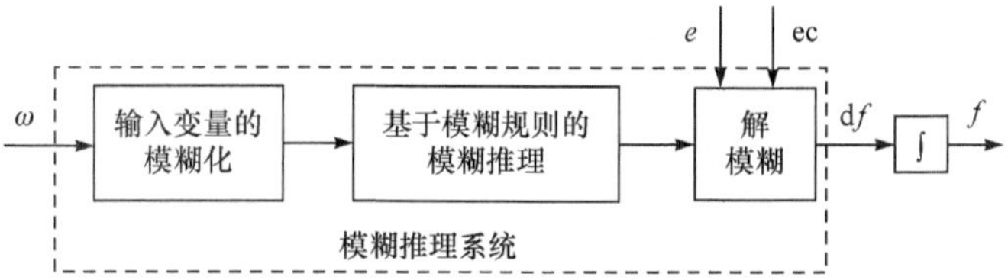

图 3.27　单输入 T-S 模糊控制器结构框图

为便于对比,图 3.28 给出了目前常用的传统模糊控制器结构。从图上看,图 3.27 与图 3.28 所示控制器结构只是输入变量不同,下面将进一步说明两者的差异。

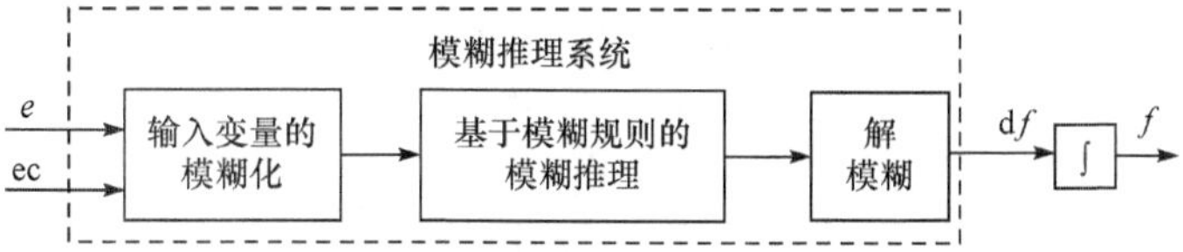

图 3.28　传统模糊控制器结构框图

图 3.27 所示单输入模糊控制器的输入变量 ω 的单位为 r/min,其模糊语言值取为 L、M、H 三个。每个语言值对应的隶属函数选为非线性的高斯函数,以增强该模糊控制器的非线性拟合能力,来应对超声波电机的非线性运行特性。高斯函数的表达式为

$$F=\mathrm{e}^{-\frac{(\omega-c)^2}{2\sigma^2}} \tag{3.27}$$

式中，c、σ 为待定参数，分别用来确定高斯函数曲线的中心位置和宽度（即覆盖范围）。显然，当 $\omega=c$ 时，高斯函数值为最大值 1；当 ω 取值偏离 c 时，函数值逐渐减小。对于 ω 的三个语言值 L、M、H，希望 ω 分别为 30r/min、90r/min、120r/min 时，其隶属度，即隶属函数的值为 1。所以，将 L、M、H 各自隶属函数的参数 c 值依次设定为 30、90、120。

与输入变量的三个语言值对应，模糊规则设计为下列三条：

规则 1：if $W=\mathrm{L}$，then $\mathrm{d}f_1=A_{11}*e+A_{21}*\mathrm{ec}$

规则 2：if $W=\mathrm{M}$，then $\mathrm{d}f_2=A_{12}*e+A_{22}*\mathrm{ec}$

规则 3：if $W=\mathrm{H}$，then $\mathrm{d}f_3=A_{13}*e+A_{23}*\mathrm{ec}$

规则中，W 为输入变量 ω 经模糊化处理之后得到的模糊变量；A_{11}、A_{21}、A_{12}、A_{22}、A_{13}、A_{23} 为系数，是常数。根据表 3.4，取 $A_{11}=15$，$A_{21}=0.8$，$A_{12}=6$，$A_{22}=3$，$A_{13}=3.5$，$A_{23}=3$。

模糊控制器的在线计算中，分别计算当前 ω 值对应于三个语言值 L、M、H 的隶属度数值，也就得到了每条规则前提部分的满意度（DOF），然后进行解模糊计算。与上述 T-S 形式的模糊规则相对应，图 3.27 所示模糊控制器的解模糊方法采用 T-S 解模糊方法，可得模糊控制器输出控制量的增量为

$$\mathrm{d}f=\frac{\mathrm{d}f_1\mathrm{DOF}_1+\mathrm{d}f_2\mathrm{DOF}_2+\mathrm{d}f_3\mathrm{DOF}_3}{\mathrm{DOF}_1+\mathrm{DOF}_2+\mathrm{DOF}_3} \tag{3.28}$$

式中，DOF_1、DOF_2、DOF_3 分别为上述三条规则前提部分的满意度值。

将上述三条规则结论部分的表达式带入式（3.28），同时考虑图 3.27 所示模糊控制器中的积分环节，可得输出控制量 f 的表达式为

$$f=\frac{A_{21}\mathrm{DOF}_1+A_{22}\mathrm{DOF}_2+A_{23}\mathrm{DOF}_3}{\mathrm{DOF}_1+\mathrm{DOF}_2+\mathrm{DOF}_3}e+\frac{A_{11}\mathrm{DOF}_1+A_{12}\mathrm{DOF}_2+A_{13}\mathrm{DOF}_3}{\mathrm{DOF}_1+\mathrm{DOF}_2+\mathrm{DOF}_3}\int e\mathrm{d}t \tag{3.29}$$

若令

$$K'_{\mathrm{P}}=\frac{A_{21}\mathrm{DOF}_1+A_{22}\mathrm{DOF}_2+A_{23}\mathrm{DOF}_3}{\mathrm{DOF}_1+\mathrm{DOF}_2+\mathrm{DOF}_3} \tag{3.30}$$

$$K'_{\mathrm{I}}=\frac{A_{11}\mathrm{DOF}_1+A_{12}\mathrm{DOF}_2+A_{13}\mathrm{DOF}_3}{\mathrm{DOF}_1+\mathrm{DOF}_2+\mathrm{DOF}_3} \tag{3.31}$$

则式（3.29）可写为

$$f=K'_{\mathrm{P}}e+K'_{\mathrm{I}}\int e\mathrm{d}t \tag{3.32}$$

对比式（3.3）、式（3.32）可见，图 3.27 所示为单输入模糊控制器，可看做一个 PI 控制器。前述设计中，将 ω 的三个语言值 L、M、H 对应隶属函数的中心分别取

为 30r/min、90r/min、120r/min，并按照设置系数 A_{11}、A_{21}、A_{12}、A_{22}、A_{13}、A_{23}的值，使得转速 ω 分别为 30r/min、90r/min、120r/min 时，式(3.32)中的 K'_P、K'_I值与表 3.4 所示整定参数对应相同。而当转速 ω 是表 3.4 所示转速值之外的其他值时，等效 PI 控制参数 K'_P、K'_I值则由式(3.30)、式(3.31)计算得到，主要取决于 DOF_1、DOF_2、DOF_3的数值，亦即当前 ω 值对应于三个语言值 L、M、H 的隶属度数值。

隶属度是式(3.27)所示隶属函数的计算结果。前述设计中，式(3.27)待定参数 σ 仍未确定。σ 用来确定高斯函数曲线的宽度，也就决定了三个语言值 L、M、H 各自隶属函数之间的重叠范围。显然，σ 值与式(3.30)、式(3.31)一起决定了不同转速情况下的等效 PI 控制参数与表 3.4 所示整定值之间的拟合关系。为使这一拟合关系与超声波电机的非线性特性相匹配以提高控制性能，以阶跃响应控制性能为评价指标，采用蚁群优化算法寻优得到三个语言值 L、M、H 各自隶属函数的待定参数 σ 值。具体寻优计算过程，请参阅相关文献，此处不再累述。

至此，完成了图 3.27 所示单输入 T-S 模糊控制器的设计。

3.3.2 与传统模糊控制器的计算量对比

下面对比上述单输入模糊控制器与图 3.28 所示传统模糊控制器的在线计算量。模糊控制器的在线计算，主要是模糊规则前提部分，即各个输入变量隶属函数的计算；其计算量取决于规则的数量和前提部分的复杂度。

传统模糊控制器有 e 和 ec 两个输入变量，每个输入变量的语言值通常取为 5 或 7 个；其 T-S 形式的模糊规则为

规则 n：if E=L and EC=M，then $\mathrm{d}f_n = A_{0n} + A_{1n} * e + A_{2n} * \mathrm{ec}$

规则中，E、EC 为 e、ec 对应的模糊变量；L、M 代表输入变量的语言值；A_{0n}、A_{1n}、A_{2n}为第 n 条规则结论部分的系数。

若每个输入变量的语言值都取为 5 个，则传统模糊控制器有 25 条规则。每条规则前提部分需计算 2 次隶属函数值，则一次模糊控制器计算过程中，需计算 2×25=50 次隶属函数值。而对于前述单输入模糊控制器，一次模糊控制器计算过程中，仅需计算 1×3=3 次隶属函数值。由此可见，本节所提模糊控制器显著减少了在线计算量。

3.3.3 单输入 T-S 模糊转速控制实验

采用单输入 T-S 模糊控制器作为超声波电机转速控制器，替换图 3.1 中的 PID 控制器，构成超声波电机模糊转速控制系统进行实验研究。实验用电机仍为 Shinsei USR60 型电机，电机驱动电路为 H 桥结构。在电机转速可调范围内，取不同的电机转速给定值，实测阶跃响应的控制效果与前述图 3.5、图 3.10、图 3.11 和

表 3.5 情况相同，响应速度快，无超调。

本节给出的这种适用于超声波电机转速控制的单输入 T-S 模糊控制器，从控制量表达式来看，可看做一种变参数的 PI 控制器，只是其控制参数是通过在线模糊推理的方式来持续改变的。从模糊控制的角度来说，通过采用模拟 PID 控制的模糊控制器结构，通过在模糊控制器设计过程中利用实验整定的 PID 控制参数，简化了设计过程，减少了设计工作量和在线计算量。从 PID 控制的角度来看，所提控制器利用模糊推理过程的非线性机制，为提高 PID 控制参数拟合特性与超声波电机非线性特性之间的匹配程度提供了可能。

参考文献

史敬灼，刘玉，沈晓茜，等. 2013. 行波超声电机驱动控制技术的发展[J]. 振动、测试与诊断，33(S2)：1-4.

张萌，史敬灼. 2017. 行波超声波电动机单输入 Takagi-Sugeno 模糊转速控制[J]. 微特电机，45(1)：55-57.

Shi J Z，Liu Y. 2014. Novel intelligent PID control of traveling wave ultrasonic motor [J]. ISA Transactions，53(5)：1670-1679.

第 4 章　基于特征模型的超声波电机自适应控制策略

适当形式的控制模型是控制策略研究的基础。越来越高的控制性能要求，促使研究人员不断探求更好、更有效的超声波电机系统控制建模方法。本章论述了超声波电机特征模型概念，并从理论上证明在线辨识的特征模型与高阶的实际超声波电机等价，提出了三种特征模型参数初值确定方法，建立了两相行波超声波电机的特征模型。该模型结构简单，且与传统的辨识模型相比，能够更好地表述超声波电机的特性。

我国航天控制专家吴宏鑫院士及其团队针对航天领域“必须保证一次成功”的控制要求，首先提出了特征模型的概念(孙多青等，2004)，随后基于特征模型又提出了黄金分割控制(于占东等，2005)和全系数自适应控制方法(杨扬等，2007)，这些方法能够在理论上保证系统上电起始运行阶段的稳定性，避免一般自适应控制系统启动过程中有可能因为参数调节导致的不稳定的现象，并使系统具有一个虽然不是最好但可接受的初始控制状态。

本章尝试将该控制策略应用于超声波电机的转速控制，基于特征模型设计了超声波电机转速的黄金分割控制策略，包括线性与非线性两类，并进行仿真，结果表明控制策略有效，由此设计了相关控制参数初值。随后的实验验证表明，采用固定参数和包含在线辨识的黄金分割自适应控制器，均可使电机在转速可调范围内稳定运行，控制效果较好，具有一定的鲁棒性。与线性黄金分割自适应控制器相比，非线性黄金分割自适应控制器更具有优越性。在黄金分割自适应转速控制策略的基础上，加入逻辑积分和微分控制律，构建了全系数自适应控制策略，以进一步改善超声波电机转速控制性能。实验结果表明，全系数自适应控制策略具有较好的鲁棒性，且同样具有在线计算量相对较小的优点。

本章内容安排如下：4.1 节给出了适用于超声波电机的特征模型建模方法，并分别建立了超声波电机的频率-转速特征模型和频率-转速误差特征模型；4.2 节设计了超声波电机转速的黄金分割自适应控制器，分别对线性黄金分割控制器和非线性黄金分割控制器进行了研究，并进行仿真与实验验证；4.3 节设计了超声波电机转速的全系数自适应控制策略，分别对线性全系数自适应控制器和非线性全系数自适应控制器进行了仿真研究与实验验证，对比了控制器的控制效果。

4.1 超声波电机的特征模型建模

4.1.1 超声波电机的特征模型

广义地说，特征模型是一种辨识模型形式。机电能量转换及摩擦传递过程存在复杂性、时变性与分散性，难以通过理论分析得到精确描述超声波电机动态运行特征的数学模型。因此，目前在超声波电机控制策略的研究过程中，辨识建模成为建立所需超声波电机模型的主要方法。

辨识建模是以实验数据为基础的。建模的目的，是获取一个能够逼近实验数据所描述的动态特征的模型。对于时变对象，可以采用在线递推的辨识算法，来获取系数变化的辨识模型。辨识理论指出，无论是通过辨识得到的固定系数模型还是时变系数模型，都只是对实际对象的一种近似。理想情况下，这种近似是在误差平方和意义上的最佳逼近。由于辨识模型具有“近似”特征，基于该模型的控制器离线设计和在线自适应也就都有了“近似”的性质。

那么，采用适当的辨识方法和适当的模型形式，是否有可能得到更理想的对象模型?

对于线性定常系统而言，其特征模型是由特征变量和部分特征参量通过线性组合所构成的慢时变差分方程。其中，特征变量是实际系统的测量输入和测量输出，特征参量指的是在特征模型中能够反映这些特征变量之间关系的参量，如阶次、时变的模型系数等。通常，该模型的参数是时变的，而不是固定的。特征模型的建立过程就是一个在线、实时的递推辨识过程。也就是说，建立系统的特征模型，就是建立一个包含在线辨识过程的低阶时变模型，每一时刻的特征模型都可以完全表述该时刻的实际高阶系统，即每一时刻的特征模型均与实际系统等价。

特征模型的概念及相关理论为低阶稳定控制器的设计提供了一种可行的途径。对于超声波电机来说，所建特征模型用于其速度、旋转位置的闭环控制，其特征模型可分别用三阶、二阶时变差分方程的形式来描述。下面证明低阶的特征模型与超声波电机这一实际上的高阶系统是等价的。

一般地，各类超声波电机都可用如下形式的高阶传递函数来描述：

$$G(s)=\frac{b_m s^m+b_{m-1}s^{m-1}+\cdots+b_1 s+b_0}{s^n+a_{n-1}s^{n-1}+\cdots+a_1 s+a_0} \tag{4.1}$$

式中，a_i、b_j分别为传递函数分子、分母各项的系数；$i=0,\cdots,n-1$；$j=0,\cdots,m$。

式(4.1)可看作由比例、惯性、振荡、积分和重根等基本环节组成，可分解为有限个不高于二阶的有理函数之和

$$G(s)=\frac{k_v}{s^2}+\sum_{i=1}^{m}\frac{k_i}{s+\lambda_i}+\sum_{i=1}^{h}\left(\frac{k_{p+i}}{s+\lambda_{p+i}}+\frac{\bar{k}_{p+i}}{s+\bar{\lambda}_{p+i}}\right)+\sum_{i=1}^{q}\frac{k_{\omega_i}}{(s+\omega_i)^2} \tag{4.2}$$

定理 1　对于任意一个线性定常 n 阶对象 $G(s)$，能按式(4.2)进行分解，在适当的采样周期 T 下，当进行位置保持(位置跟踪)控制时，能够采用如下二阶时变差分方程形式来描述其特征模型：

$$y(k+1)=f_1(k)y(k)+f_2(k)y(k-1)+g_0(k)u(k)+g_1(k)u(k-1) \tag{4.3}$$

式中，$y(k)$ 为 k 时刻的系统输出变量；$u(k)$ 为 k 时刻的系统输入变量；$f_1(k)$、$f_2(k)$、$g_0(k)$、$g_1(k)$ 分别为 k 时刻的时变系数。当对象 $G(s)$ 稳定时，则有

(1) 式(4.3)中，$f_1(k)$、$f_2(k)$、$g_0(k)$、$g_1(k)$ 属于慢时变系数；

(2) 可事先确定系数的取值范围；

(3) 当系统处于动态时，相同输入控制的情况下，特征模型的输出等价于实际对象的输出(保证输出误差在允许范围内选取 T)；当系统处于稳态情况下，式(4.3)与式(4.1)具有相同的静态增益(分别为 D_0 和 D)，即 $D_0=D=b_0/a_0$，被控对象具有等同的稳态输出；

(4) 当 $D=1$ 时，被控对象进入稳态，时变系数之和等于 1，即

$$f_1(\infty)+f_2(\infty)+g_1(\infty)+g_2(\infty)=1$$

(5) 若对象中存在积分环节时，

$$f_1(\infty)+f_2(\infty)=1$$

这里，所谓“在适当的采样周期 T 下”，意为在符合一定采样定理的前提下，离散化后的连续对象可具有初始被控对象的能控性与精确性。

定理 1 可分两步证明。

第一步，先略去式(4.2)中的积分项和重根项，即令 $k_v=0, k_{\omega_i}=0$。为数学上推导方便，将其余两部分用相应的微分方程分别表示如下。共轭部分为

$$\begin{cases}\dfrac{\mathrm{d}y_{p+i}}{\mathrm{d}t}+\lambda_{p+i}y_{p+i}=k_{p+i}u(t)\\ \dfrac{\mathrm{d}\bar{y}_{p+i}}{\mathrm{d}t}+\bar{\lambda}_{p+i}\bar{y}_{p+i}=\bar{k}_{p+i}u(t)\end{cases} \tag{4.4}$$

将共轭部分合并成

$$\frac{\mathrm{d}y_{pi}}{\mathrm{d}t}+\frac{\lambda_{pi}y_{pi}}{y_{pi}}y_{pi}=k_{pi}u(t) \tag{4.5}$$

其中

$$\begin{cases}y_{pi}=y_{p+i}+\bar{y}_{p+i}, \quad k_{pi}=k_{p+i}+\bar{k}_{p+i}\\ \lambda_{pi}y_{pi}=\lambda_{p+i}y_{p+i}+\bar{\lambda}_{p+i}\bar{y}_{p+i}\end{cases}$$

为便于表述，不失一般性，取 $h=2$，即 $i=1,2$。

一阶项为

$$\frac{\mathrm{d}y_i}{\mathrm{d}t}+\lambda_i y_i=k_i u(t) \tag{4.6}$$

每个微分方程中的输出变量为 $y_i(t)$。式(4.6)中，y_i 随着时刻的变化所选取的符号和数值也在变化，但同一时刻，y_i 只能选取 $y_i\geqslant 0$ 或 $y_i<0$，故在任一时刻均可根据 $y_i\geqslant 0$ 和 $y_i<0$ 将它们分为两组，设两组分别为

$$\begin{cases}\dfrac{\mathrm{d}y_1}{\mathrm{d}t}+\lambda_1 y_1=k_1 u(t)\\ \vdots\\ \dfrac{\mathrm{d}y_l}{\mathrm{d}t}+\lambda_l y_l=k_l u(t)\\ \dfrac{\mathrm{d}y_{p1}}{\mathrm{d}t}+\dfrac{\lambda_{p1} y_{p1}}{y_{p1}}y_{p1}=k_{p1} u(t)\end{cases} \tag{4.7}$$

$$\begin{cases}\dfrac{\mathrm{d}y_{l+1}}{\mathrm{d}t}+\lambda_{l+1} y_{l+1}=k_{l+1} u(t)\\ \vdots\\ \dfrac{\mathrm{d}y_s}{\mathrm{d}t}+\lambda_s y_s=k_s u(t)\\ \dfrac{\mathrm{d}y_{p2}}{\mathrm{d}t}+\dfrac{\lambda_{p2} y_{p2}}{y_{p2}}y_{p2}=k_{p2} u(t)\end{cases} \tag{4.8}$$

合并式(4.7)、式(4.8)得

$$\begin{cases}\dfrac{\mathrm{d}Y_1}{\mathrm{d}t}+a_1(y_1,\cdots,y_l,\cdots,y_{p1})Y_1=K_1 u\\ \dfrac{\mathrm{d}Y_2}{\mathrm{d}t}+a_2(y_{l+1},\cdots,y_s,\cdots,y_{p2})Y_2=K_2 u\end{cases} \tag{4.9}$$

其中

$$Y_1=y_1+\cdots+y_l+y_{p1}$$
$$Y_2=y_{l+1}+\cdots+y_s+y_{p2}$$
$$K_1=k_1+\cdots+k_l+k_{p1}$$
$$K_2=k_{l+1}+\cdots+k_s+k_{p2}$$

$$a_1(y_1,\cdots,y_l,\cdots,y_{p1})=\frac{\lambda_1 y_1+\cdots+\lambda_l y_l+\lambda_{p1} y_{p1}}{y_1+\cdots+y_l+y_{p1}} \tag{4.10}$$

$$a_2(y_{l+1},\cdots,y_s,\cdots,y_{p2})=\frac{\lambda_{l+1} y_{l+1}+\cdots+\lambda_s y_s+\lambda_{p2} y_{p2}}{y_{l+1}+\cdots+y_s+y_{p2}} \tag{4.11}$$

对于不同时刻，式(4.7)、式(4.8)中方程个数会发生变化。式(4.10)、式(4.11)(为表述方便，简单表示为 $a_1(y)$、$a_2(y)$)也会有变化，但不影响证明和结论。

当系统稳定时，$\lambda_i>0$，在同一时刻 y_i 同号，则在每组内比较知 $a_r(y)$ 的范围为

$$0<\lambda_{1\min}\leqslant a_1(y)\leqslant\lambda_{1\max}$$

$$0<\lambda_{2\max}\leqslant a_2(y)\leqslant\lambda_{2\max}$$

这里，$\lambda_{1\min}$、$\lambda_{1\max}$ 和 $\lambda_{2\min}$、$\lambda_{2\max}$ 分别为第一组、第二组 λ 的最大、最小值。

应用一阶差商法，把式(4.9)中的微分方程离散化成如下差分方程组：

$$Y_1(k+1)=\alpha_1(k)Y_1(k)+\beta_1(k)u(k) \tag{4.12}$$

$$Y_2(k+1)=\alpha_2(k)Y_2(k)+\beta_2(k)u(k) \tag{4.13}$$

其中，$\alpha_r(k)=1-Ta_r(y)$；这里，k 表示前后时序关系，而 $a_r(y)$ 代表 k 和其他变量之间的依赖关系。因 $Ta_r(y)<0.1$，所以 $\alpha_r(k)$ 的最大变化幅度也是 0.1。同时，y_r 为连续可导的光滑函数，当 T 比较短时，$y_r(t)$ 的改变量也很细微，众多仿真研究表明，步间隔小于 0.001，近似认为 $\alpha_r(k+1)\approx\alpha_r(k)$，而 $\beta_r(k)=TK_r$，只与 K_r 和 T 的大小有关，所以 $\beta_r(k+1)=\beta_r(k)$。

根据上述分析，先将式(4.12)、式(4.13)相加后平移得

$$Y_1(k+2)+Y_2(k+2)=\alpha_1(k)Y_1(k+1)+\alpha_2(k)Y_2(k+1)+[\beta_1(k)+\beta_2(k)]u(k+1) \tag{4.14}$$

再将式(4.12)、式(4.13)两边分别乘 $\alpha_2(k)$ 和 $\alpha_1(k)$ 后，将其等号左、右两边分别与式(4.14)等号右、左两边相加，并令 $y(k)=Y_1(k)+Y_2(k)$ 得

$$\begin{aligned}&y(k+2)+\alpha_1(k)\alpha_2(k)y(k)+[\alpha_2(k)\beta_1(k)+\alpha_1(k)\beta_2(k)]u(k)\\&=[\alpha_1(k)+\alpha_2(k)]y(k+1)+[\beta_1(k)+\beta_2(k)]u(k+1)\end{aligned} \tag{4.15}$$

对式(4.15)做平移整理，即可将高阶对象 $G(s)$ 用一个二阶时变差分方程的标准形式描述

$$y(k+1)=f_1(k)y(k)+f_2(k)y(k-1)+g_0(k)u(k)+g_1(k)u(k-1) \tag{4.16}$$

其中

$$f_1(k)=\alpha_1(k)+\alpha_2(k)=2-T[a_1(y)+a_2(y)]$$

$$f_2(k)=-\alpha_1(k)\alpha_2(k)=-\{1-T[a_1(y)+a_2(y)]+T^2a_1(y)a_2(y)\}$$

$$g_0(k)=\beta_1(k)+\beta_2(k)=T(K_1+K_2)$$

$$g_1(k)=-[\alpha_1(k)\beta_2(k)+\alpha_2(k)\beta_1(k)]=-T(K_1+K_2)+T^2[K_1a_2(y)+K_2a_1(y)]$$

第二步，在第一步的基础上增加积分项和重根项，单积分项对应的输入输出方程相当于第一步中某一实根为零。推导过程不变，式(4.16)仍然成立。

对重积分项 k_v/s^2，对应输入输出的微分方程为

$$\frac{\mathrm{d}^2y_v}{\mathrm{d}t^2}=k_vu(t) \tag{4.17}$$

根据积分的原理，对其进行两次分部积分，积分的时间间隔是 T(由计算机实现的零阶保持器，在采样周期 T 内控制量 $u(t)$ 为常值)，得

$$y_v(k+1)=y_v(k)+k_vT^2\sum_{i=1}^{k}u(i) \tag{4.18}$$

将式(4.18)平移得

$$y_v(k+2)=y_v(k+1)+k_vT^2\sum_{i=1}^{k+1}u(i) \tag{4.19}$$

将式(4.18)、式(4.19)合并整理得

$$y_v(k+2)=2y_v(k+1)+k_vT^2u(k+1)-y_v(k) \tag{4.20}$$

对于重根项,为了不失一般性,取 $p=1$,即 $i=1$。$\dfrac{k_{\omega 1}}{(s+\omega_1)^2}$相应的微分方程为

$$\frac{\mathrm{d}y_{\omega 1}(t)}{\mathrm{d}t}+\omega_1 y_{\omega 1}=k_{\omega 1}\int_0^t \mathrm{e}^{-\omega_1(t-\lambda)}u(\lambda)\mathrm{d}\lambda \tag{4.21}$$

鉴于采样周期 T 很小,可认为在一个采样周期内 $u(t)$是常值,则离散化可得

$$y_{\omega 1}(k+1)=(1-T\omega_1)y_{\omega 1}(k)+T\frac{k_{\omega 1}}{\omega_1}\mathrm{e}^{-\omega_1 kT}\sum_{i=1}^{k}[(\mathrm{e}^{\omega_1 iT}-\mathrm{e}^{\omega_1(i-1)T})u(i)] \tag{4.22}$$

平移得

$$y_{\omega 1}(k+2)=(1-T\omega_1)y_{\omega 1}(k+1)+T\frac{k_{\omega 1}}{\omega_1}\mathrm{e}^{-\omega_1(k+1)T}\sum_{i=1}^{k+1}[(\mathrm{e}^{\omega_1 iT}-\mathrm{e}^{\omega_1(i-1)T})u(i)] \tag{4.23}$$

将式(4.22)两边乘以 $\mathrm{e}^{-\omega_1 T}$后与式(4.23)合并整理得

$$\begin{aligned}y_{\omega 1}(k+2)=&(1-T\omega_1+\mathrm{e}^{-\omega_1 T})y_{\omega 1}(k+1)-\mathrm{e}^{-\omega_1 T}(1-T\omega_1)y_{\omega 1}(k)\\&+T\frac{k_{\omega 1}}{\omega_1}(1-\mathrm{e}^{-\omega_1 T})u(k+1)\end{aligned} \tag{4.24}$$

有积分项和重根项时,鉴于建模精度的要求,采样周期 T 更小,使得

$$T\cdot\max(\lambda_{1\max},\lambda_{2\max},\omega_1)\leqslant\frac{1}{100}\sim\frac{1}{200}$$

根据工程经验一般可取

$$T\cdot\max(\lambda_{1\max},\lambda_{2\max},\omega_1)=\frac{1}{200}$$

其中,$\lambda_{1\max}$·$\lambda_{2\max}$与第一步中的意义相同;ω_1 为重根值。此时有

$$\omega_1 T\leqslant 0.005,\quad \mathrm{e}^{-\omega_1 T}\approx 1-\omega_1 T,\quad (1-\omega_1 T)^2\approx 1-2\omega_1 T$$

于是,式(4.24)可写成

$$y_{\omega 1}(k+2)=2(1-T\omega_1)y_{\omega 1}(k+1)-(1-2T\omega_1)y_{\omega 1}(k)+T^2k_{\omega 1}u(k+1) \tag{4.25}$$

将式(4.20)、式(4.25)合并,并令 $y_{v\omega}(k)=y_v(k)+y_{\omega 1}(k)$,得

$$y_{v\omega}(k+2)=2(1-T\omega_1)y_{v\omega}(k+1)-(1-2T\omega_1)y_{v\omega}(k)+T^2(k_v+k_{\omega 1})u(k+1)+2T\omega_1[y_v(k+1)-y_v(k)] \tag{4.26}$$

考虑到 $2\omega_1 T\leqslant 0.01$，且进入稳态时 $y_v(k+1)-y_v(k)=0$，式(4.26)中的最后一项相当于动态过程中一个小的未建模误差，稳态时为 0，故该项可忽略。于是，式(4.26)可写为

$$y_{v\omega}(k+2)=2(1-T\omega_1)y_{v\omega}(k+1)-(1-2T\omega_1)y_{v\omega}(k)+T^2(k_v+k_{\omega 1})u(k+1) \tag{4.27}$$

最后，将第一步和第二步的结果合并起来，即将式(4.16)和式(4.27)合并，并令 $y^*(k)=y(k)+y_{v\omega}(k)$，整理后得

$$\begin{aligned}y^*(k+2)=&[\alpha_1(k)+\alpha_2(k)]y^*(k+1)-\alpha_1(k)\alpha_2(k)y^*(k)+[T^2(k_v+k_{\omega 1})\\&+\beta_1(k)+\beta_2(k)]u(k+1)-[\alpha_2(k)\beta_1(k)+\alpha_1(k)\beta_2(k)]u(k)\\&+[\varepsilon_1 y_{v\omega}(k+1)-\varepsilon_2 y_{v\omega}(k)]\end{aligned} \tag{4.28}$$

其中，α_r、β_r 的定义与式(4.16)中的 α_r、β_r 定义相同。

$$\varepsilon_1=2(1-T\omega_1)-[\alpha_1(k)+\alpha_2(k)]=T[a_1(y)+a_2(y)-2\omega_1]$$

$$\varepsilon_2=(1-2T\omega_1)-\alpha_1(k)\alpha_2(k)=T[a_1(y)+a_2(y)-2\omega_1]-T^2a_1(y)a_2(y)$$

由于 $T[a_1(k)+a_2(k)]\leqslant 0.01$，$2T\omega_1\leqslant 0.01$，$T^2a_1(k)a_2(k)\leqslant 2.5\times 10^{-5}$，显然，$\varepsilon_1$ 与 ε_2 之差的数量级与 ε_1 的 1%等同，故 ε_1 和 ε_2 基本相等。实际工程中可通过选取合适的 T 来满足 $|\varepsilon_1|\leqslant 0.001$，且位置稳态时 $y_{v\omega}(k+1)-y_{v\omega}(k)=0$，式(4.28)中最后一项可认为是一个小的未建模的误差，在位置稳态时该建模误差为 0，故该项可忽略。式(4.28)仍可写成式(4.16)的形式

$$y(k+1)=f_1(k)y(k)+f_2(k)y(k-1)+g_0(k)u(k)+g_1(k)u(k-1) \tag{4.29}$$

其中

$$f_1(k)=\alpha_1(k)+\alpha_2(k)=2-T[a_1(y)+a_2(y)] \tag{4.30}$$

$$f_2(k)=-\alpha_1(k)\alpha_2(k)=-\{1-T[a_1(y)+a_2(y)]+T^2[a_1(y)a_2(y)]\} \tag{4.31}$$

$$g_0(k)=T^2(k_v+k_{\omega 1})+\beta_1(k)+\beta_2(k)=T^2(k_v+k_{\omega 1})+T(K_1+K_2) \tag{4.32}$$

$$g_1(k)=-[\alpha_1(k)\beta_2(k)+\alpha_2(k)\beta_1(k)]=-T(K_1+K_2)+T^2[K_1a_2(y)+K_2a_1(y)] \tag{4.33}$$

据此，可推出如下结论：

(1) 一般 $\alpha_r(k)$每步变化很小，约 0.001，所以由式(4.30)～式(4.33)可知，差分方程的系数 $f_1(k)$，$f_2(k)$，$g_0(k)$，$g_1(k)$是慢时变的。

(2) 无积分和重根项时，$f_1(k)$，$f_2(k)$的范围可事先确定，按最大范围取为

$$f_1(k)\in(1,2],\quad f_2(k)\in[-1,0)$$

因为 $g_0(k)$和 $g_1(k)$由 T、$\alpha_r(k)$与 K_r 决定，其中 K_r 亦为静态增益D。所以只要知道静态增益最大值的范围，经过输入变换，可得 $g_0(k)$，且有 $g_1(k)\ll 1$。当有积分

项、重根项时，因为采样周期更小，所以 $f_1(k)$ 小于但接近于 2，$f_2(k)$ 大于但接近 -1。

(3) 在无积分项和重根项的情况下，每一步间隔小于 0.001，近似认为 $\alpha_r(k+1)\approx\alpha_r(k)$ 在动态过程中输出有一定误差，有积分项和重根项时动态过程也存在一个小的未建模误差。在稳态情况下，静态增益 $D(\infty)$ 的计算式为

$$D(\infty)=\frac{g_0(\infty)+g_1(\infty)}{1-f_1(\infty)-f_2(\infty)}=\sum_{i=1}^{n}\frac{k_i}{\lambda_i}=\frac{b_0}{a_0} \tag{4.34}$$

即特征模型的静态增益 $D(\infty)$ 等于原对象静态增益 b_0/a_0。

(4) 由式(4.34)可知，当 $D=b_0/a_0=1$ 时，

$$f_1(\infty)+f_2(\infty)+g_1(\infty)+g_2(\infty)=1$$

静态增益 $D=1$ 时，系统处于稳态时，模型差分方程所有系数相加等于 1。

(5) 具有积分项的情况，位置稳态时

$$f_1(\infty)+f_2(\infty)=1$$

证毕。

推论 1　对于线性高阶系统 $G(s)$（满足定理 1 的条件），当要求实现速度跟踪（或加速度）控制时，能够采用如下三阶时变差分方程形式来描述其特征模型：

$$\begin{aligned}y(k+1)=&f_1(k)y(k)+f_2(k)y(k-1)+f_3(k)y(k-2)\\&+g_0(k)u(k)+g_1(k)u(k-1)+g_2(k)u(k-2)\end{aligned} \tag{4.35}$$

当对象 $G(s)$ 稳定时，则有

(1) 当系统处于动态时，相同输入控制的情况下，特征模型的输出等价于实际对象的输出（在输出误差允许范围内来选取 T）；被控对象进入稳态时，特征模型的输出与被控对象的输出等同，即 $D_0=D$。

(2) 静态增益 $D=1$ 时，系统处于稳态时，时变系数之和等于 1，即

$$f_1(\infty)+f_2(\infty)+f_3(\infty)+g_0(\infty)+g_1(\infty)+g_2(\infty)=1$$

证明　参照定理 1 的证明过程与方法，将 $G(s)$ 看作由几个基本环节组成，并将其分别表示为微分方程，可得三阶慢时变差分方程(4.35)，参数范围可估算，其他结论的证明与定理 1 相同。

4.1.2　固定参数模型的辨识建模

为建立超声波电机的特征模型，首先需要建立其固定参数模型。原因有三点：一是为特征模型结构的选择做准备，确定具有较小误差平方和的模型结构；二是对比辨识方法，确定合适的辨识算法来辨识特征模型的参数初值；三是用来与所建特征模型进行对比。

1. 实验数据的筛选

辨识建模方法以实测的输入、输出数据为基础，因此实验数据的筛选特别重

要。超声波电机实际运行中，通过调幅、调频和调相来控制电机运转，有时还对其中的两项进行控制。本节以驱动频率为控制变量，采用自行设计的实验系统进行转速控制实验，测取建模所需实验数据。实验系统结构框图如图 4.1 所示。

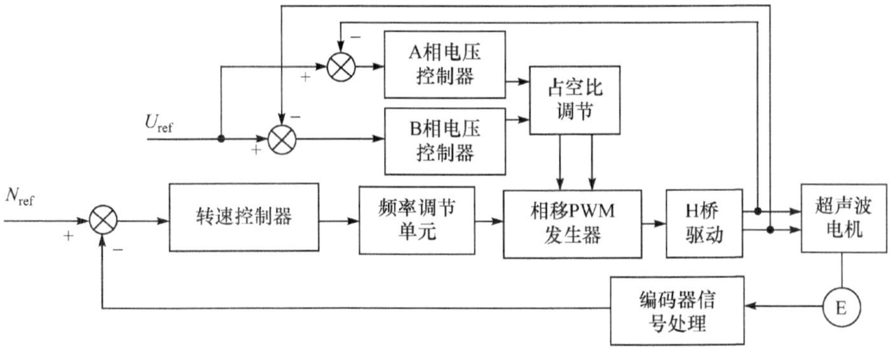

图 4.1　转速控制实验系统结构

改变转速给定值，测得多组实验数据。选取对应转速给定值分别为120r/min、110r/min、100r/min、90r/min、80r/min、30r/min 和 10r/min 的 10 组数据作为建模数据。除此之外，另选 5 组转速给定值分别为 120r/min、100r/min、90r/min、80r/min、30r/min 的实验数据作为验证数据，验证所建模型的有效性，同时也有助于选择辨识算法。

一组实验数据，对应于特定转速给定值情况的阶跃响应过程；实测数据中包含转速由 0 开始的动态响应过程数据，也包含动态过后的稳态过程数据。在辨识过程中，过多的稳态数据会淹没动态数据的作用，因而需要去掉过多的稳态数据，保留的稳态数据量应远少于动态数据量，使辨识所得模型能够正确表征电机特性。由于不同转速下的响应速度不同，故每组保留数据数目不一，所得建模数据合计为 241 个点，验证数据共 114 个点。

为保证所建模型的完整性，需一次连续利用全部 10 组建模数据完成一次辨识过程。各组数据是分别独立测量的阶跃响应数据，在时间上是不连续的，所以，在完成一组数据的辨识计算并进行到下一组数据时，不应从下一组数据的第 1 个点开始辨识计算，而应是从第 n 个点开始辨识计算，n 为模型阶次加 1。本节模型为 3 阶，即 $n=4$，从下一组的第 4 个数据开始辨识计算。

2. 辨识方法的选择和对比

一般地，辨识模型可表述为

$$A(z^{-1})y(k)=z^{-d}B(z^{-1})u(k)+e(k) \tag{4.36}$$

式中，$A(z^{-1})=1+a_1z^{-1}+a_2z^{-2}+\cdots+a_{n_a}z^{-n_a}$；$B(z^{-1})=b_0+b_1z^{-1}+b_2z^{-2}+\cdots+$

$b_{n_b}z^{-n_b}$；$y(k)$、$u(k)$分别为当前时刻的转速和频率控制字；d 为延迟阶次；$a_1,\cdots,a_{n_a}$、$b_0,\cdots,b_{n_b}$为待辨识的参数；$e(k)$为白噪声。

$A(z^{-1})$和 $B(z^{-1})$的阶次 n_a、n_b及延迟阶次 d，由基于实验数据的最小二乘模型结构辨识确定。为了选取更为合适的阶次，本节选取转速给定值 90r/min 的阶跃响应实验测量数据来确定模型的结构。计算结果表明，当 $n_a=3$、$n_b=2$、$d=0$时，所得模型损失函数和最终预报误差最小。下文按此阶次进行超声波电机模型辨识。

为了确定适合于超声波电机模型辨识的辨识方法，分别采用最小二乘一次完成算法(LS)、递推最小二乘法(RLS)、递推增广最小二乘法(RELS)、递推极大似然法(RML)进行模型参数辨识，通过对比每种方法的误差平方和来确定合适的辨识算法。计算结果如表 4.1 所示。

表 4.1　不同辨识方法的选择和对比

算法	LS	RLS	RELS	RML
建模数据	229.1345	356.4345	346.4442	229.3930
验证数据	251.996	372.1168	365.4386	252.6143

从建模数据的误差平方和来看，最小二乘一次完成算法和递推极大似然法均取得了相对较小的误差平方和数值，分别为 229.1345 和 229.3930。从验证数据来看，最小二乘一次完成算法的验证结果也与递推极大似然法相近。由于极大似然递推法相对复杂，故选用最小二乘一次完成算法来辨识特征模型参数初值。当采用最小二乘一次完成算法建立模型时，其验证数据的模型输出与实测数据对比如图 4.2 和图 4.3 所示，可见模型输出与实测值基本一致，转速给定值 120r/min、30r/min 情况下的最大误差绝对值分别为 6.577r/min、1.861r/min。

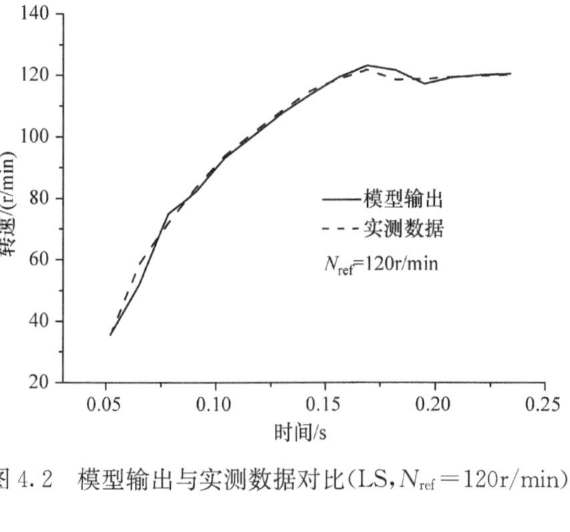

图 4.2　模型输出与实测数据对比(LS，$N_{ref}=120$r/min)

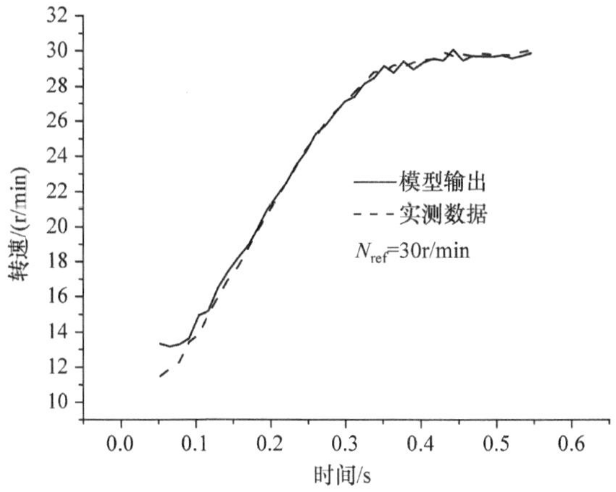

图 4.3　模型输出与实测数据对比(LS,N_{ref} = 30r/min)

4.1.3　超声波电机的特征建模

根据上述建立固定参数模型的过程,特征模型如前述可选为 3 阶,模型结构参数为 $n_a=3$、$n_b=2$。通过对比不同辨识算法的辨识效果,已确定最小二乘一次完成算法来辨识特征模型参数初值。于是,超声波电机的特征模型可写为如下形式:

$$\begin{aligned}y(k)=&a_1(k)y(k-1)+a_2(k)y(k-2)\\&+a_3(k)y(k-3)+b_0(k)u(k)+b_1(k)u(k-1)+b_2(k)u(k-2)\end{aligned}\tag{4.37}$$

式中,$y(k-n)$、$u(k-n)$分别为前 n 时刻的转速和频率控制字;$a_1(k)$、$a_2(k)$、$a_3(k)$、$b_0(k)$、$b_1(k)$、$b_2(k)$为时变的特征模型参数。

确定模型结构后,建立特征模型还需确定辨识算法初值和在线递推辨识方法。

1. 辨识参数初值与辨识算法的确定

为使在线辨识进程可实现,需要确定下列参数初值:$\theta(k)$的初值 $\theta(0)$和 $P(k)$的初值 $P(0)$。考虑超声波电机运行特性,提出下列三种可尝试的 $\theta(0)$确定方法(下文简称这三种初值确定方法为方法 1、方法 2、方法 3):

(1) 由 4.1.2 节的分析,通过比较几种辨识算法所得的固定参数模型的误差平方和,用误差平方和最小的那个辨识算法所得模型参数作为参数初值。

(2) 由于电机系统由零转速开始运转,θ 初值对控制的起始阶段有明显影响,而这一起始阶段必定是从零转速开始的低速运行区域,所以,可将 θ 初值设置为低速情况下的离线辨识所得参数。

(3) 对于不同的给定转速,分别用最小二乘一次完成算法进行三阶的模型辨识,每个给定转速对应一组模型参数,该参数分别作为各给定转速辨识参数的初值。若有多组相同给定转速的数据,其初始参数值 $\theta(0)$为该多组观测数据组合起来最终辨识的结果。

辨识算法中，时变的权系数矩阵 P 影响辨识过程中模型参数的修正速率，该矩阵的初始取值 $P(0)$ 直接影响超声波电机的起始控制性能。本节利用实验数据进行离线的循环递推辨识计算，取循环递推计算结束时的 P 矩阵数值作为 $P(0)$。

在确定了初始参数的取值后，还需确定特征模型的在线递推算法。为了选择合适的在线递推算法，分别采用递推最小二乘法、递推增广最小二乘法、递推极大似然法进行递推计算，通过对比每种算法的误差平方和来确定合适的辨识算法。根据特征模型参数时变的特点，在递推过程中逐点累加计算误差平方和，即每一次采样就计算一次误差平方和。

2. *辨识算法与初值确定方法的对比分析*

方法 1　在 4.1.2 节递推算法的基础上，改变程序的初始化部分，即令 $\theta(0)=[-1.4217, 0.4158, 0.0020, 7.1437, -17.2168, 10.0636]$，$P(0)=10^6 I$（$I$ 表示单位矩阵，后同），程序其他部分不变。为了选择合适的 $\theta(0)$、$P(0)$ 作为验证数据程序的初值，用建模数据进行反复多次递推并计算误差平方和，取误差平方和为最小值时的 $\theta(0)$、$P(0)$ 值作为 $\theta(k)$ 和 $P(k)$ 的初值。记 n 为循环次数，建模数据运行 n 次的误差平方和如表 4.2 所示。

表 4.2　循环运行实验数据的误差平方和（方法 1）

循环次数 n	误差平方和	循环次数 n	误差平方和	循环次数 n	误差平方和
1	590.49	5	234.08	9	231.56
2	247.21	6	233.18	10	231.39
3	239.88	7	232.41	11	231.39
4	235.88	8	231.81	12	231.39

通过比较误差平方和的值，选择第 12 次循环的结果 231.19。此时的参数初值 $\theta(0)$ 和 $P(0)$ 分别为

$$\theta(0)=[-1.4217, 0.41578, 0.0020351, 7.1418, -17.216, 10.063]$$

$$P(0)=[4.7425e-9, -7.4959e-9, 2.705e-9, -2.3496e-8, 2.9381e-8, -5.9276e-9; -7.4959e-9, 1.4767e-8, -7.3327e-9, 3.4731e-8, -6.1468e-8, 2.6748e-8; 2.705e-9, -7.3327e-9, 4.7729e-9, -1.0571e-8, 3.2026e-8, -2.1393e-8; -2.3496e-8, 3.4731e-8, -1.0571e-8, 1.6577e-6, -2.6896e-6, 1.0341e-6; 2.9381e-8, -6.1468e-8, 3.2026e-8, -2.6896e-6, 4.6189e-6, -1.9315e-6; -5.9276e-9, 2.6748e-8, -2.1393e-8, 1.0341e-6, -1.9315e-6, 8.9725e-7]$$

仿照建模过程，验证所建模型的过程也是类似的循环递推的过程，计算得验证

数据的误差平方和为 243.0629。

方法 2　在仿真程序中令参数初值 $\theta(0)=[-1.0284, 0.0377, 0.0137, 0.4984, 0.5931, -1.0840]$ 或 $\theta(0)=[-1.0323, 0.0686, -0.0443, 5.9721, -13.9325, 7.9579]$，$P(0)=10^6 I$，程序其他部分不变，计算过程与方法 1 相同。两组参数初值建模数据运行 n 次的误差平方和分别如表 4.3 和表 4.4 所示。

表 4.3　循环运行实验数据的误差平方和 Ⅰ（方法 2）

循环次数 n	误差平方和	循环次数 n	误差平方和	循环次数 n	误差平方和
1	594.49	5	234.08	9	231.56
2	247.21	6	233.18	10	231.39
3	239.88	7	232.41	11	231.39
4	235.88	8	231.81	12	231.39

表 4.4　循环运行实验数据的误差平方和 Ⅱ（方法 2）

循环次数 n	误差平方和	循环次数 n	误差平方和	循环次数 n	误差平方和
1	564.25	5	234.08	9	231.56
2	247.21	6	233.18	10	231.39
3	239.88	7	232.41	11	231.39
4	235.88	8	231.81	12	231.39

通过比较误差平方和的值，选择第 12 次循环的参数初值 $\theta(0)$ 和 $P(0)$。所得 $\theta(0)$ 和 $P(0)$ 的具体数值与第一种参数值确定方法确定的参数初值 $\theta(0)$ 和 $P(0)$ 相同，验证数据的误差平方和同样为 243.0629。

方法 3　将 10 组数据分别用各自的参数初值进行递推计算，取误差平方和的最小值，同时得到相应验证数据的参数初值。最后将各转速对应的误差平方和相加，得到总的误差平方和。同一转速如有多组数据，则将该多组数据组合在一起进行辨识。表 4.5 是给定转速值为 10r/min 时建模数据的误差平方和数据递推的过程，与方法 1、方法 2 亦类似。

表 4.5　循环运行实验数据的误差平方和（10r/min）

循环次数 n	1	2	3	4	5
误差平方和	0.1195	0.0558	0.0548	0.0543	0.0541

在 10r/min 情况下，观察表 4.5，选择误差平方和数值最小的第 5 次循环的结果。此时的参数初值 $\theta(0)$ 和 $P(0)$ 方阵分别为

$$\theta(0)=[-1.0284, 0.037662, 0.013699, 0.49843, 0.59318, -1.0841]$$

$$P(0)=[3.195e-5, 4.4937e-6, -5.3727e-7, 7.0416e-4, -2.7473e-4, -4.1852e-4; 4.4937e-6, 1.4794e-5, -2.6485e-6, 3.3763e-4,$$

2.1422e−4, −5.467e−4; −5.3727e−7, −2.6485e−6, 1.4072e−6, −3.2308e−5, 3.073e−5, 1.0395e−6; 7.0416e−4, 3.3763e−4, −3.2308e−5, 3.6504e−2, −1.8832e−2, −1.736e−2; −2.7473e−4, 2.1422e−4, 3.073e−5, −1.8832e−2, 3.7049e−2, −1.8226e−2; −4.1852e−4, −5.467e−4, 1.0395e−6, −1.736e−2, −1.8226e−2, 3.5287e−2]

采用同样的方法,可得不同转速给定值情况下的参数初值 $\theta(0)$ 和 $P(0)$ 方阵。表 4.6 给出了不同转速给定值情况下的特征模型建模数据的误差平方和。限于篇幅,具体计算过程不再详述。

表 4.6 建模数据的误差平方和

转速给定值/(r/min)	10	30	80	90	100	110	120	求和
误差平方和	0.0541	2.1729	2.213	17.03	2.02	12.69	85.61	121.79

仿照建模过程,验证所建模型的过程也是类似的循环递推过程,通过计算得到验证数据的误差平方和如表 4.7 所示。

采用递推最小二乘法及上述三种参数初值确定方法的误差平方和对比如表 4.8 所示。由表 4.8 可知,无论是建模数据还是验证数据,方法 3 的误差平方和均为最小。

表 4.7 验证数据的误差平方和

转速给定值/(r/min)	30	80	90	100	120	求和
误差平方和	2.0484	11.5577	0.6358	1.9738	57.8117	74.027

表 4.8 三种确定参数初值方法对比(RLS)

方法	方法 1	方法 2	方法 3
建模数据	231.19	231.19	121.79
验证数据	243.0629	243.0629	74.027

上述是采用递推最小二乘法进行离线辨识的结果。分别采用递推增广最小二乘法、递推极大似然法,按照与上述相同的计算过程进行离线辨识,得到计算结果列于表 4.9。限于篇幅,具体计算过程不再详述。

表 4.9 不同辨识方法对比

方法	递推最小二乘法			递推增广最小二乘法			递推极大似然法		
	方法 1	方法 2	方法 3	方法 1	方法 2	方法 3	方法 1	方法 2	方法 3
建模数据	231.19	231.19	121.79	227.99	227.99	110.97	227.92	227.8	112.12
验证数据	243.06	243.06	74.027	237.18	237.18	33.2096	237.27	237.02	33.3089

表 4.9 中，对于递推最小二乘法(RLS)、递推增广最小二乘法(RELS)、递推极大似然法(RML)这三种辨识方法，不论从建模数据还是验证数据来看，第三种参数初值确定方法的误差平方和都小于前两种；再对比第三种参数初值确定方法，递推增广最小二乘法和递推极大似然法的误差平方和都小于递推最小二乘法的误差平方和，其中递推极大似然法略大于递推增广最小二乘法。综合考虑，特征模型的建立选择增广最小二乘辨识方法作为在线递推算法，同时选择第三种参数初值的确定方法，相应的验证数据模型输出与实测数据对比如图 4.4、图 4.5 所示，转速给定值 N_{ref}分别为 120r/min 和 30r/min。与图 4.2 相比，图 4.4 所示最大误差绝对值仅为 2.62r/min，模型误差有明显改善；图 4.5 所示最大误差绝对值也较小，为 0.56r/min，表明模型计算输出更加逼近实测数据输出，模型精度有提高。

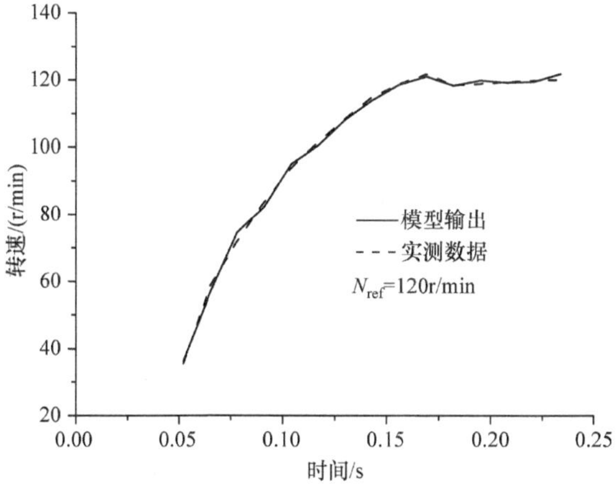

图 4.4　模型输出与实测数据对比(RELS，$N_{ref}=120$r/min)

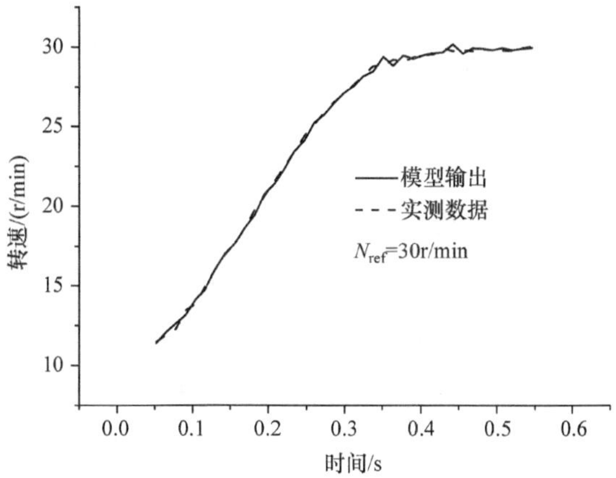

图 4.5　模型输出与实测数据对比(RELS，$N_{ref}=30$r/min)

3. 固定参数模型与特征模型的对比分析

由固定参数模型与特征模型的建立过程，可得表 4.10。由表中数据可以看出，不管采用哪一种辨识算法，无论是建模数据还是验证数据，特征模型的误差平方和均小于固定参数模型的误差平方和，表明特征模型相对较好。

表 4.10　不同辨识算法固定参数模型与特征模型误差平方和对比

方法	递推最小二乘法		递推增广最小二乘法		递推极大似然法	
	固定参数	特征模型	固定参数	特征模型	固定参数	特征模型
建模数据	356.43	121.79	346.44	110.97	229.39	112.12
验证数据	372.12	74.027	365.44	33.2096	252.61	33.3089

4.1.4　以转速误差为输出的特征建模

由前述内容可以看出，所谓特征建模就是根据对象动力学特性、环境特征和控制性能要求来建模，它与传统动力学建模的最大区别是结合控制性能要求来建模。对于不同的控制目的(转速、位置)，所建模型的阶次不同。

为适应黄金分割、全系数自适应控制策略设计的需要，本节在前述工作基础上，进一步建立以驱动频率为输入、转速误差为输出的三阶特征模型。

1. 以转速误差为输出的固定参数模型

根据 4.1.2 节超声波电机固定参数模型的建立过程，采用同样的过程建立以驱动频率为输入、转速误差为输出的固定参数模型。通过模型结构辨识可知，模型结构选为三阶较为合适，即 $n_a=3$、$n_b=2$。分别采用最小二乘一次完成算法、递推最小二乘法、递推增广最小二乘法、递推极大似然法进行模型参数的辨识，通过对比每种方法的误差平方和来选择合适的辨识方法，进而确定特征模型的参数初值。

(1) 最小二乘一次完成算法：计算得到模型参数为 $\hat{\theta}=[-1.3101, 0.3658, 0.0281, 9.8959, -18.7173, 8.8165]$，建模数据的误差平方和为 199.5112。

(2) 递推最小二乘法：计算得到模型参数为 $\theta=[-1.31, 0.36589, 0.028086, 9.8992, -18.72, 8.8159]$，建模数据的误差平方和为 199.5112。

(3) 递推增广最小二乘法：当模型结构参数取为 $n_a=3$、$n_b=2$、$n_d=3$ 时，辨识误差最小，对应的模型参数为 $\theta=[-1.3113, 0.36843, 0.027073, 9.9422, -18.779, 8.8323, 6.8305, -9.4234, 3.7407]$，数据的误差平方和为 199.5214。

(4) 递推极大似然法：实测输出与模型输出的误差平方和最小为 200.0828，此时模型参数 $\theta=[-1.3165, 0.37214, 0.021393, 9.5447, -18.457, 8.9074, 0.037658, -0.0069819, -0.009778]$。

对比上述四种辨识算法的误差平方和，一次完成算法与递推最小二乘法的辨识误差相对较小。本节选择相对简单的最小二乘一次完成算法来确定特征模型的参数初值。

2. *以转速误差为输出的特征模型*

通过分析建立固定参数模型的过程，以驱动频率为输入、转速误差为输出的特征模型可写为如下形式

$$z(k)=\alpha_1(k)z(k-1)+\alpha_2(k)z(k-2)+\alpha_3(k)z(k-3)+\beta_0(k)u(k)+\beta_1(k)u(k-1)+\beta_2(k)u(k-2) \tag{4.38}$$

式中，$z(k)$为转速误差，$z(k)=y_r(k)-y(k)$；$y_r(k)$为转速给定值；$y(k)$为实际转速值；$u(k)$为驱动频率；$\alpha_1(k)$、$\alpha_2(k)$、$\alpha_3(k)$、$\beta_0(k)$、$\beta_1(k)$、$\beta_2(k)$为时变的模型参数；$z(k-n)$为前 n 时刻的转速误差；$u(k-n)$为前 n 时刻的驱动频率。

按照与 4.1.3 节所述超声波电机特征模型的建模过程，建立以驱动频率为输入、转速误差为输出的特征模型，并确定参数初值确定方法和递推辨识算法。首先采用递推最小二乘法进行建模。

1) 递推最小二乘法

方法 1　在仿真程序中令参数初值 $\theta(0)=[-1.31,0.36589,0.028086,9.8992,-18.72,8.8159]$，$P(0)=10^6 I$，建模数据运行 n 次的误差平方和如表 4.11 所示。

表 4.11　循环运行实验数据的误差平方和(RLS)

循环次数 n	误差平方和	循环次数 n	误差平方和	循环次数 n	误差平方和
1	552.094	5	201.0	9	200.11
2	218.82	6	200.29	10	200.04
3	202.85	7	200.22	11	199.94
4	201.66	8	200.18	12	199.93

通过比较误差平方和的值，选择第 12 次循环的结果 199.93。此时的参数初值 $\theta(0)$和 $P(0)$分别为

$$\theta(0)=[-1.3101,0.36584,0.028099,9.8959,-18.717,8.8165]$$

$P(0)=[$1.6511e−9，−1.8015e−9，6.5266e−10，1.1456e−8，−2.9875e−9，−8.4633e−9；−1.8015e−9，3.0794e−9，−1.4647e−9，1.3252e−9，−9.1959e−9，7.8846e−9；6.5266e−10，−1.4647e−9，8.571e−10，−1.2594e−9，5.7618e−9，−4.5185e−9；1.1456e−8，1.3252e−9，−1.2594e−9，7.0292e−7，−7.5202e−7，4.9591e−8；−2.9875e−9，−9.1959e−9，5.7618e−9，−7.5202e−7，1.0538e−6，−3.0226e−7；

$-8.4633e-9, 7.8846e-9, -4.5185e-9, 4.9591e-8, -3.0226e-7, 2.5271e-7]$

方法 2 令参数初值 $\theta(0)=[-1.0912, 0.0131, -0.0654, -3.8279, -1.4070, 5.2358]$，$P(0)=10^6 I$，此方法与方法 1 的计算结果相同，误差平方和循环递推结果为 199.93。

方法 3 不同转速给定值情况下的循环递推最终结果如表 4.12 所示。

表 4.12 建模数据的误差平方和(RLS)

转速给定值/(r/min)	10	30	80	90	100	110	120	求和
误差平方和	0.05	2.009	1.559	15.368	1.6937	10.818	74.4	105.89

综上可得，采用递推最小二乘法建模时，三种确定参数初值方法的误差平方和对比如表 4.13 所示。

表 4.13 三种确定参数初值方法对比(RLS)

方法	方法 1	方法 2	方法 3
误差平方和	199.93	199.93	105.89

2) 递推增广最小二乘法

方法 1 以参数初值 $\theta(0)=[-1.3113, 0.36843, 0.027073, 9.9422, -18.779, 8.8323, 6.8305, -9.4234, 3.7407]$，$P(0)=10^6 I$ 开始递推运算，数据运行 n 次的误差平方和如表 4.14 所示。

表 4.14 循环运行实验数据的误差平方和(RELS)

循环次数 n	误差平方和	循环次数 n	误差平方和	循环次数 n	误差平方和
1	525.149	5	197.76	9	197.35
2	201.13	6	197.58	10	197.33
3	198.82	7	197.47	11	197.3
4	198.07	8	197.4	12	197.29

通过比较误差平方和的值，选择第 12 次循环的结果 197.29。此时的参数初值 $\theta(0)$ 和 $P(0)$ 方阵分别为

$$\theta(0)=[-1.3113, 0.36827, 0.027177, 9.9389, -18.776, 8.832, 6.8516, -9.4245, 3.7581]$$

$$P(0)=[1.0746e-9, -1.1639e-9, 4.2052e-10, 7.6334e-9, -2.1018e-9, -5.5284e-9, -1.6058e-8, -3.2044e-9, -1.7869e-10; -1.1639e-9, 2.0111e-9, -9.5532e-10, 1.4778e-9, -6.5422e-9, 5.0722e-9, -1.1715e-8, -2.7967e-8, -7.3107e-9; 4.2052e-10, -9.5532e-10, 5.5887e-10, -1.0308e-9, 3.9272e-9, -2.9065e-9, 8.3295e-9,$$

1.1012e−8, −3.6589e−9; 7.6334e−9, 1.4778e−9, −1.0308e−9, 4.8488e−7, −5.1458e−7, 2.9951e−8, −6.7854e−7, −1.0328e−6, −6.655e−7; −2.1018e−9, −6.5422e−9, 3.9272e−9, −5.1458e−7, 7.0851e−7, −1.9419e−7, 5.166e−7, 1.0127e−6, 6.3848e−7; −5.5284e−9, 5.0722e−9, −2.9065e−9, 2.9951e−8, −1.9419e−7, 1.6427e−7, 1.6369e−7, 2.1711e−8, 2.9462e−8; −1.6058e−8, −1.1715e−8, 8.3295e−9, −6.7854e−7, 5.166e−7, 1.6369e−7, 6.4674e−5, 8.3965e−7, 4.5186e−6; −3.2044e−9, −2.7967e−8, 1.1012e−8, −1.0328e−6, 1.0127e−6, 2.1711e−8, 8.3965e−7, 6.5906e−5, 2.7363e−7; −1.7869e−10, −7.3107e−9, −3.6589e−9, −6.655e−7, 6.3848e−7, 2.9462e−8, 4.5186e−6, 2.7363e−7, 6.2165e−5]

方法 2 以参数初值 $\theta(0)=[-0.9982, 0.037967, 0.011666, 0.71325, 0.38972, -1.1027, -0.95453, -0.3583, -0.28488]$，$P(0)=10^6 I$ 开始递推运算，仿真结果同方法 1，这里不再列出。

方法 3 各个转速的循环递推最终结果如表 4.15 所示。

表 4.15 建模数据的误差平方和(RELS)

转速给定值/(r/min)	10	30	80	90	100	110	120	求和
误差平方和	0.0454	1.9362	1.7163e—22	14.88	8.5205e—26	8.44	81.52	106.82

综上可得，采用递推增广最小二乘法建模时，三种确定参数初值方法的误差平方和对比如表 4.16 所示。

表 4.16 三种确定参数初值方法对比(RELS)

方法	方法 1	方法 2	方法 3
误差平方和	197.29	197.29	106.8216

3) 极大似然法

方法 1 以参数初值 $\theta(0)=[-1.3165, 0.37214, 0.021393, 9.5447, -18.457, 8.9074, 0.037658, -0.0069819, -0.009778]$，$P(0)=10^6 I$ 开始递推运算，数据运行 n 次的误差平方和如表 4.17 所示。

表 4.17 循环运行实验数据的误差平方和(RELS)

循环次数 n	误差平方和	循环次数 n	误差平方和	循环次数 n	误差平方和
1	565.69	5	197.51	9	197.32
2	201.91	6	197.46	10	197.31
3	198.43	7	197.37	11	197.28
4	197.65	8	197.34	12	197.28

通过比较误差平方和的值，选择第 12 次循环的结果 197.28。此时的参数初值 $\theta(0)$ 和 $P(0)$ 方阵分别为

$$\theta(0)=[-1.3113,0.36827,0.027179,9.9389,-18.776,8.832,6.8519,-9.4245,3.7584]$$

$$P(0)=[1.0187e-9,-1.1033e-9,3.9862e-10,7.2357e-9,-1.9922e-9,-5.2405e-9,-1.5221e-8,-3.0376e-9,-1.6902e-10;-1.1033e-9,1.9063e-9,-9.0557e-10,1.4012e-9,-6.2018e-9,4.808e-9,-1.1106e-8,-2.651e-8,-6.9303e-9;3.9862e-10,-9.0557e-10,5.2977e-10,-9.772e-10,3.7227e-9,-2.7551e-9,7.8957e-9,1.0438e-8,-3.4684e-9;7.2357e-9,1.4012e-9,-9.7721e-10,4.5963e-7,-4.8779e-7,2.8392e-8,-6.4321e-7,-9.79e-7,-6.3085e-7;-1.9922e-9,-6.2018e-9,3.7227e-9,-4.8779e-7,6.7161e-7,-1.8408e-7,4.897e-7,9.5995e-7,6.0524e-7;-5.2405e-9,4.808e-9,-2.7551e-9,2.8392e-8,-1.8408e-7,1.5571e-7,1.5516e-7,2.0582e-8,2.793e-8;-1.5221e-8,-1.1106e-8,7.8957e-9,-6.432e-7,4.897e-7,1.5516e-7,6.1305e-5,7.9584e-7,4.2833e-6;-3.0376e-9,-2.651e-8,1.0438e-8,-9.79e-7,9.5995e-7,2.0581e-8,7.9584e-7,6.2474e-5,2.5932e-7;-1.689e-10,-6.9303e-9,-3.4684e-9,-6.3084e-7,6.0523e-7,2.7928e-8,4.2832e-6,2.5931e-7,5.8927e-5]$$

方法 2　以参数初值 $\theta(0)=[-0.99756,0.03793,0.011725,0.71611,0.38988,-1.1057,-0.95412,-0.35877,-0.28565]$，$P(0)=10^6 I$ 开始递推运算，仿真结果同方法 1，这里不再列出。

方法 3　各个转速的循环递推最终结果如表 4.18 所示。

表 4.18　建模数据的误差平方和(RML)

转速给定值/(r/min)	10	30	80	90	100	110	120	求和
误差平方和	0.0457	1.938	3.8698e−22	14.9	8.5891e−26	8.49	81.87	107.244

综上可得，采用递推极大似然法建模时，三种确定参数初值方法的误差平方和对比如表 4.19 所示。

表 4.19　三种确定参数初值方法对比(RML)

方法	方法 1	方法 2	方法 3
误差平方和	197.28	197.28	107.2437

对递推最小二乘法、递推增广最小二乘法、递推极大似然法三种算法进行比较

分析，对比表 4.13，表 4.16 和表 4.19，可得到表 4.20。

表 4.20　不同辨识方法对比（以转速误差为输出的特征建模）

方法	递推最小二乘法			递推增广最小二乘法			递推极大似然法		
	方法 1	方法 2	方法 3	方法 1	方法 2	方法 3	方法 1	方法 2	方法 3
误差平方和	199.93	199.93	105.89	197.29	197.29	106.82	197.28	197.28	107.244

对于递推最小二乘法、递推增广最小二乘法、递推极大似然法这三种辨识方法，从误差平方和的值可知，第三种参数初值确定方法的误差平方和小于前两种；再对比第三种参数初值确定方法，递推最小二乘法的误差平方和略小于递推增广最小二乘法和递推极大似然法的误差平方和，由此，选择误差最小的递推最小二乘辨识算法为在线递推算法，同时选择第三种确定参数初值的方法。

由固定参数模型与特征模型的建立过程可得表 4.21。由表中数据可知，无论采用哪一种辨识算法，特征模型的误差平方和均小于固定参数模型的误差平方和。

表 4.21　不同辨识算法固定参数模型与特征模型误差平方和对比

方法	递推最小二乘法		递推增广最小二乘法		递推极大似然法	
	固定参数	特征模型	固定参数	特征模型	固定参数	特征模型
误差平方和	119.5112	105.89	119.5214	106.82	200.0828	107.244

图 4.6 和图 4.7 为所建特征模型的输出（转速误差）与实测数据的对比，图中曲线为给定转速分别为 90r/min 和 30r/min 的转速阶跃响应过程。如图所示，模型输出与实测数据相当接近，即所建特征模型与超声波电机实际运行过程中的特征基本一致。

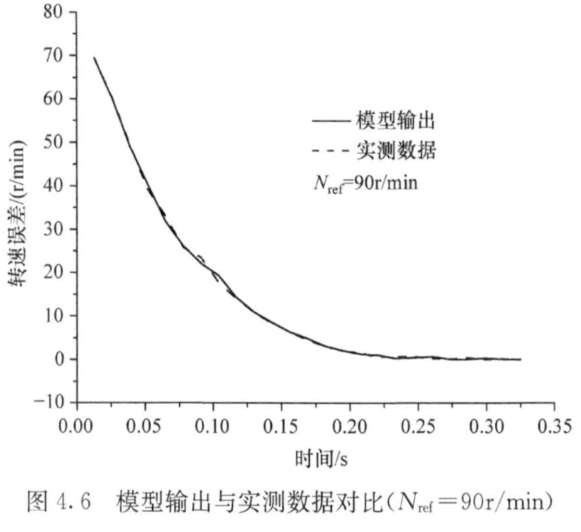

图 4.6　模型输出与实测数据对比（$N_{ref}=90$r/min）

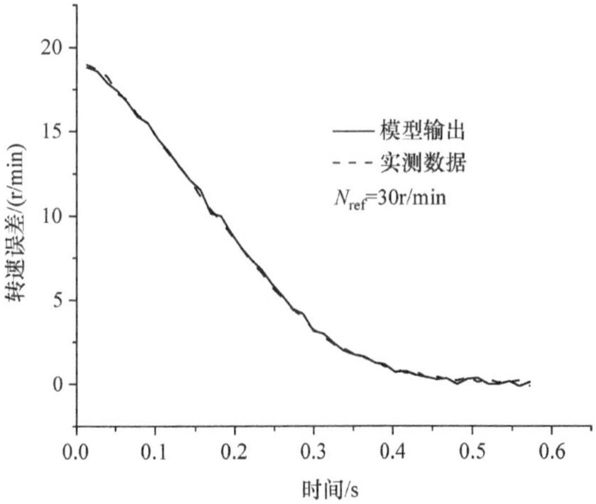

图 4.7　模型输出与实测数据对比($N_{ref}=30$r/min)

本节叙述了特征建模这一概念，证明了超声波电机特征模型与实际电机的高阶特性等价，并给出了建立超声波电机特征建模的建模方法；在固定参数模型的基础上，提出三种特征模型参数初值的确定方法，并通过递推最小二乘法、递推增广最小二乘法、递推极大似然法三种辨识算法的离线递推计算，对比每种算法的误差平方和来选择合适的参数初值和递推算法；建立了以转速为输出的超声波电机特征模型和以转速误差为输出的超声波电机特征模型。数据对比表明，与传统的辨识模型相比，特征模型能够更好地表述超声波电机的特性，且模型结构简单，所建模型为进一步的控制策略研究提供了必要基础。

4.2　超声波电机转速的黄金分割控制

4.2.1　超声波电机线性黄金分割控制策略

以转速误差为输出的超声波电机特征模型如式(4.38)。基于该特征模型，构建黄金分割控制器

$$u(k)=-\frac{1}{\beta_0(k)}[L_1\alpha_1(k)z(k)+L_2\alpha_2(k)z(k-1)+\alpha_3(k)z(k-2)+\beta_2(k)u(k-1)+\beta_3(k)u(k-2)] \tag{4.39}$$

式中，L_1、L_2 为黄金分割系数，分别为 0.382、0.618；其余参数同式(4.38)中定义。可以看出，式(4.39)所示黄金分割控制器，直接来自于特征模型，只是增加了两个常数 L_1 和 L_2，用于调整动态响应过程。这意味着，完成超声波电机特征模型的建

模，也就完成了黄金分割控制器的设计。

若式(4.39)中的特征模型参数 $\alpha_1(k)$、$\alpha_2(k)$、$\alpha_3(k)$、$\beta_0(k)$、$\beta_1(k)$、$\beta_2(k)$取为固定参数(即参数初值)，可称之为固定参数(可简写为定常)黄金分割控制器。若进行特征模型参数的在线辨识，并实时调整式(4.39)中的相应参数值，则成为黄金分割自适应控制器。

采用线性黄金分割自适应控制的超声波电机转速控制系统结构框图如图 4.8 所示。图中，$y_r(k)$为给定转速值，$y(k)$为 USM 系统输出转速值，$z(k)=y_r(k)-y(k)$为转速误差；$u(k)$为控制器输出的控制量，α、β 分别为辨识算法实时计算出的式(4.39)中的时变参数 $\alpha_1(k)$、$\alpha_2(k)$、$\alpha_3(k)$、$\beta_0(k)$、$\beta_1(k)$、$\beta_2(k)$。对于固定参数黄金分割控制策略，图中"辨识算法"环节不用。

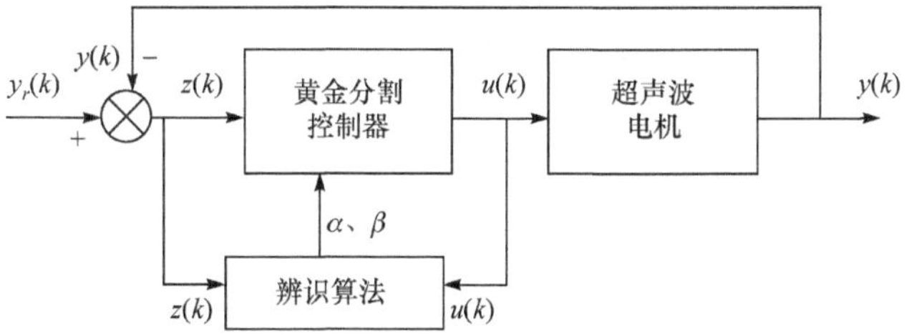

图 4.8　黄金分割转速控制系统结构框图

4.2.2　线性黄金分割控制的仿真研究

仿真确定的控制参数(即特征模型参数)初值如表 4.22 所示。这些参数还需要实验整定，才能得到满意的控制效果。

表 4.22　仿真确定的参数初值

转速给定值/(r/min)	$\alpha_1(0)$	$\alpha_2(0)$	$\alpha_3(0)$	$\beta_0(0)$	$\beta_1(0)$	$\beta_2(0)$
120	−1.4091	0.51449	−0.078391	11.47	−24.52	13.072
110	−1.1741	0.84208	−0.34048	6.5749	−3.446	−3.0313
100	−1.1711	0.14587	0.010949	−0.6727	−7.3289	8.0225
90	−1.2373	0.22685	0.11243	11.167	−19.286	8.1179
80	−0.39514	−0.65576	0.60247	1.64	11.222	−12.876
30	−1.1548	0.18165	−0.013426	19.9	−39.891	19.994
10	−1.013	0.04148	0.013413	0.74682	0.5846	−1.331

1. 线性定常黄金分割控制

采用仿真确定的参数值进行转速阶跃响应仿真，得到转速给定值为 90r/min 的仿真结果，如图 4.9、图 4.10 中虚线所示。转速给定值分别为 120r/min、80r/min、30r/min、20r/min 时，仿真计算的转速响应过程不能稳定在给定值；限于篇幅，只给出转速给定值分别为 80r/min、30r/min 的仿真阶跃响应，如图 4.11、图 4.12 所示。

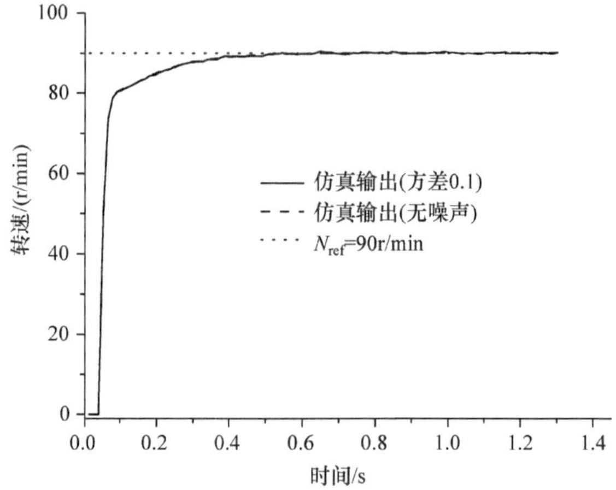

图 4.9　噪声方差 0.1 时转速阶跃响应曲线 1(N_{ref}=90r/min)

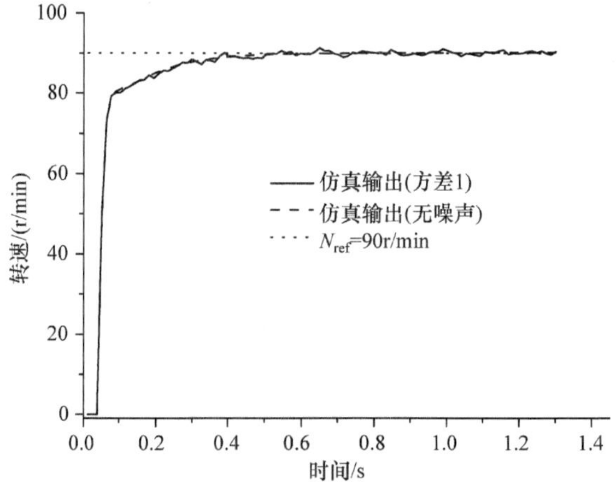

图 4.10　噪声方差 1 时转速阶跃响应曲线 1(N_{ref}=90r/min)

图 4.9 中，阶跃响应过程在 0.416s 进入稳态，稳态误差绝对平均值为 0.147r/min，无超调。图 4.11 中，转速在起始阶段存在明显跳动，转速上升缓慢，

终值稳定在 83.20r/min 左右，存在 3.20r/min 的稳态误差。图 4.12 所示仿真结果则明显不稳定。

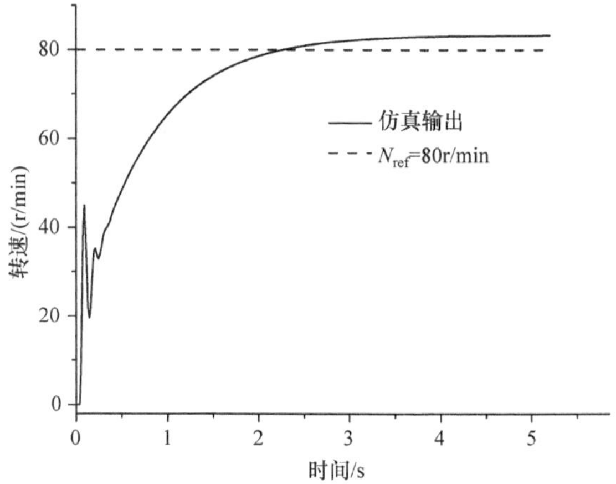

图 4.11　转速阶跃响应曲线(N_{ref}=80r/min)

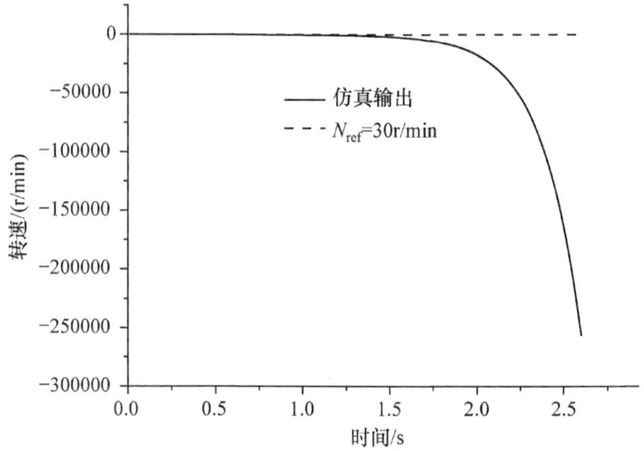

图 4.12　转速阶跃响应曲线(N_{ref}=30r/min)

由于电机具有明显的时变非线性，且受到温度、定转子之间的预压力及其摩擦、负载转矩等各方面的干扰，尤其是低转速，受该方面的影响特别大，故实验测量的数据只能反映实验进行时刻的电机运行情况。鉴于上述这些因素采用测量数据进行辨识得到的模型不够准确，进而再将辨识模型用于较为理想状态下的仿真，仿真结果与实验结果之间会存在差异，各个转速的仿真结果理想程度不同。但是，所用建模数据量越多，实验数据涵盖面越广，辨识结果越逼近实际对象。

尝试将表 4.22 中 90r/min 对应的控制参数初值应用于其他转速的控制，得到转速给定值分别为 120r/min、80r/min、20r/min 时的仿真结果，如图 4.13～图 4.18 中虚线所示。

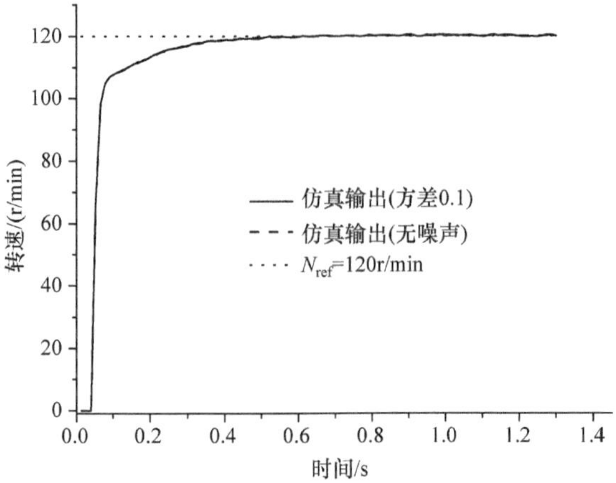

图 4.13 噪声方差 0.1 时转速阶跃响应曲线 1(N_{ref}=120r/min)

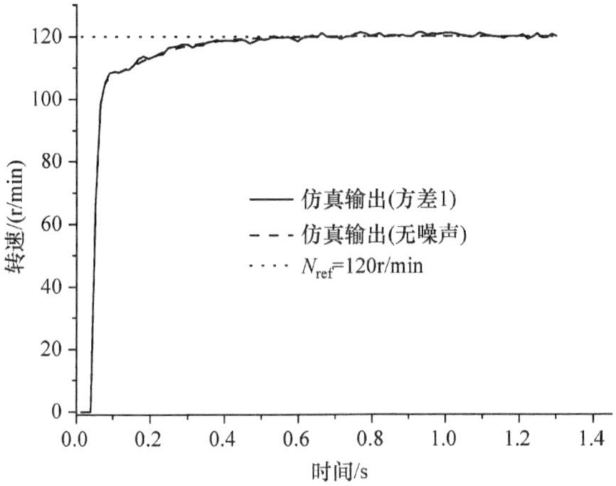

图 4.14 噪声方差 1 时转速阶跃响应曲线 1(N_{ref}=120r/min)

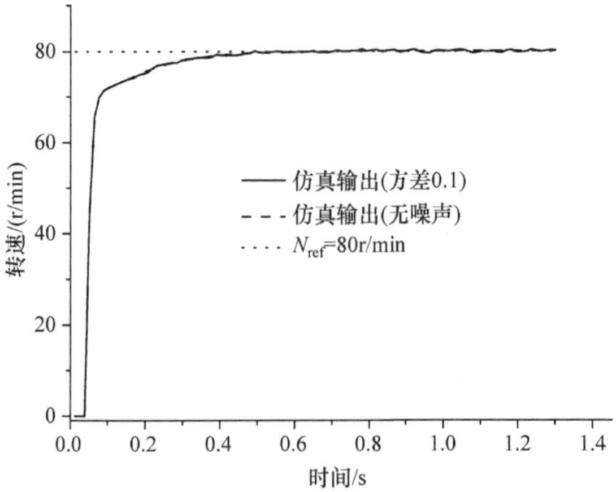

图 4.15 噪声方差 0.1 时转速阶跃响应曲线 1(N_{ref}=80r/min)

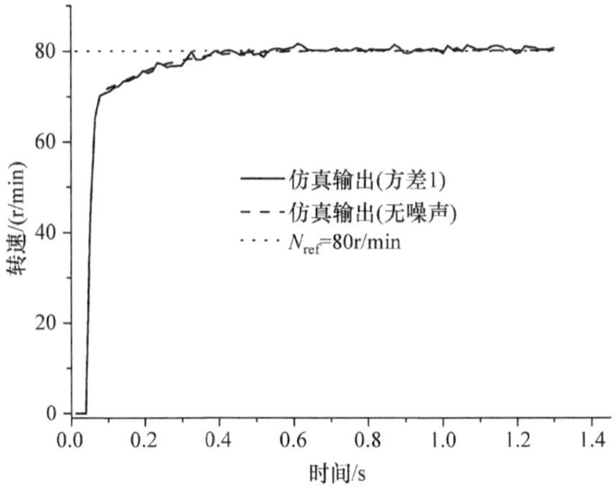

图 4.16　噪声方差 1 时转速阶跃响应曲线 1(N_{ref}=80r/min)

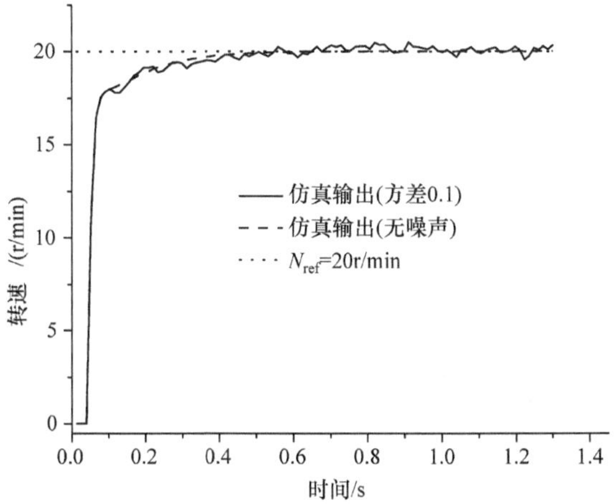

图 4.17　噪声方差 0.1 时转速阶跃响应曲线 1(N_{ref}=20r/min)

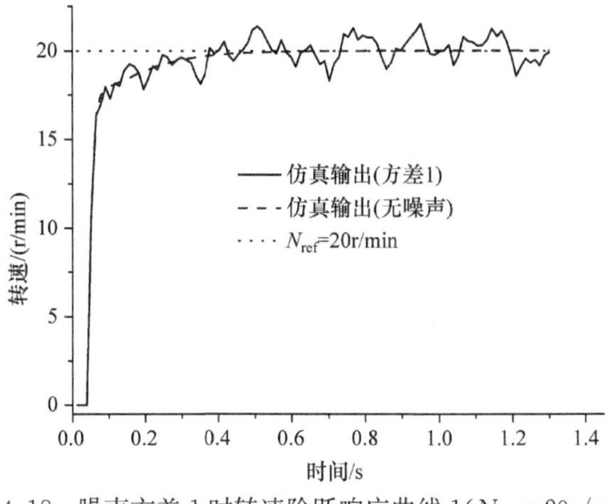

图 4.18　噪声方差 1 时转速阶跃响应曲线 1(N_{ref}=20r/min)

表 4.23 给出了与图 4.9、图 4.10、图 4.13～图 4.17 阶跃响应对应的性能指标。其中稳态误差绝对平均值采用下式计算：

$$\text{稳态误差绝对平均值} = \frac{\sum |n - N_{\text{ref}}|}{\text{稳态数据个数}} \tag{4.40}$$

式中，n 为实测转速值；N_{ref} 为给定转速值。

由表 4.23 可知，不加白噪声时的阶跃响应过程均在 0.416s 进入稳态，且均无超调，稳态误差绝对平均值较小，取得了较好的控制效果，只是调节时间稍长。由此，控制参数初值得以确定。

为表明黄金分割控制的鲁棒性，在转速反馈值中加入方差为 0.1 和 1 的白噪声信号，得到转速给定值分别为 90r/min、120r/min、80r/min、20r/min 时的仿真结果，分别如图 4.9、图 4.10、图 4.13～图 4.18 中实线所示，将其性能指标同样列入表 4.23，由表可知，与加入白噪声之前相比，调节时间相差不大，稳态误差绝对平均值有所增大。

表 4.23　线性定常黄金分割控制的性能指标($e<1\%$)

转速给定值/(r/min)	白噪声	超调量/%	调节时间/s	稳态误差绝对平均值/(r/min)
90	无白噪声	—	0.416	0.147
	噪声方差 0.1	—	0.455	0.189
	噪声方差 1	—	0.403	0.459
120	无白噪声	—	0.416	0.196
	噪声方差 0.1	—	0.403	0.282
	噪声方差 1	—	0.429	0.495
80	无白噪声	—	0.416	0.13
	噪声方差 0.1	—	0.429	0.199
	噪声方差 1	—	0.39	0.53
20	无白噪声	—	0.416	0.033
	噪声方差 0.1	—	0.377	0.138
	噪声方差 1	—	0.403	0.571

2. 线性黄金分割自适应控制

同样将表 4.22 所示 90r/min 对应的控制参数初值应用于所有转速的控制，得到转速给定值分别为 90r/min、120r/min、80r/min、20r/min 的阶跃响应仿真结果，如图 4.19～图 4.26 中虚线所示。与这些图形对应的控制性能指标列入表 4.24。

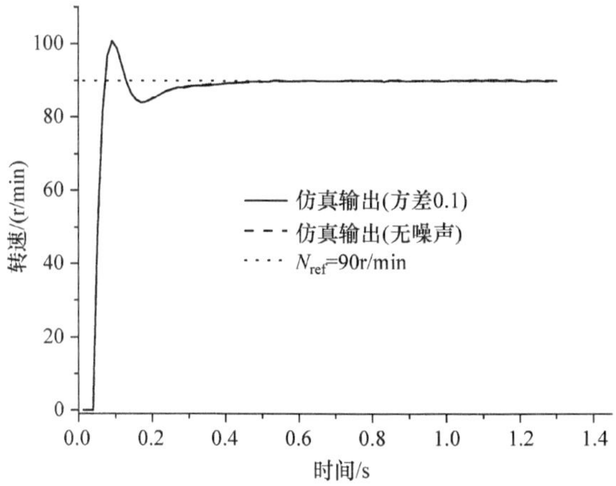

图 4.19　噪声方差 0.1 时转速阶跃响应曲线 2(N_{ref} = 90r/min)

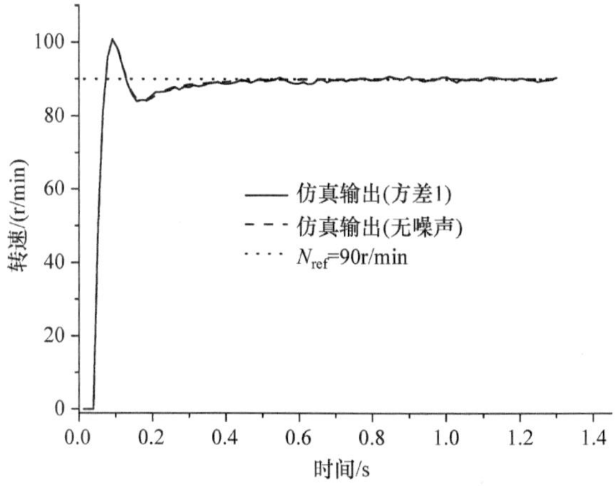

图 4.20　噪声方差 1 时转速阶跃响应曲线 2(N_{ref} = 90r/min)

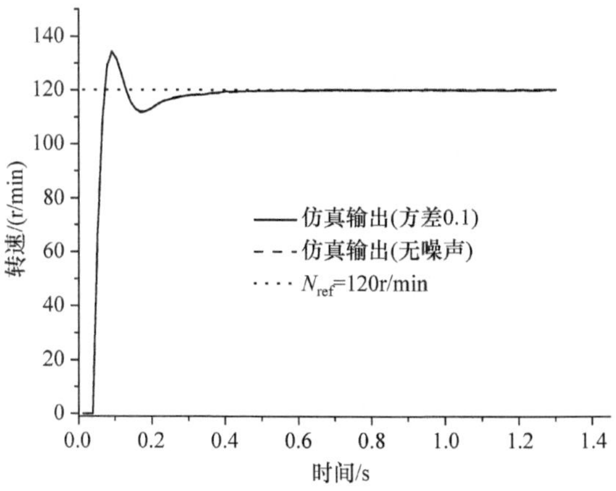

图 4.21　噪声方差 0.1 时转速阶跃响应曲线 2(N_{ref} = 120r/min)

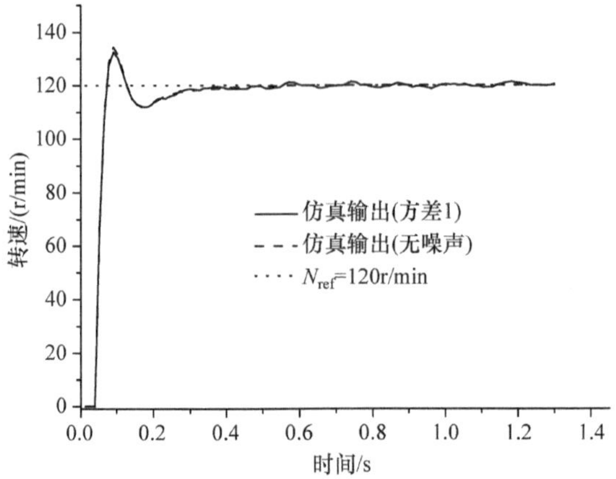

图 4.22　噪声方差 1 时转速阶跃响应曲线 2(N_{ref}=120r/min)

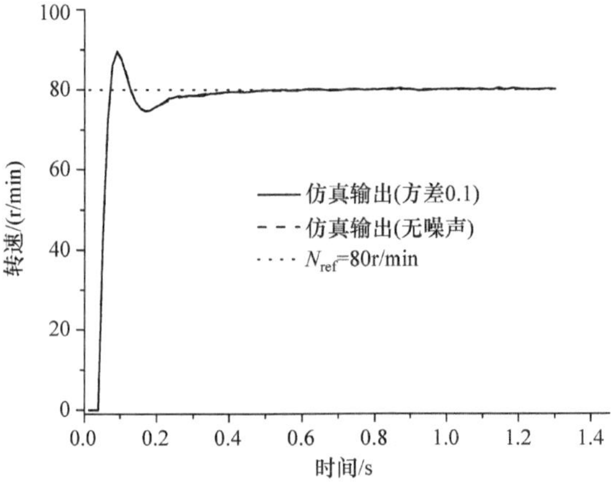

图 4.23　噪声方差 0.1 时转速阶跃响应曲线 2(N_{ref}=80r/min)

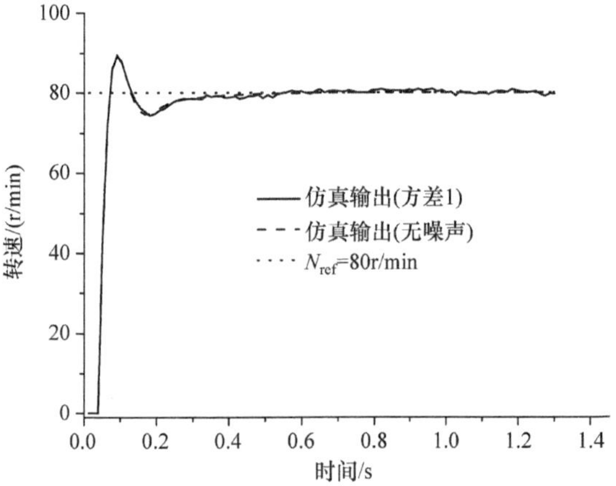

图 4.24　噪声方差 1 时转速阶跃响应曲线 2(N_{ref}=80r/min)

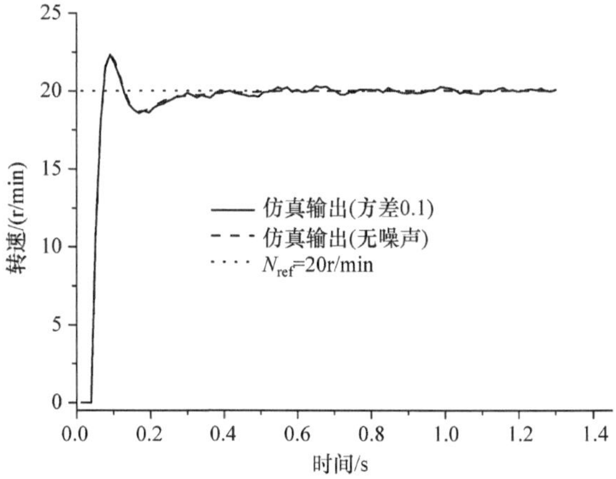

图 4.25　噪声方差 0.1 时转速阶跃响应曲线 2(N_{ref}=20r/min)

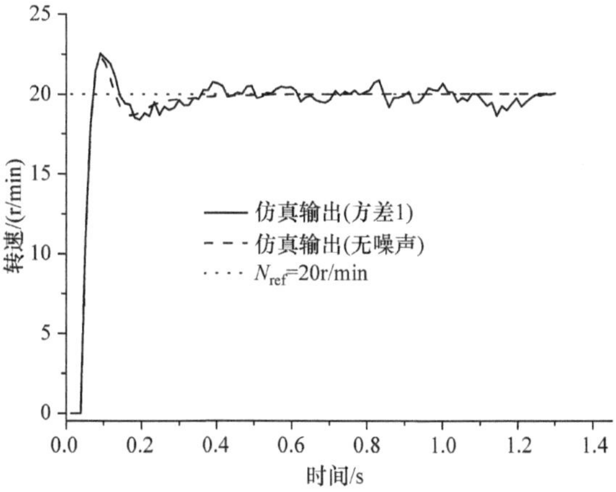

图 4.26　噪声方差 1 时转速阶跃响应曲线 2(N_{ref}=20r/min)

表 4.24　线性黄金分割自适应控制性能指标($e<1\%$)

转速给定值/(r/min)	白噪声	超调量/%	调节时间/s	稳态误差绝对平均值/(r/min)
90	无白噪声	12	0.377	0.139
	噪声方差 0.1	11.9	0.39	0.146
	噪声方差 1	11.9	0.403	0.373
120	无白噪声	12	0.364	0.199
	噪声方差 0.1	11.95	0.364	0.199
	噪声方差 1	10.4	0.338	0.54

续表

转速给定值/(r/min)	白噪声	超调量/%	调节时间/s	稳态误差绝对平均值/(r/min)
80	无白噪声	12	0.377	0.124
	噪声方差 0.1	11.6	0.377	0.192
	噪声方差 1	11.4	0.403	0.47
20	无白噪声	12	0.377	0.031
	噪声方差 0.1	11.6	0.377	0.116
	噪声方差 1	12.1	0.429	0.332

对比表 4.23 与表 4.24 可以看出，与定常黄金分割控制效果相比，稳态误差相当，调节时间有所减小，但是出现了超调。

上述仿真所用在线辨识参数初值 $\theta(0)$ 和 $P(0)$ 方阵分别为

$$\theta(0)=[-1.2373,0.22685,0.11243,11.167,-19.286,8.1179]$$

$$P(0)=[4.548e-9,-4.8163e-9,2.0237e-9,6.8487e-8,-5.5249e-8,-1.3247e-8;-4.8163e-9,6.9911e-9,-3.5648e-9,-6.2692e-8,5.2153e-8,1.0666e-8;2.0237e-9,-3.5648e-9,2.2432e-9,3.8196e-8,-3.2984e-8,-5.398e-9;6.8487e-8,-6.2692e-8,3.8196e-8,2.763e-6,-2.8614e-6,9.7263e-8;-5.5249e-8,5.2153e-8,-3.2984e-8,-2.8614e-6,3.2901e-6,-4.2817e-7;-1.3247e-8,1.0666e-8,-5.398e-9,9.7263e-8,-4.2817e-7,3.3161e-7]$$

在转速反馈值中加入方差为 0.1、1 的白噪声信号，得到图 4.19～图 4.26 中实线所示仿真结果。控制指标数据同样列入表 4.24。与定常黄金分割控制的表 4.23 相比，加入白噪声前后的稳态误差绝对平均值相对变化量减小。与方差为 0.1 的白噪声相比，方差为 1 时稳态误差绝对平均值同样变化较小，可见，在外界干扰下，黄金分割自适应控制具有较好的鲁棒性。

综上，可得出如下结论：

(1) 反馈转速中不加入白噪声时，在同一给定转速、不同控制策略的阶跃响应控制过程中，稳态误差绝对平均值相差不大。黄金分割自适应控制的调节时间比定常黄金分割控制少 0.039～0.052s，但是黄金分割自适应控制存在 12%左右的超调量，定常黄金分割控制不存在超调量。

(2) 当反馈转速里加入白噪声时，稳态均存在小幅度的波动。加入白噪声前后对比，黄金分割自适应控制性能差别不大，定常黄金分割控制高转速稳态误差绝对平均值波动较小，低转速波动较大。

(3) 与定常黄金分割控制相比，加入白噪声前后，黄金分割自适应控制的稳态误差绝对平均值较小，且相对变化量也较小。可见，在外界干扰下，黄金分割自适应控制具有较好的鲁棒性。

4.2.3　超声波电机线性黄金分割控制的实验研究

设计超声波电机驱动控制系统进行转速控制实验，图 4.27 为系统结构框图。实验所用电机为 Shinsei USR60 两相行波超声波电机，光电编码器 E 与电机转轴刚性连接，提供转速反馈信号。驱动电路为 MOSFET 构成的两相 H 桥结构(王海彦等，2009)，控制电路以 DSP 芯片 DSP56F801 为核心，辅以相移 PWM 信号发生器，实现对驱动电路中 MOSFET 开关状态的控制。

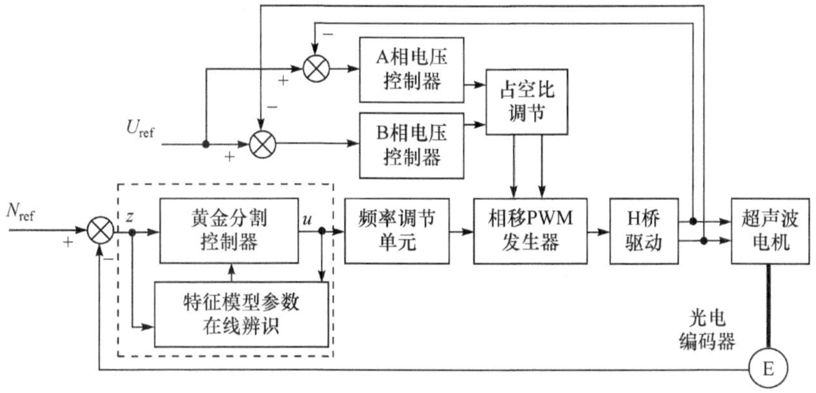

图 4.27　黄金分割转速控制系统结构

图中虚线框内的部分是本节所述黄金分割转速控制器，其输出控制量为驱动频率值，通过 PWM 信号发生器实现对电机驱动电压频率的实时调节。对于固定参数黄金分割控制策略，删去图中“特征模型参数在线辨识”环节。该系统还包含两相驱动电压幅值的闭环控制，以消除超声波电机两相特性不同导致的驱动电压幅值差异，实现电压幅值的可控、可调，并抑制电压幅值随频率的变化。图中 U_{ref} 为电压幅值的给定值，实验中设定为峰峰值 300V。

编写 DSP 程序，实现上述黄金分割转速控制策略。在实验用电机的可调转速范围内，设定不同的转速给定值，分别进行固定参数和自适应黄金分割转速控制的阶跃响应实验研究。

1. 线性定常黄金分割控制

如 4.2.2 节所述，采用表 4.22 所示 90r/min 对应的控制参数初值，在实验用电机的可调转速范围内，设定不同的转速给定值进行实验。空载时，不同转速给定值情况下的阶跃响应曲线如图 4.28 所示。为表明控制器输出控制量的作用效果，图 4.29 还给出了与图 4.28 响应曲线对应的控制量(DSP 频率控制字)变化过程。

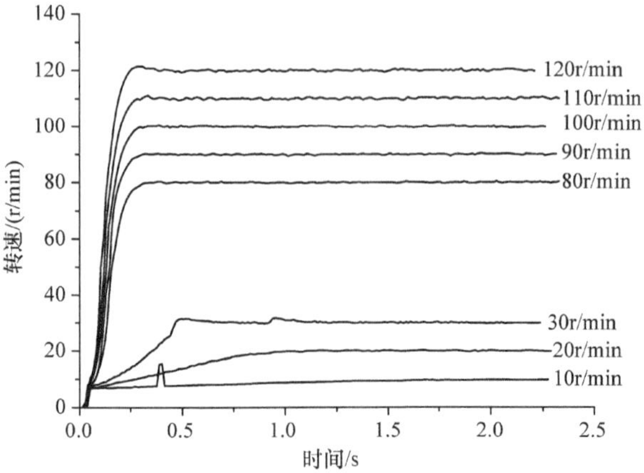

图 4.28　实测转速阶跃响应 1(固定参数，空载)

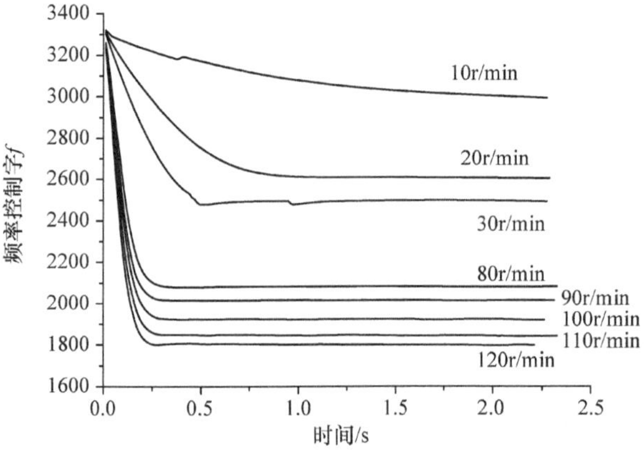

图 4.29　实测控制量变化过程 1(固定参数，空载)

将实验结果与仿真结果进行对比。限于篇幅，仅对有代表性的转速给定值 N_{ref}分别为 90r/min、20r/min 的结果进行对比分析，如图 4.30、图 4.31 所示。可见所得数据结果之间基本特征相似，具体性能指标存在差异，90r/min 实验结果的调节时间有所减小，20r/min 则存在超调且响应时间明显加长，这进一步表明了超声波电机运行在不同转速情况下的特性差异。具体来说，电机在实际运行中的驱动频率随温度、电源电压、预压力等外界条件的变化而产生变化；超声波电机参数时刻在变化，系统呈现高度非线性，高、低转速工作特性不同，固定参数难以适应所有转速的工作特性；USM 的工作原理复杂，所建的模型精度有限，与实际系统存在差别。而在仿真中就不用考虑外界条件对电机的影响，也不用考虑电机本身的特性和各种限制条件，只是对模型进行计算，所以仿真与实验结果之间存在差别。

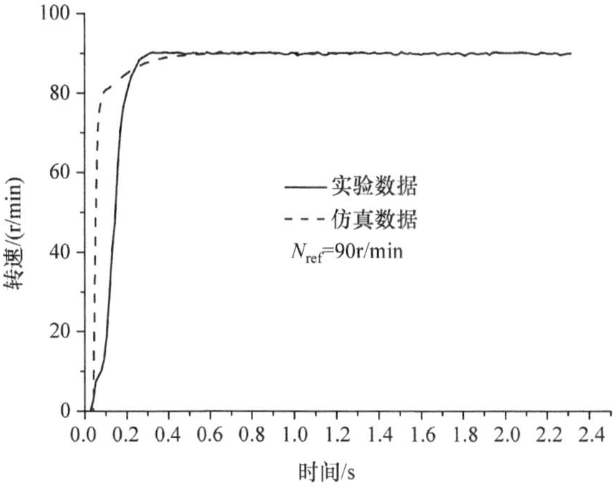

图 4.30　仿真结果与实验结果对比 1(N_{ref}=90r/min)

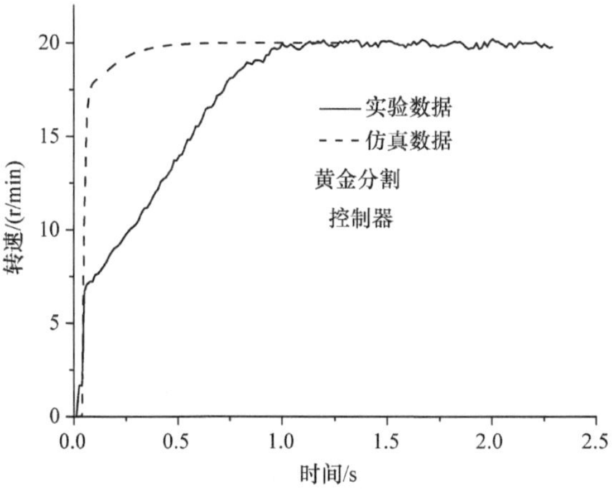

图 4.31　仿真结果与实验结果对比 1(N_{ref}=20r/min)

进行加载(0.2N·m)转速控制实验，得到不同给定转速值的阶跃响应曲线及其对应的控制量，分别如图 4.32、图 4.33 所示。外加负载作为一种常见扰动，可以从一方面说明该控制器的鲁棒性。

对比图 4.28、图 4.29 和图 4.32、图 4.33 可知，电机高转速运行状况良好，图 4.28中 80～120r/min 阶跃响应曲线的调节时间均在 0.27～0.33s，稳态误差绝对平均值在 0.12～0.23r/min。但低转速的调节时间明显变长，30r/min 和 20r/min 的调节时间分别为 0.741s、1.105s，稳态误差绝对平均值分别为

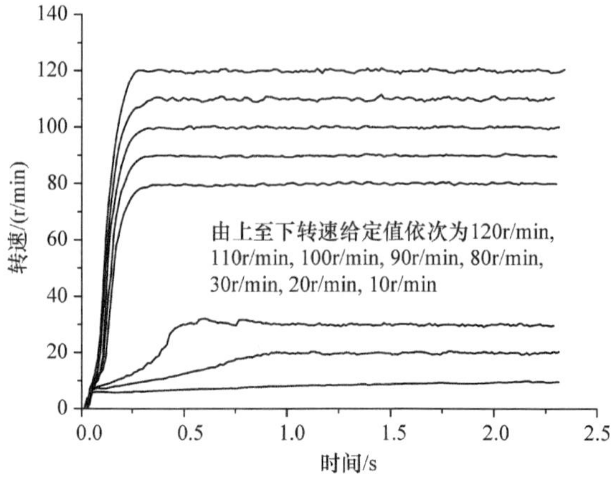

图 4.32 实测转速阶跃响应 1(固定参数,加载)

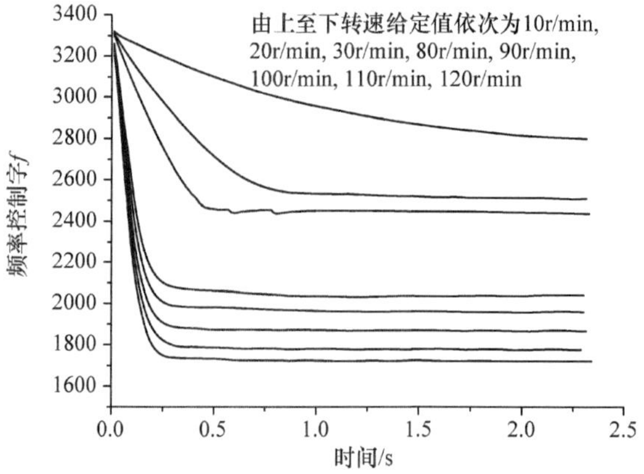

图 4.33 实测控制量变化 1(固定参数,加载)

0.23r/min、0.11r/min;10r/min 响应时间更慢,实验测试时间内,稳态误差 e 没有达到给定值的±1%以内。同时,低转速时存在超调,且运行起始阶段有“突跳”等现象。

如图 4.32 所示,与加载前相比调节时间和稳态误差均有所增大。80～120r/min 阶跃响应曲线的调节时间均在 0.26～0.34s,稳态误差绝对平均值在 0.23～0.38r/min;30r/min 和 20r/min 的调节时间分别为 0.754s、1.417s,稳态误差绝对平均值分别为 0.3r/min、0.23r/min;转速给定值 10r/min 情况下,稳态误差同样没有达到给定值的±1%以内。为便于对比,表 4.25 给出了图 4.28、图 4.32 所示阶跃响应过程的性能指标。

表 4.25　线性定常黄金分割控制性能指标

转速给定值/(r/min)	超调量/%		调节时间/s		稳态误差绝对平均值/(r/min)	
	空载	加载	空载	加载	空载	加载
10	—	—	—	—	—	—
20	0	0	1.105	1.417	0.11	0.23
30	4.7	6.7	0.741	0.754	0.23	0.3
80	—	—	0.312	0.338	0.12	0.3
90	—	—	0.286	0.286	0.14	0.23
100	—	—	0.286	0.312	0.15	0.24
110	—	—	0.273	0.325	0.23	0.38
120	1.2	—	0.325	0.26	0.22	0.33

由表 4.25 知，加载后调节时间有所加长，稳态误差绝对平均值有所减小，说明该控制器具有一定的鲁棒性。至于高、低转速性能指标之间的差异，一方面是由于不同转速给定值情况下的控制器参数初始值都是相同的，而不同转速时的电机特性有差异，所以可能导致不同转速控制效果的差异，尤其是低转速情况；另一方面，也是主要的，是由于超声波电机具有显著时变非线性。要想更好地适应超声波电机转速控制特性，在线辨识并修正控制器参数以适应不同转速时的工作特性是有必要的。

2. 线性黄金分割自适应控制

在参数固定的线性定常黄金分割控制器基础之上，增加在线递推辨识环节，就构成了线性黄金分割自适应控制律，黄金分割自适应转速控制系统的结构框图如图 4.27 所示。

空载时，实验测取不同转速的阶跃响应过程及其对应的控制量分别如图 4.34、图 4.35 所示。

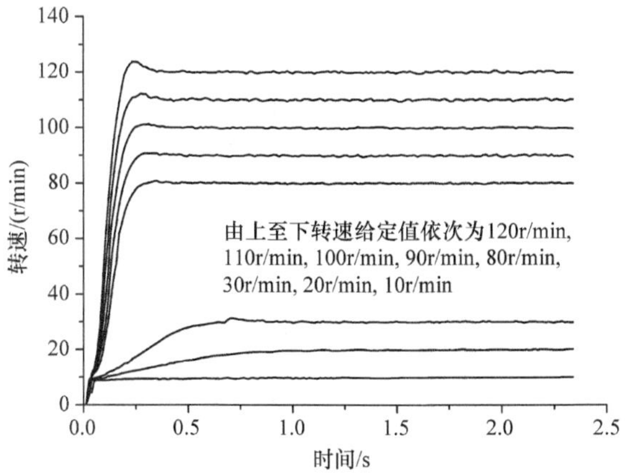

图 4.34　实测转速阶跃响应 1(自适应，空载)

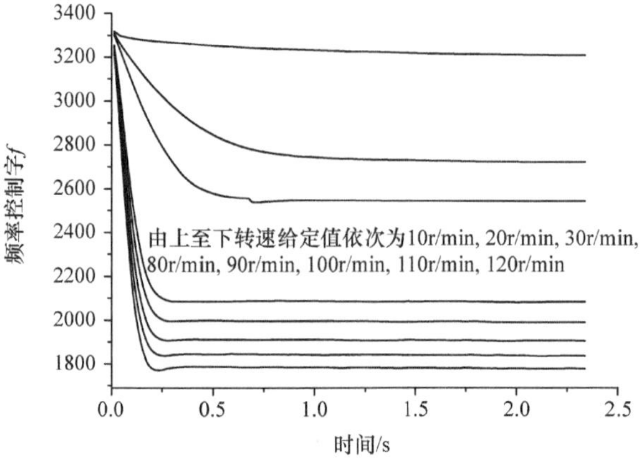

图 4.35　实测控制量变化 1(自适应,空载)

与定常黄金分割控制器相比,由于加入了在线辨识,图 4.34 中,转速给定值为 10r/min 的阶跃响应过程在 1.859s 时进入稳态,且稳态误差绝对平均值仅为 0.07r/min;转速给定值为 30r/min 和 20r/min 的阶跃响应过程调节时间分别为 0.871s、1.281s,稳态误差绝对平均值都为 0.11r/min,低速情况的控制效果好于前述定常黄金分割控制。高转速情况下,响应过程的调节时间在0.26～0.325s,稳态误差绝对平均值在 0.13～0.22r/min,与定常黄金分割控制的控制效果相似。

实验与仿真结果对比如图 4.36、图 4.37 所示,分别对应于转速给定值 N_{ref}为 90r/min 和 20r/min 的情况。除去仿真结果存在超调以外,N_{ref} = 90r/min 时的实

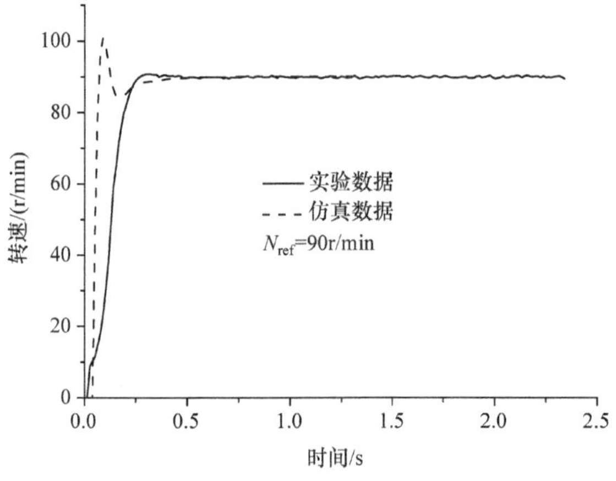

图 4.36　仿真结果与实验结果对比 2(N_{ref} = 90r/min)

验性能指标与仿真结果相差不大，仿真所得调节时间 0.377s，大于实验测得的 0.26s。但 $N_{ref}=20r/min$ 时的实验响应调节时间明显较长。实验结果与仿真结果同样存在差异。

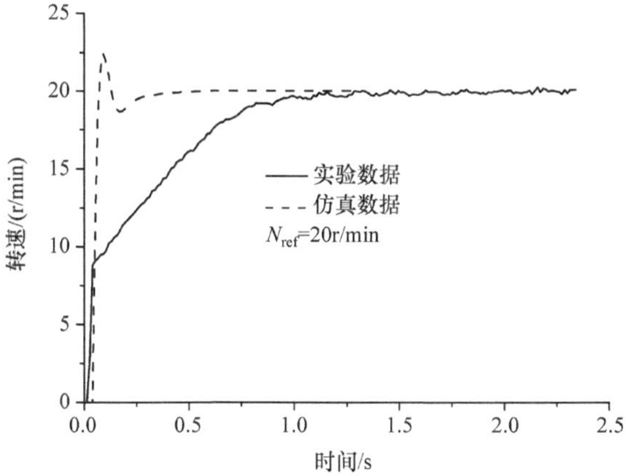

图 4.37　仿真结果与实验结果对比 2($N_{ref}=20r/min$)

进行加载(0.2N·m)实验，从一个侧面验证黄金分割自适应控制的鲁棒性。实验测得不同转速的阶跃响应及对应的控制量分别如图 4.38、图 4.39 所示，具体的性能指标数据列于表 4.26。可见，与空载时相比，加载后，超调、调节时间等指标无明显差别，稳态误差绝对平均值略有增大。

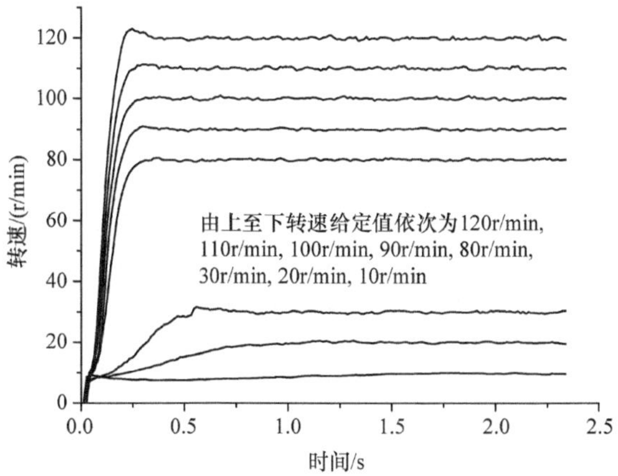

图 4.38　实测转速阶跃响应 1(自适应，加载)

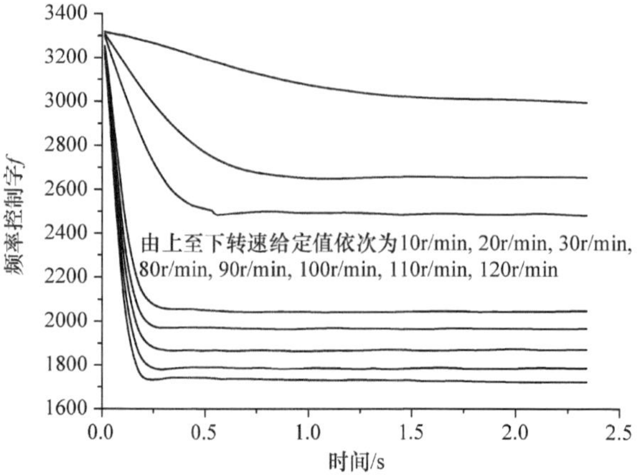

图 4.39 实测转速阶跃响应 1(自适应,加载)

表 4.26 线性黄金分割自适应控制性能指标

转速给定值/(r/min)	超调量/%		调节时间/s		稳态误差绝对平均值/(r/min)	
	空载	加载	空载	加载	空载	加载
10	—	—	1.859	1.729	0.07	0.24
20	—	—	1.287	1.209	0.11	0.14
30	4.3	4.3	0.871	0.715	0.11	0.24
80	—	—	0.286	0.299	0.13	0.22
90	—	—	0.26	0.26	0.18	0.21
100	—	—	0.325	0.26	0.14	0.27
110	1.85	1.1	0.312	0.325	0.22	0.31
120	2.9	2.6	0.312	0.325	0.2	0.31

3. 线性定常与自适应黄金分割控制性能对比

前述两种超声波电机转速控制器的结构差异在于,是否在线辨识模型参数并修正控制参数。这里以 $N_{ref}=90$r/min 为例,对这两种控制器的控制效果进行对比分析。为便于对比,将前面曾经给出的实验响应曲线重新绘制如图 4.40、图 4.41 所示。空载时,自适应控制器的调节时间比定常控制器短 0.026s,稳态误差绝对平均值接近,分别为 0.14r/min 和 0.18r/min;加入负载后,自适应控制器的调节时间仍比定常控制器短 0.026s,稳态误差绝对平均值都略有增大,分别为 0.23r/min 和 0.21r/min。

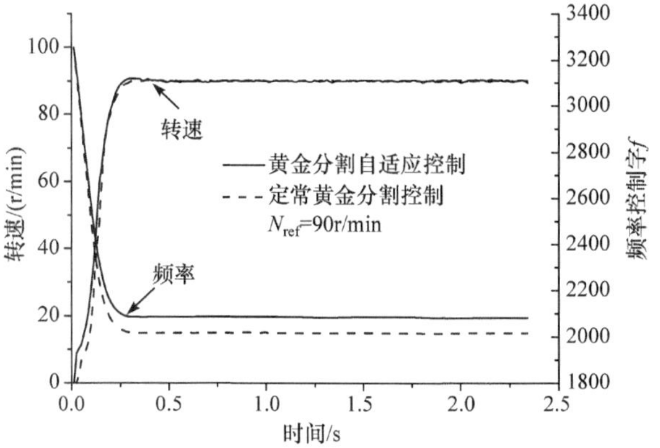

图 4.40　不同控制方法实验结果对比 1(空载)

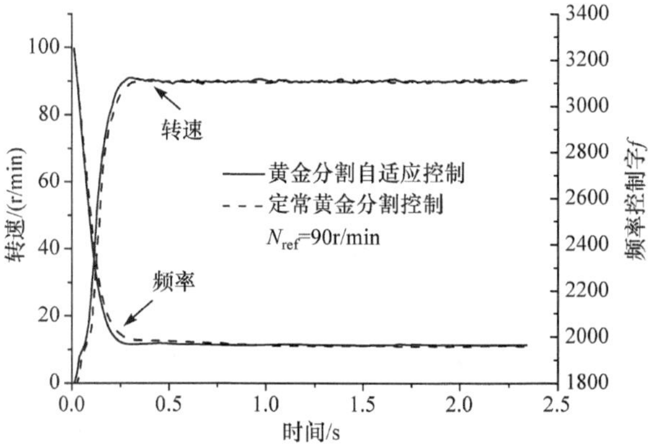

图 4.41　不同控制方法实验结果对比 1(加载)

表 4.27 给出了两种控制器具体控制指标的对比。可以看出,加载前后,自适应控制器的稳态误差绝对平均值的变化较小,转速稳态波动较小。加入在线辨识后,低转速控制性能变好,自适应控制器的鲁棒性好于定常控制器。

表 4.27　固定参数与自适应黄金分割控制的性能指标对比(线性)

转速给定值/(r/min)	超调量/%				调节时间/s				稳态误差绝对平均值/(r/min)			
	固定参数		自适应		固定参数		自适应		固定参数		自适应	
	空载	加载	空载	加载	空载	加载	空载	加载	空载	加载	空载	加载
10	—	—	—	—	—	—	1.859	1.729	—	—	0.07	0.24
20	—	—	—	—	1.105	1.417	1.287	1.209	0.11	0.23	0.11	0.14
30	4.7	6.7	4.3	4.3	0.741	0.754	0.871	0.715	0.23	0.3	0.11	0.24
80	—	—	—	—	0.312	0.338	0.286	0.299	0.12	0.3	0.13	0.22

续表

转速给定值/(r/min)	超调量/%				调节时间/s				稳态误差绝对平均值/(r/min)			
	固定参数		自适应		固定参数		自适应		固定参数		自适应	
	空载	加载	空载	加载	空载	加载	空载	加载	空载	加载	空载	加载
90	—	—	—	—	0.286	0.286	0.26	0.26	0.14	0.23	0.18	0.21
100	—	—	—	—	0.286	0.312	0.325	0.26	0.15	0.24	0.14	0.27
110	—	—	1.85	1.1	0.273	0.325	0.312	0.325	0.23	0.38	0.22	0.31
120	1.2	—	2.9	2.6	0.325	0.26	0.312	0.325	0.22	0.33	0.2	0.31

另一方面，采用固定参数和包含在线辨识的自适应黄金分割控制器，均可使电机在转速可调范围内稳定运行。两种控制器的阶跃响应过程均在部分转速范围内存在超调，自适应控制在低速 30r/min 情况下的超调略小于固定参数控制器，但在高速 110r/min、120r/min 时，固定参数控制器超调较小。空载情况下，两种控制器的调节时间相当；由空载变为加载，固定参数控制的调节时间总体增大，而自适应控制则总体减小。两种控制器作用下，阶跃响应的稳态误差均因加载而增大，但自适应控制的稳态误差总体小于固定参数情况。

4.2.4 超声波电机非线性黄金分割自适应控制策略

为改善控制性能，在线性黄金分割自适应控制律(4.39)的基础上，基于 4.1 节所建超声波电机特征模型，构建非线性黄金分割控制律(吴宏鑫等，2002)

$$u(k)=-\frac{1}{\beta_0}\left\{\left[\frac{L_1\alpha_1(k)+L_2\alpha_2(k)}{\eta_1\ |z(k)|^{\mu}+\eta_2}-L_2\alpha_2(k)\right]z(k)+L_2\alpha_2(k)z(k-1)\right.$$
$$\left.+\alpha_3(k)z(k-2)+\beta_1(k)u(k-1)+\beta_2(k)u(k-2)\right\} \tag{4.41}$$

式中，η_1、η_2 为正常数；μ 为常数；其余同式(4.39)。

也可将式(4.41)写成如下形式：

$$u(k)=-\{K_p(k,z(k))z(k)+k_d(k)[z(k)-z(k-1)]$$
$$+\frac{1}{\beta_0}[\alpha_3(k)z(k-2)+\beta_1(k)u(k-1)+\beta_2(k)u(k-2)]\} \tag{4.42}$$

式中

$$K_p(k,z(k))=\frac{k_p(k)}{\eta_1\ |z(k)|^{\mu}+\eta_2};\quad k_d(k)=-\frac{L_2\alpha_2(k)}{\beta_0(k)}$$
$$k_p(k)=\frac{L_1\alpha_1(k)+L_2\alpha_2(k)}{\beta_0(k)}$$

其中，称 $K_p(k, z(k))$ 为非线性黄金分割比例系数。它不仅与 $k_p(k)$ 有关，而且会随着 $|z(k)|$ 的变化而变化，具体变化路径与 η_1、η_2、μ 有关，从而使非线性黄金分割自适应控制具有更大的自由度，具体内容可参考文献(吴宏鑫等，2002)。

当 $\mu>0$ 时，随着误差 $|z(k)|$ 的减小，非线性黄金分割比例系数 $K_p(k, z(k))$ 会逐渐增大，且在 $|z(k)|>1$ 时增大较快，$|z(k)|<1$ 时增大较慢。控制过程中，式(4.42)中的比例系数逐渐增大，但是随着 $|z(k)|$ 变化量的逐渐变小，比例系数的变化量也逐渐变小，超声波电机系统的速度增加，但是增加的速度变慢。具体表现为系统在开始阶段是加速的，在控制量的比例系数变化量逐渐变小时，系统处于速度保持阶段。另外，在超声波电机系统的控制过程中相对增大 η_2，减小 η_1，有利于减小调节时间。

4.2.5　非线性黄金分割自适应控制的仿真研究

不同的参数 η_1、η_2、μ 取值，必然对应于不同的控制过程。通过仿真，了解可调参数 η_1、η_2、μ 与控制性能之间的关系，并确定其取值。先令 $\mu=0.1$，调节 η_1，η_2；然后再调节 μ。给定转速选为有代表性的 90r/min 和 30r/min。仿真计算中，$\alpha_1(k)$、$\alpha_2(k)$、$\alpha_3(k)$、$\beta_0(k)$、$\beta_1(k)$、$\beta_2(k)$ 的参数初值如前述取为[−1.2373，0.22685，0.11243，11.167，−19.286，8.1179]。

1) $\eta_1=1$，$\eta_2=1$，$\mu=0.1$

给定转速 90r/min 和 30r/min 情况的仿真结果分别如图 4.42、图 4.43 所示。阶跃响应调节时间分别 1.144s 和 0.949s，转速终值分别稳定在 89.8r/min 和 30.043r/min。调节时间太长，可适当增大 η_2 的值或减小 η_1 的值。当 $\eta_1=1$ 不变，增大 η_2 时，调节时间变长，可知应适当减小 η_2 值，同时适当减小 η_1。

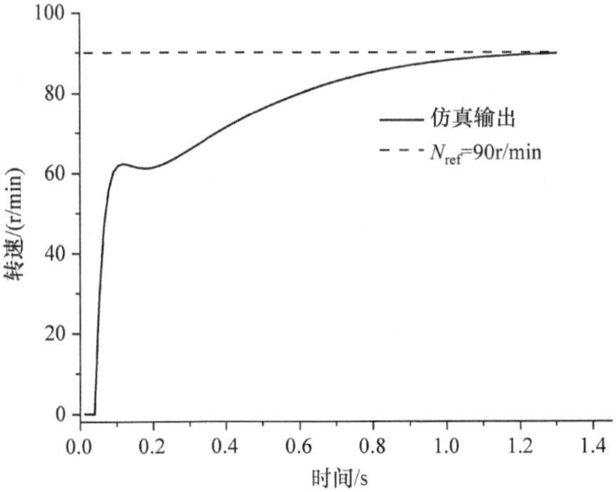

图 4.42　转速阶跃响应曲线 1($N_{ref}=90$r/min)

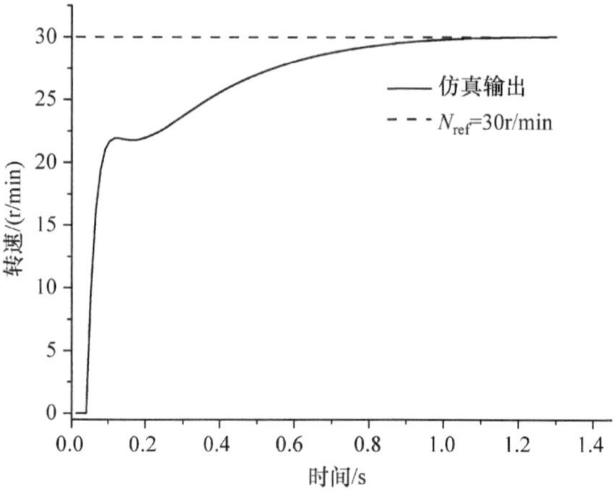

图 4.43 转速阶跃响应曲线 1(N_{ref}=30r/min)

2) η_1=0.5,η_2=0.5,μ=0.1

仿真得到阶跃响应调节时间分别为 0.39s、0.364s,终值分别稳定在 90.083r/min 和 30.026r/min,稳态误差绝对平均值分别为 0.126r/min 和 0.043r/min。超调量分别为 3.7%和 5.6%。可见,减小 η_1、η_2 可以明显加快响应速度,调节时间明显减小,稳态误差也相对减小。为进一步减少调节时间,可适当增大 η_2 的值或减小 η_1 的值,于是保持 η_1=0.5 不变,增大 η_2 时,调节时间变长,可知 η_2 值还是应适当减小,同时适当减小 η_1。

3) η_1=0.25,η_2=0.25,μ=0.1

阶跃响应调节时间均减小为 0.182s,稳态误差绝对平均值分别为 0.136r/min、0.041r/min。可见,调节时间明显缩短,稳态误差也相对减小,同时超调量变大,超调量分别为 26.3%、27.2%;还可适当增大 η_2 的值或减小 η_1 的值,当 η_1=0.25 不变、增大 η_2 时,调节时间增加,可知 η_2 值还是应适当减小,同时适当减小 η_1。

4) η_1=0.05,η_2=0.2,μ=0.1

仿真结果如图 4.44、图 4.45 所示,阶跃响应调节时间均为 0.39s,转速终值分别稳定在 90.017r/min 和 30.005r/min,稳态误差绝对平均值分别为 0.102r/min、0.034r/min,超调明显增大,分别为 55.3%和 59.4%。调节 μ 值以减小超调,超调是由于起始控制时控制量太大引起的,要增大 μ 使非线性比例系数减小,来抑制超调量。

5) η_1=0.05,η_2=0.2,μ=1

阶跃响应调节时间分别为 0.286s 和 0.156s,稳态误差绝对平均值为 0.073r/min 和 0.024r/min。虽然超调量大大降低,但是 90r/min 的调节时间相对较长,说明所选 μ 太大,需要适当减小。

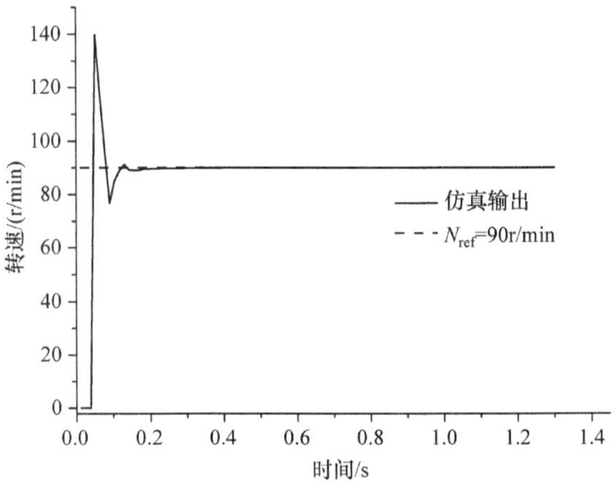

图 4.44　转速阶跃响应曲线 2(N_{ref}=90r/min)

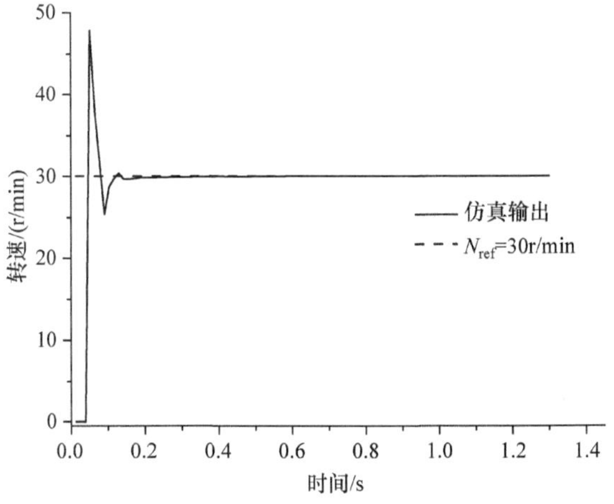

图 4.45　转速阶跃响应曲线 2(N_{ref}=30r/min)

6) $\eta_1=0.05$,$\eta_2=0.2$,$\mu=0.5$

如图 4.46、图 4.47 所示,阶跃响应调节时间分别为 0.143s、0.13s,终值分别稳定在 90.014r/min 和 30.005r/min,稳态误差绝对平均值分别为 0.075r/min 和 0.025r/min,超调为 23.5%和 33.7%。超调量还是较大,需要适当增大 μ。

7) $\eta_1=0.05$,$\eta_2=0.2$,$\mu=0.8$

如图 4.48、图 4.49 所示,阶跃响应调节时间分别为 0.169s 和 0.143s,转速终值分别稳定在 90.014r/min 和 30.005r/min,稳态误差绝对平均值分别为 0.078r/min 和 0.024r/min,超调为 4.2%和 15.4%。此时,调节时间相对较短,且在保证稳态误差绝对平均值较小的情况下超调量不是很大。

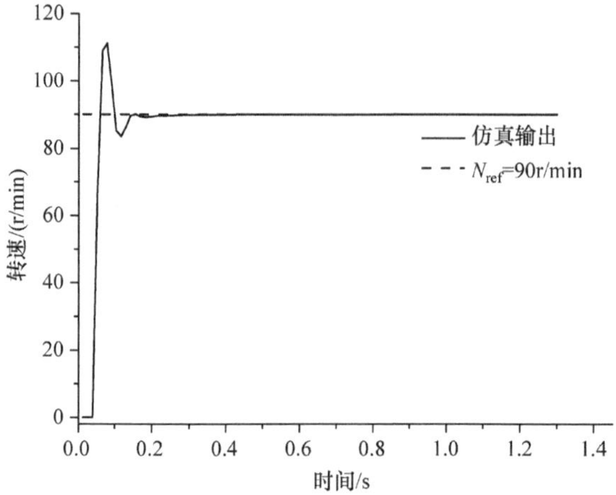

图 4.46　转速阶跃响应曲线 3(N_{ref}=90r/min)

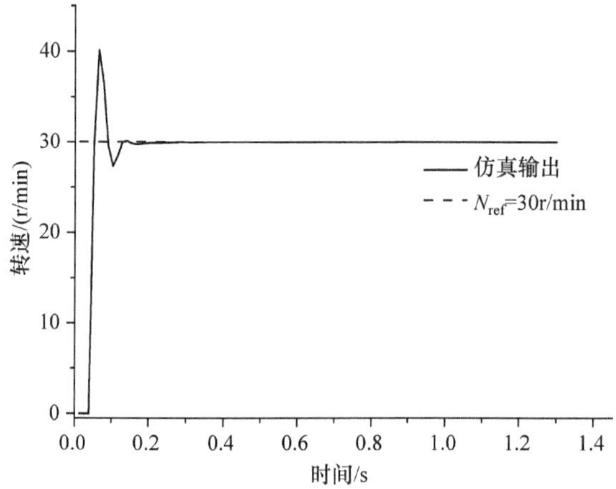

图 4.47　转速阶跃响应曲线 3(N_{ref}=30r/min)

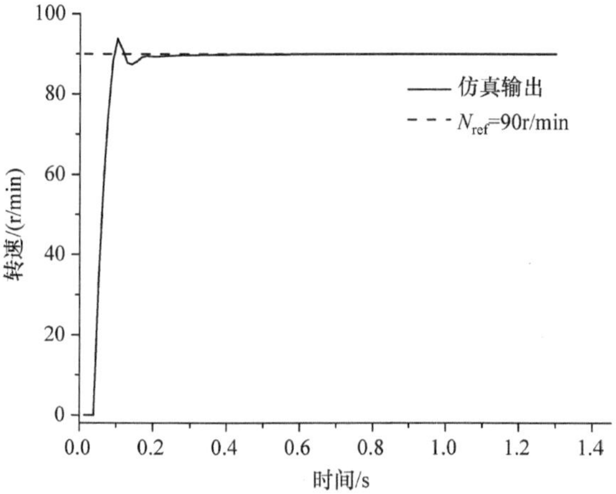

图 4.48　转速阶跃响应曲线 4(N_{ref}=90r/min)

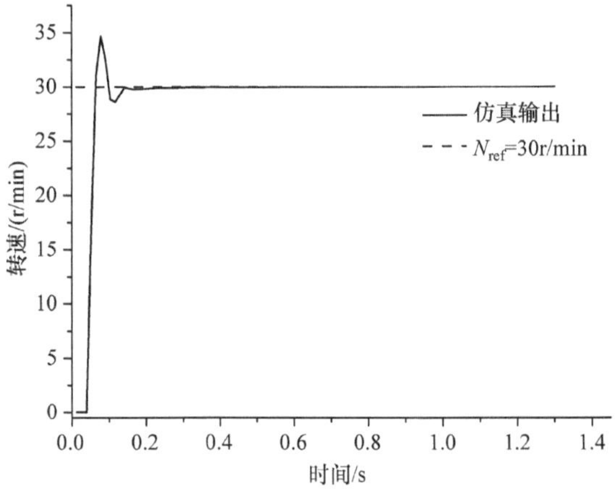

图 4.49　转速阶跃响应曲线 4(N_{ref}=30r/min)

由以上对 η_1、η_2、μ 的调节过程，分别列出转速给定值为 90r/min 和 30r/min 的非线性黄金分割自适应控制性能分析表，如表 4.28 和表 4.29 所示。表中，e 为稳态误差范围绝对值。由表 4.28、表 4.29 中所示 η_1、η_2、μ 的调节过程，综合考虑各方面性能，η_1、η_2、μ 的值分别取为 0.05、0.2、0.8。

表 4.28　仿真中 η_1、η_2 和 μ 的调节过程(90r/min,e<1%)

η_1;η_2;μ	调节时间/s	超调量/%	稳态误差绝对平均值/(r/min)
1;1;0.1	1.144	—	—
0.5;0.5;0.1	0.39	3.7	0.126
0.25;0.25;0.1	0.182	26.3	0.136
0.1;0.2;0.1	0.13	37.6	0.106
0.05;0.2;0.1	0.13	55.3	0.102
0.05;0.2;1	0.286	—	0.073
0.05;0.2;0.5	0.143	23.5	0.075
0.05;0.2;0.8	0.169	4.2	0.078

表 4.29　仿真中 η_1、η_2 和 μ 的调节过程(30r/min)

η_1;η_2;μ	调节时间/s	超调量/%	稳态误差绝对平均值/(r/min)
1;1;0.1	0.949	—	—
0.5;0.5;0.1	0.364	5.6	0.043
0.25;0.25;0.1	0.182	27.2	0.041
0.1;0.2;0.1	0.13	37.3	0.032
0.05;0.2;0.1	0.13	59.4	0.034

续表

η_1;η_2;μ	调节时间/s	超调量/%	稳态误差绝对平均值/(r/min)
0.05;0.2;1	0.156	9.2	0.024
0.05;0.2;0.5	0.13	33.7	0.025
0.05;0.2;0.8	0.143	15.4	0.024

为了说明非线性黄金分割自适应控制的优越性，以下给出了与线性黄金分割自适应仿真结果的对比分析。图 4.50、图 4.51 分别为转速给定值为 90r/min 和 30r/min 时两种控制方法的对比图。表 4.30 给出了对应的控制性能指标。图、表中简称非线性黄金分割自适应控制为非线性黄金分割，简称线性黄金分割自适应控制为线性黄金分割。

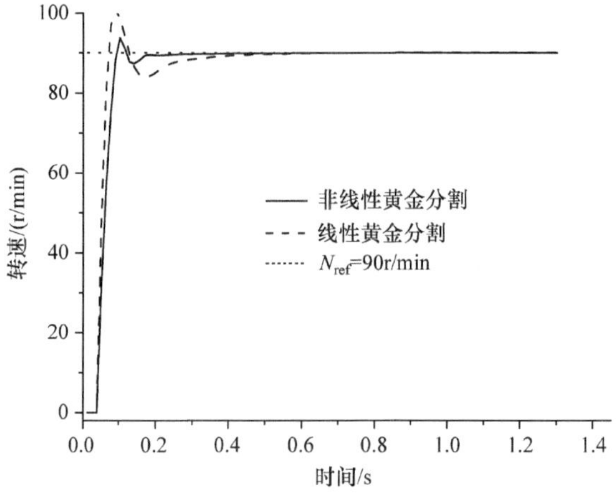

图 4.50　转速阶跃响应曲线 5(N_{ref}=90r/min)

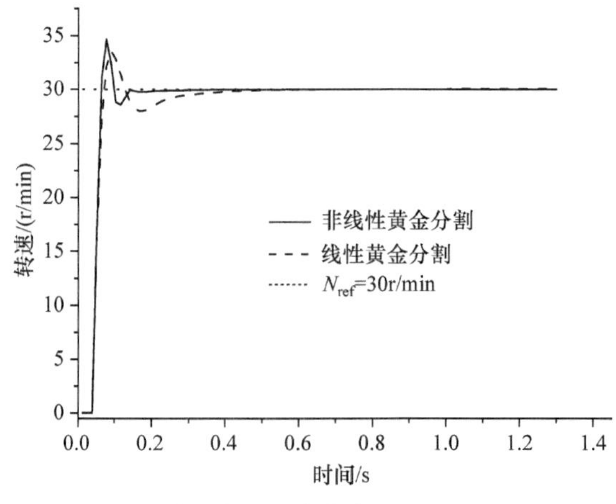

图 4.51　转速阶跃响应曲线 5(N_{ref}=30r/min)

表 4.30　不同控制方法性能指标分析

转速给定值/(r/min)	控制方法	调节时间/s	超调量/%	稳态误差绝对平均值/(r/min)
90	线性黄金分割	0.377	12	0.139
	非线性黄金分割	0.169	4.2	0.078
30	线性黄金分割	0.377	12	0.033
	非线性黄金分割	0.143	15.4	0.024

由上述图、表知，给定转速为 90r/min 时，非线性黄金分割自适应控制比线性黄金分割自适应控制调节时间减少了 0.208s，稳态误差也从 0.139r/min 降为 0.078r/min，超调转速也有所降低；给定转速为 30r/min 时，非线性黄金分割自适应控制比线性黄金分割自适应控制调节时间减少了 0.234s，稳态误差也从 0.033r/min 降为 0.024r/min，超调转速也相差不大。可见，与线性黄金分割自适应控制的性能对比，非线性黄金分割自适应控制的调节时间很短，而且稳态精度较高。

由以上非线性黄金分割自适应控制对 η_1、η_2、μ 的调节过程，及其与线性黄金分割自适应控制的性能对比，得出如下结论：

(1) 根据非线性黄金分割自适应控制的特点调节 η_1、η_2、μ 值，仿真结果验证了它的可行性和有效性。通过简单调节 η_1、η_2、μ 值，可以达到期望的动态过程特性，调节参数意义明确。

(2) 通过与线性黄金分割自适应控制的性能对比，非线性黄金分割自适应控制的调节时间很短，而且稳态精度较高，表明非线性黄金分割自适应控制性能较好，与线性黄金分割自适应控制相比，具有明显的优越性。

4.2.6　超声波电机非线性黄金分割控制的实验研究

1. 非线性定常黄金分割控制

如上所述，η_1、η_2、μ 的值可取为 0.05、0.2、0.8。由于实际系统与仿真时存在差异，η_1、η_2、μ 值的选取需要在仿真的基础上再进行实验调整。根据仿真经验，适当增大 η_2 的值或适当减小 η_1 的值可缩减阶跃响应的调节时间；适当增大 μ 值可减小超调量。实验表明，μ 取 0.8 较为合适。在线调整 η_1、η_2 值即可。

本实验的主控芯片为 DSP，DSP 芯片只能进行简单的基本运算，控制器表达式中的 $|z(k)|^\mu$ 项在 DSP 里不能直接运算。为了使该控制器能在 DSP 里编程实现，采用拟合的方法将 $|z(k)|^\mu$ 转换成多项式。$\mu=0.8$ 时，可将 $|z(k)|^\mu$ 拟合成五阶多项式(4.43)，该多项式以转速误差 $z(k)$ 为自变量，$|z(k)|^\mu$ 计算的值为因变量。

$$|z(k)|^\mu=0.54012+0.63119z(k)-0.00702z(k)^2+9.57089E-5z(k)^3$$

$$-6.85504E-7z(k)^4+1.9152E-9z(k)^5 \tag{4.43}$$

实验以 $N_{ref}=90\text{r/min}$ 的阶跃响应控制过程为例，调节 η_1、η_2，得到的部分实验结果如表 4.31 所示。实验表明，再进一步减小 η_1 值或增加 η_2 值，性能指标变化都不大，故实验中 η_1、η_2 的值分别取为 0.02、0.3。

表 4.31　实验中 η_1、η_2 的整定过程

η_1;η_2	超调量/%	调节时间/s
0.05;0.2	2.5	0.572
0.25;0.2	10	0.299
0.02;0.3	9.1	0.273

η_1、η_2、μ 的值分别取为 0.02、0.3、0.8，进行控制实验。空载时，不同转速给定值的阶跃响应曲线及其对应的控制量分别如图 4.52、图 4.53 所示。图 4.52 中，

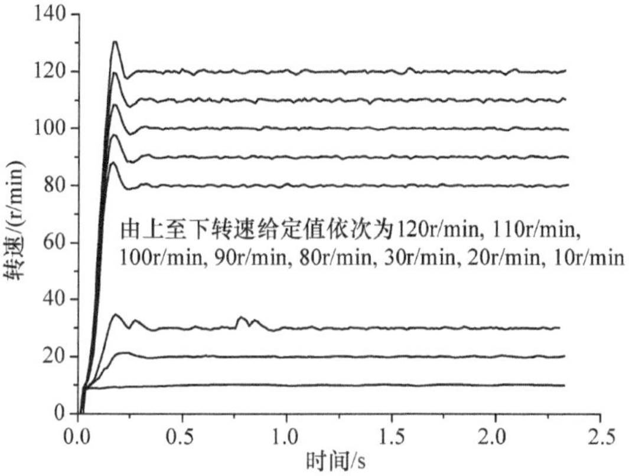

图 4.52　实测转速阶跃响应 2(固定参数,空载)

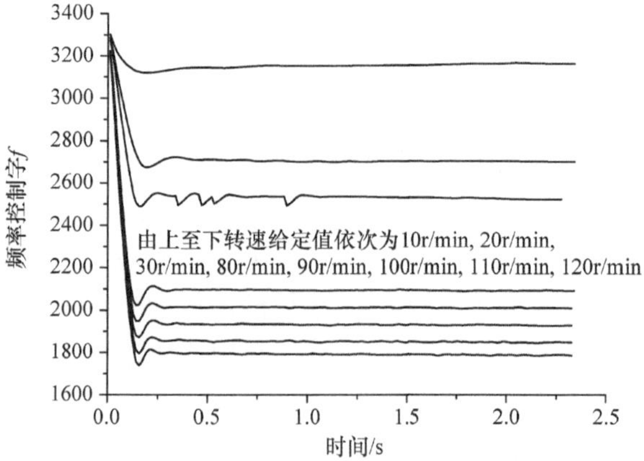

图 4.53　实测控制量变化 2(固定参数,空载)

电机运行状况良好，与线性黄金分割自适应控制相比，所有转速都存在超调。低转速运行状况明显变好，10～30r/min 的调节时间分别为从 1.859s、1.281s、0.871s 降为 0.338s、0.416s、0.312s，稳态误差绝对平均值分别为 0.046r/min、0.095r/min、0.46r/min。高转速阶跃响应曲线的调节时间也有所降低，稳态误差绝对平均值在 0.15～0.268r/min，由于电机运行时定、转子表面接触不均匀，30r/min 运行时出现转速"突跳"现象。

为了检验控制器的鲁棒性，实验中同样采用了加负载的方法。加载 0.2N·m 时，实验测取不同转速的阶跃响应曲线及其对应的控制量分别如图 4.54、图 4.55 所示。图 4.54 中，与空载相比相差不大，高转速的调节时间变化不大，稳态误差绝对平均值在 0.18～0.3r/min，稍微有所增大，但与黄金分割自适应控制相比，增量相对较小；与空载时相比，转速给定值 10r/min、20r/min、30r/min 的调节时间有所增加分别为 0.468s、0.403s、0.39s，稳态误差绝对平均值分别为 0.12r/min、0.13r/min、0.34r/min，具体数值对比见表 4.32。

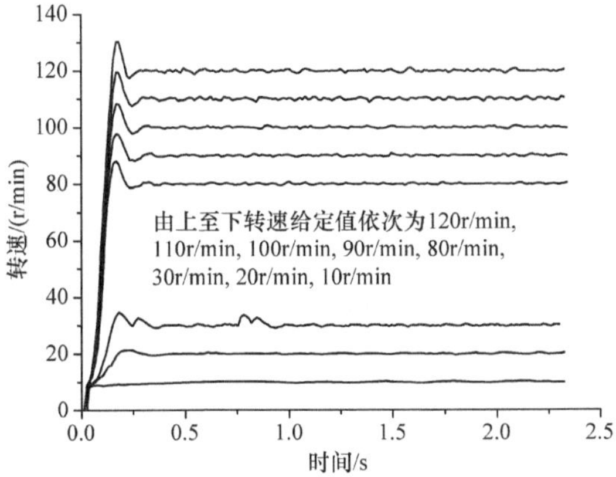

图 4.54　实测转速阶跃响应 2(固定参数，加载)

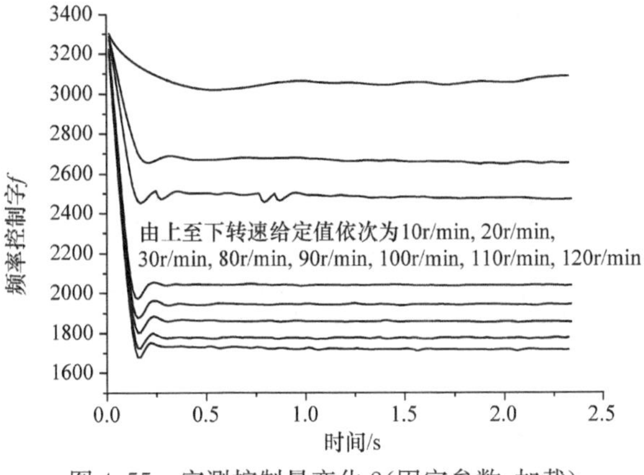

图 4.55　实测控制量变化 2(固定参数，加载)

表 4.32　非线性定常黄金分割控制性能指标

转速给定值/(r/min)	超调量/%		调节时间/s		稳态误差绝对平均值/(r/min)	
	空载	加载	空载	加载	空载	加载
10	2.9	—	0.338	0.468	0.046	0.12
20	8	6.7	0.416	0.403	0.095	0.13
30	17.1	15.5	0.312	0.39	0.46	0.34
80	11.4	11	0.273	0.286	0.15	0.18
90	9.7	8.5	0.273	0.286	0.187	0.2
100	8.47	8.3	0.273	0.286	0.15	0.19
110	9.7	8.8	0.273	0.286	0.27	0.3
120	9.7	8.6	0.26	0.26	0.24	0.28

由表 4.32 知，加载前后高转速时的性能指标变化很小，说明高转速情况下的鲁棒性相对较好；加载前后，低转速性能指标相对于高转速变化较大，鲁棒性稍差，考虑加入在线辨识改善其性能。

2. 非线性黄金分割自适应控制

空载时，不同转速给定值情况下的阶跃响应曲线及其对应的控制量分别如图 4.56、图 4.57 所示。由图 4.56 知，80～120r/min 情况下，与非线性固定参数黄金分割控制器相比，因为加入了自适应，调节时间缩短；转速稳态波动减小，在 0.13～0.26r/min。转速给定值为 10r/min、20r/min、30r/min 情况下的调节时间明显缩短，分别为 0.312s、0.364s、0.312s，稳态误差绝对平均值分别为 0.076r/min、0.11r/min、0.52r/min。

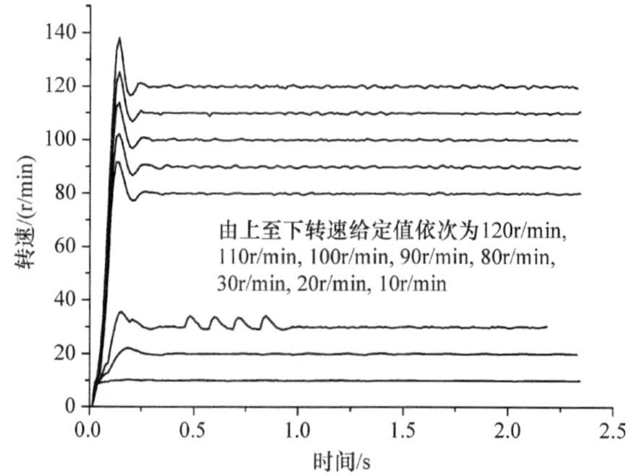

图 4.56　实测转速阶跃响应 2(自适应，空载)

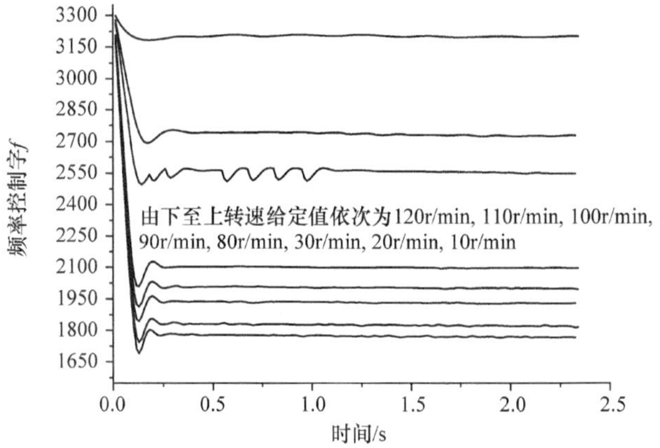

图 4.57 实测控制量变化 2(自适应,空载)

图 4.58、图 4.59 给出了实验与仿真结果的对比,分别对应于转速给定值为 90r/min 和 20r/min 的情况。由图 4.58 可知,实验与仿真结果有差异,仿真得到的调节时间为 0.169s,而实验结果为 0.234s。从图 4.59 可知,高、低转速工作的特性不同,低转速的实验结果没有高转速情况的理想,调节时间较长,且与仿真结果有差异。但相对于线性黄金分割控制器以及非线性固定参数控制器,非线性黄金分割自适应控制器的性能指标是最好的。

加载 0.2N · m 进行转速控制实验,测得不同转速的阶跃响应曲线及其对应的控制量分别如图 4.60、图 4.61 所示,表 4.33 给出了对应的性能指标数据。可以看出,转速给定值为 80～120r/min 情况下,加载前后差别不大;转速给定值为 10r/min、20r/min、30r/min 情况下,加载前后的调节时间略有增加。总体上看,加载前后的控制性能变化不大。

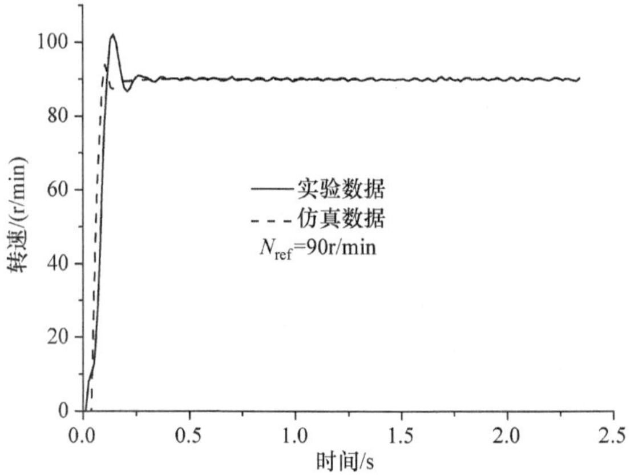

图 4.58 仿真结果与实验结果对比 3(N_{ref}=90r/min)

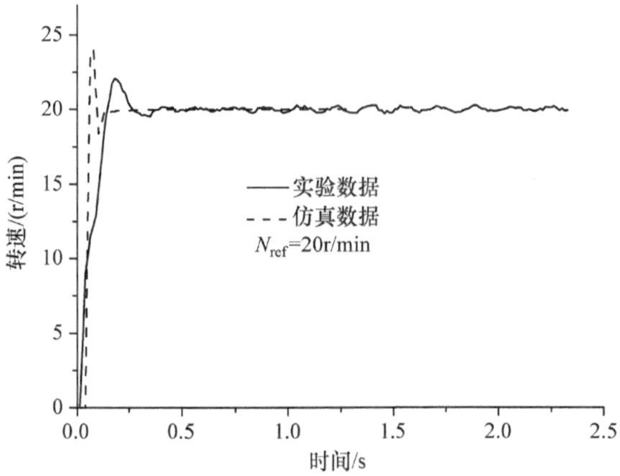

图 4.59　仿真结果与实验结果对比 3(N_{ref}=20r/min)

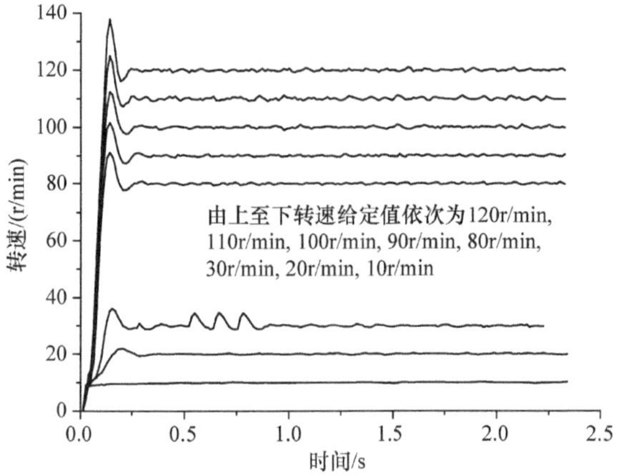

图 4.60　实测转速阶跃响应 2(自适应,加载)

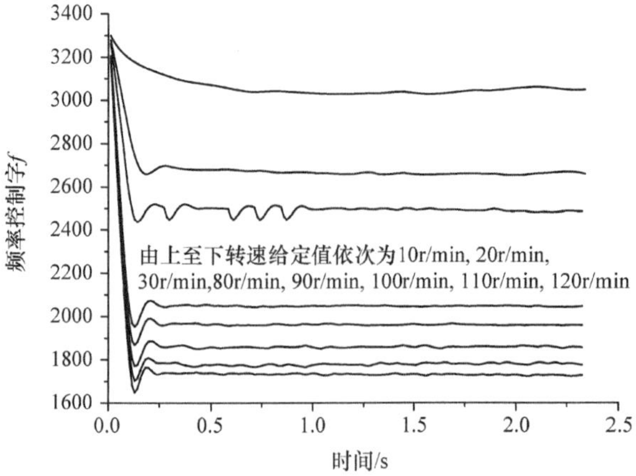

图 4.61　实测控制量变化 2(自适应,加载)

表 4.33　非线性黄金分割自适应控制性能指标分析

给定转速值/(r/min)	超调量/%		调节时间/s		稳态误差绝对平均值/(r/min)	
	空载	加载	空载	加载	空载	加载
10	2.8	—	0.312	0.455	0.076	0.08
20	10.5	9.6	0.364	0.338	0.11	0.11
30	18.5	20	0.312	0.364	0.52	0.55
80	14.4	13.7	0.247	0.247	0.13	0.19
90	13.3	12.8	0.234	0.247	0.22	0.21
100	13.7	12.3	0.234	0.273	0.16	0.24
110	14	13.6	0.234	0.247	0.25	0.34
120	15	14.7	0.234	0.234	0.26	0.28

3. 非线性定常与自适应黄金分割控制性能对比

以 N_{ref}=90r/min 为例，比较两种控制策略的控制性能，如图 4.62 和图 4.63 所示。空载时，非线性黄金分割自适应控制器（简称非线性自适应）的调节时间比定常黄金分割控制器（简称非线性固参）略短 0.039s；稳态误差绝对平均值接近，分别为 0.19r/min、0.22r/min。加载情况下，非线性黄金分割自适应控制器的调节时间比定常黄金分割控制器略短 0.039s，稳态误差绝对平均值仍然是接近的，分别为 0.20r/min、0.21r/min。

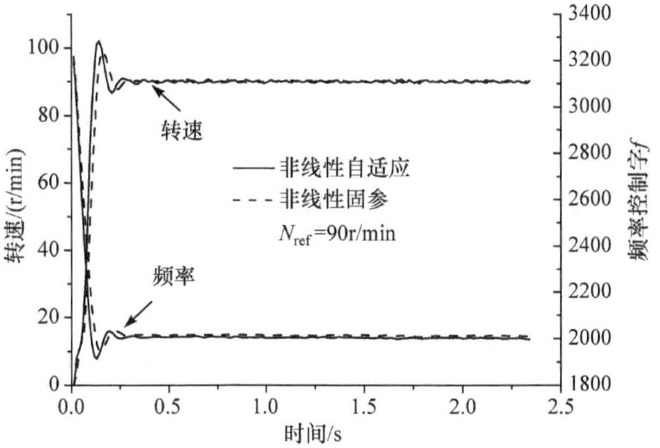

图 4.62　不同控制方法实验结果对比 2（空载）

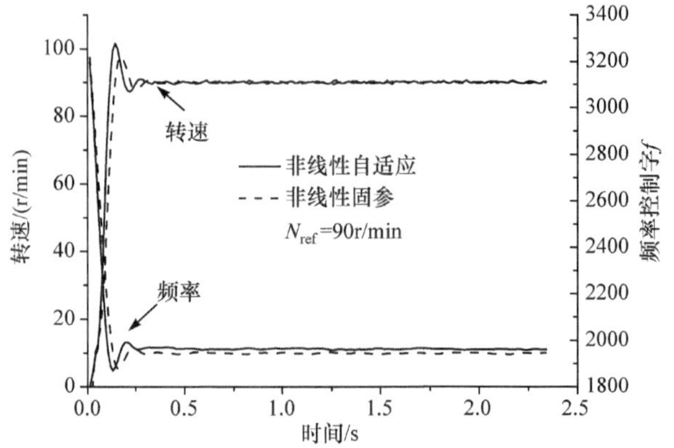

图 4.63　不同控制方法实验结果对比 2(加载)

表 4.34 给出了不同转速给定值时的控制性能指标对比。由表可知,采用固定参数和包含在线辨识的自适应黄金分割控制器,均可使电机在转速可调范围内稳定运行。两种控制器均存在超调,自适应控制器在低速 10r/min 情况下的超调量略小于固定参数控制器。其他转速时,固定参数控制器超调量较小。空载情况下,两种控制器的调节时间相当;由空载变为加载,两种控制器的调节时间总体增大,自适应控制增加量相对小,体现了自适应控制的鲁棒性。两种控制器作用下,阶跃响应的稳态误差均因加载而增大,但自适应控制的稳态误差波动总体小于固定参数情况。

表 4.34　固定参数与自适应黄金分割控制性能指标对比(非线性)

转速给定值/(r/min)	超调量/%				调节时间/s				稳态误差绝对平均值/(r/min)			
	固定参数		自适应		固定参数		自适应		固定参数		自适应	
	空载	加载	空载	加载	空载	加载	空载	加载	空载	加载	空载	加载
10	2.9	—	2.8	—	0.338	0.468	0.312	0.455	0.046	0.12	0.076	0.08
20	8	6.7	10.5	9.6	0.416	0.403	0.364	0.338	0.095	0.13	0.11	0.11
30	17.1	15.5	18.5	20	0.312	0.39	0.312	0.364	0.46	0.34	0.52	0.55
80	11.4	11	14.4	13.7	0.273	0.286	0.247	0.247	0.15	0.18	0.13	0.19
90	9.7	8.5	13.3	12.8	0.273	0.286	0.234	0.247	0.187	0.2	0.22	0.21
100	8.47	8.3	13.7	12.3	0.273	0.286	0.234	0.273	0.15	0.19	0.16	0.24
110	9.7	8.8	14	13.6	0.273	0.286	0.234	0.247	0.27	0.3	0.25	0.34
120	9.7	8.6	15	14.7	0.26	0.26	0.234	0.234	0.24	0.28	0.26	0.28

综上所述,非线性黄金分割自适应控制器的控制性能略好。

4. 线性与非线性黄金分割控制器对比分析

线性定常黄金分割控制器(简称线性固参)、线性黄金分割自适应控制器(简称线性自适应)、非线性定常黄金分割控制器(简称非线性固参)、非线性黄金分割自适应控制器(简称非线性自适应)四种控制器的控制性能指标对比分析如表 4.35、表 4.36 所示。以 $N_{ref}=90\mathrm{r/min}$ 为例,图 4.64～图 4.67 给出了线性与非线性、固定参数与变参数控制器在空载与加载情况下的阶跃响应对比。

表 4.35　不同控制器的性能指标对比(空载)

转速给定值/(r/min)	超调量/%				调节时间/s				稳态误差绝对平均值/(r/min)			
	线性固参	非线性固参	线性自适应	非线性自适应	线性固参	非线性固参	线性自适应	非线性自适应	线性固参	非线性固参	线性自适应	非线性自适应
10	—	2.9	—	2.8	—	0.338	1.859	0.312	—	0.04	0.07	0.07
20	—	8	—	10.5	1.105	0.416	1.287	0.364	0.11	0.095	0.11	0.11
30	4.7	17.1	4.3	18.5	0.741	0.312	0.871	0.312	0.23	0.46	0.11	0.52
80	—	11.4	—	14.4	0.312	0.273	0.286	0.247	0.12	0.15	0.13	0.13
90	—	9.7	—	13.3	0.286	0.273	0.26	0.234	0.14	0.187	0.18	0.22
100	—	8.47	—	13.7	0.286	0.273	0.325	0.234	0.15	0.15	0.14	0.16
110	—	9.7	1.85	14	0.273	0.273	0.312	0.234	0.23	0.27	0.22	0.25
120	1.2	9.7	2.9	15	0.325	0.26	0.312	0.234	0.22	0.24	0.2	0.26

表 4.36　不同控制器的性能指标对比(加载)

转速给定值/(r/min)	超调量/%				调节时间/s				稳态误差绝对平均值/(r/min)			
	线性固参	非线性固参	线性自适应	非线性自适应	线性固参	非线性固参	线性自适应	非线性自适应	线性固参	非线性固参	线性自适应	非线性自适应
10	—	—	—	—	—	0.468	1.729	0.455	—	0.12	0.24	0.08
20	—	6.7	—	9.6	1.417	0.403	1.209	0.338	0.23	0.13	0.14	0.11
30	6.7	15.5	4.3	20	0.754	0.39	0.715	0.364	0.3	0.34	0.24	0.55
80	—	11	—	13.7	0.338	0.286	0.299	0.247	0.3	0.18	0.22	0.19
90	—	8.5	—	12.8	0.286	0.286	0.26	0.247	0.23	0.2	0.21	0.21
100	—	8.3	—	12.3	0.312	0.286	0.26	0.273	0.24	0.19	0.27	0.24
110	—	8.8	1.1	13.6	0.325	0.286	0.325	0.247	0.38	0.3	0.31	0.34
120	—	8.6	2.6	14.7	0.26	0.26	0.325	0.234	0.33	0.28	0.31	0.28

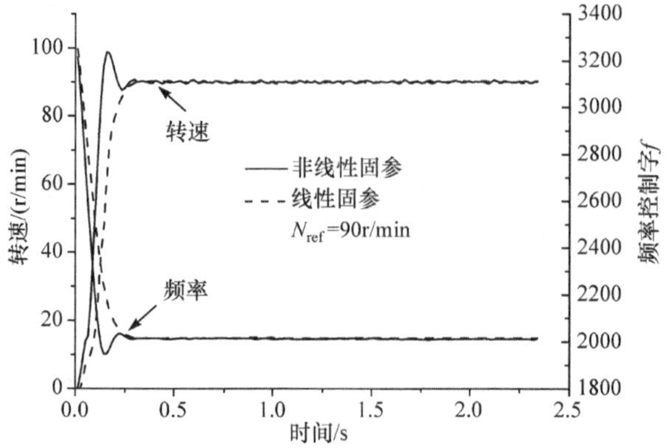

图 4.64　不同控制方法实验结果对比 3(空载)

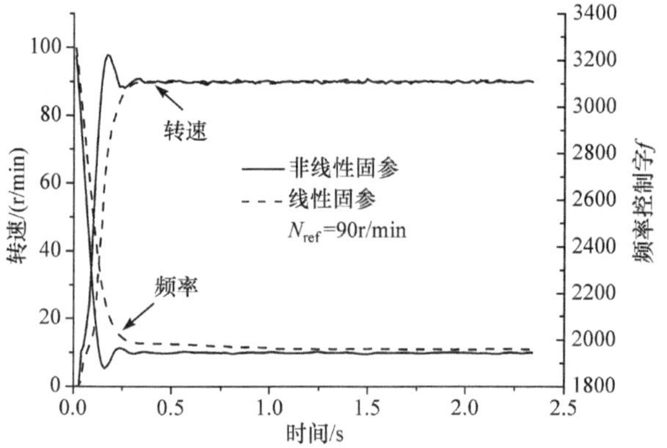

图 4.65　不同控制方法实验结果对比 3(加载)

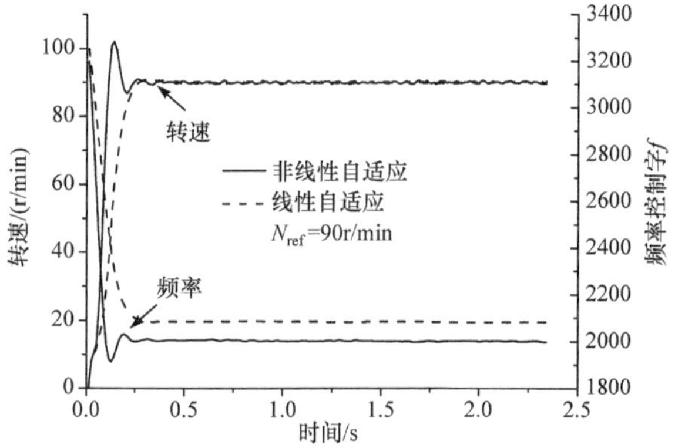

图 4.66　不同控制方法实验结果对比 4(空载)

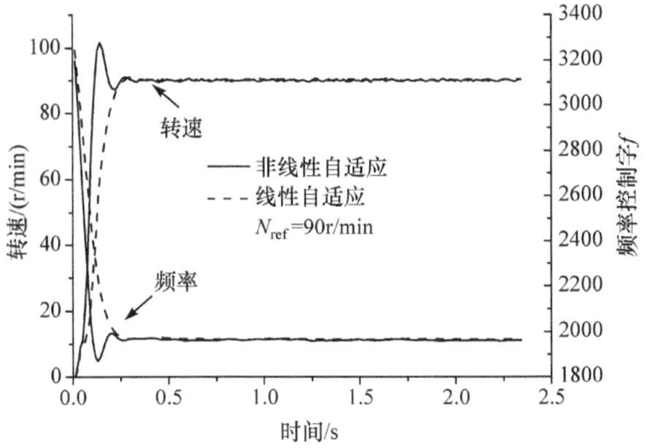

图 4.67　不同控制方法实验结果对比 4(加载)

由表 4.35 可知，非线性黄金分割控制器在所有转速情况下均存在超调，线性黄金分割控制器仅在个别转速存在超调。固定参数时，非线性黄金分割控制器的调节时间比线性黄金分割控制器短，尤其是低转速时的调节时间明显缩短。加入在线辨识使控制参数变化时，高速与低速情况的调节时间接近，稳态误差绝对平均值相差不大。

由表 4.36 可知，非线性黄金分割控制器同样存在超调。固定参数时，非线性黄金分割控制器的调节时间较短，变参数时亦是如此，且非线性黄金分割自适应控制的调节时间最短、稳态误差绝对平均值较小。

将表 4.35、表 4.36 进行对比可知，加载前后，非线性黄金分割控制器的超调有所减小；调节时间有所增加，但与线性黄金分割控制器相比，非线性黄金分割控制器的调节时间变化量小；与线性黄金分割控制器相比，非线性黄金分割控制器的稳态误差绝对值变化量较小。对比四种控制器的性能指标，非线性黄金分割自适应控制器的控制性能最好，鲁棒性最好。

本节基于特征模型设计了线性和非线性黄金分割控制策略。由实验研究结果可知，黄金分割控制适用于超声波电机的转速控制，方法可行。

固定参数黄金分割控制器的控制效果优于固定参数 PID 控制器，其调试过程相对简单，适应能力较强，且在线计算量相当，可作为 PID 控制之外的另一种选择，用于控制性能要求不高的场合。固定参数非线性黄金分割控制器的控制效果优于固定参数黄金分割控制器，但其在线计算量稍大。

黄金分割自适应控制策略的控制性能优于固定参数控制策略，且具有更好的鲁棒性。仿真和实验结果均表明，递推最小二乘辨识算法能够较好地适应超声波电机模型的在线辨识要求。因特征模型阶次低(二或三阶)，在线辨识导致的控制策略计算量增加不大。

对比分析表明，非线性黄金分割自适应控制器的控制效果较好，鲁棒性也较好。

4.3 超声波电机转速的全系数自适应控制

4.3.1 超声波电机全系数自适应控制策略

如 4.2 节所述，引入特征模型参数的在线辨识，构成黄金分割自适应转速控制器，使控制性能趋好，并具有一定的鲁棒性。但转速的阶跃响应过程也存在不如意之处，主要表现在部分响应过程存在超调、低速情况下的调节时间明显较长。据此，考虑采用全系数自适应控制策略。

全系数自适应控制策略是由吴宏鑫院士首先提出的。在基于特征模型的控制策略设计中，该策略可包括黄金分割自适应控制策略、逻辑积分控制策略、逻辑微分控制策略、维持/跟踪控制策略四部分（杨扬等，2007；王丽娇，2011）。以上四个部分在具体应用中可以有效地进行结合。本节对超声波电机转速的控制采用的是黄金分割自适应控制策略和逻辑积分控制策略的组合，同时加入了微分环节。

以转速误差为输出的超声波电机特征模型形式如式(4.38)，经 4.2 节的仿真研究，$\alpha_1(k)$、$\alpha_2(k)$、$\alpha_3(k)$、$\beta_0(k)$、$\beta_1(k)$、$\beta_2(k)$的参数初值为[−1.2373，0.22685，0.11243，11.167，−19.286，8.1179]。

全系数自适应控制的系统结构框图如图 4.68 所示。图 4.68 中，$y_r(k)$为给定转速值，$y(k)$为 USM 系统输出转速值，$z(k)=y_r(k)-y(k)$为转速误差；$u(k)$为控制器输出的控制量。

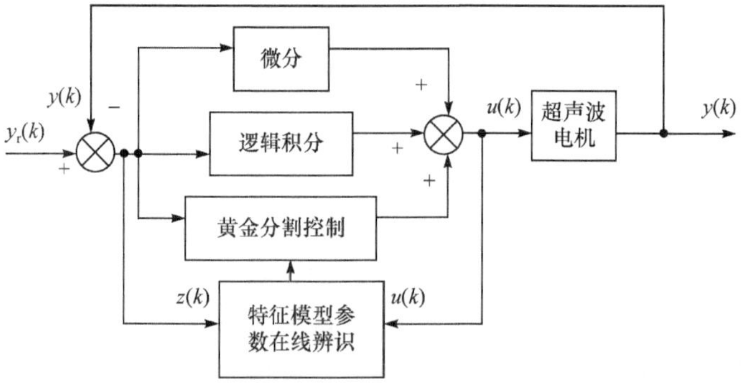

图 4.68 全系数自适应控制系统结构框图

构建如下形式的全系数自适应控制律：

$$u(k)=u_g(k)+u_i(k)+u_d(k) \tag{4.44}$$

式中，$u(k)$为当前时刻控制器计算得到的控制量。本节采用电机驱动电压的频率为控制量。等号右侧三个控制分量 $u_g(k)$、$u_i(k)$、$u_d(k)$的表达式分别见式(4.45)、式(4.46)、式(4.47)和式(4.50)。

1. 黄金分割自适应控制策略的设计

根据特征模型(4.38)，可以设计线性黄金分割自适应控制律如下：

$$\begin{aligned}u_g(k)=&-\frac{1}{\beta_0(k)}[L_1\alpha_1(k)z(k)+L_2\alpha_2(k)z(k-1)\\&+\alpha_3(k)z(k-2)+\beta_2(k)u_g(k-1)+\beta_3(k)u_g(k-2)]\end{aligned}\tag{4.45}$$

式中，$z(k)$为当前时刻的电机转速控制误差；$\alpha_1(k)$、$\alpha_2(k)$、$\alpha_3(k)$、$\beta_0(k)$、$\beta_1(k)$、$\beta_2(k)$为当前时刻的特征模型时变参数值；常数 $L_1=0.382$，$L_2=0.618$。

为了使设计的控制器满足更高性能的要求，构造一种非线性黄金分割自适应控制律

$$\begin{aligned}u_g(k)=&-\frac{1}{\beta_0}\left\{\left[\frac{L_1\alpha_1(k)+L_2\alpha_2(k)}{\eta_1\ |z(k)|^{\mu}+\eta_2}-L_2\alpha_2(k)\right]z(k)+L_2\alpha_2(k)z(k-1)\right.\\&\left.+\alpha_3(k)z(k-2)+\beta_1(k)u_g(k-1)+\beta_2(k)u_g(k-2)\right\}\end{aligned}\tag{4.46}$$

其中，$\eta_1=0.2$；$\eta_2=0.3$；$\mu=0.8$；其余参数同式(4.45)中定义。

2. 逻辑积分控制律

构造逻辑积分控制律如下：

$$u_i(k)=c_iu_i(k-1)+k_iz(k)\tag{4.47}$$

式中，$u_i(k)$、$u_i(k-1)$分别为当前和前一时刻的逻辑积分控制量；c_i 和 k_i 为可调系数。

当输出误差 $z(k)$在正向或负向增大，即有 $z(k)[z(k)-z(k-1)]>0$，则需要增强积分作用使 $z(k)$快速下降，此时可取 k_i 为较大值 k_2(常数)；反之，应减小积分作用以避免超调，可令 $k_i=0$。c_i 用来在必要的时候立即去除积分作用。正常积分时，取 c_i 为 1，不需要积分时为 0，即有

$$c_i=\begin{cases}1, & z(k)-z(k-1)\geqslant 0\\0, & z(k)-z(k-1)<0\end{cases}\tag{4.48}$$

$$k_i=\begin{cases}k_2, & z(k)[z(k)-z(k-1)]>0\\0, & z(k)[z(k)-z(k-1)]\leqslant 0\end{cases}\tag{4.49}$$

式中，k_2 为正的待定系数。

3. 微分控制律

构造微分控制律如下：

$$u_d(k)=k_d[z(k)-2z(k-1)+z(k-2)] \tag{4.50}$$

式中，$u_d(k)$为当前时刻的微分控制量；k_d 为可调系数。k_2 和 k_d 的取值，均在离线仿真基础上经实验整定。

4.3.2 全系数自适应控制的仿真研究

图 4.68 中的黄金分割自适应控制律分别采用线性黄金分割自适应控制律(4.45)、非线性黄金分割自适应控制律(4.46)。对整个控制律来说，需要确定的值有 k_2 和 k_d。根据上述内容，当采用线性黄金分割自适应控制对 USM 系统进行控制时，先调 k_2 后调 k_d，控制结果如表 4.37 所示。

表 4.37 仿真中 k_2、k_d 的调节过程(90r/min)

k_2,k_d	超调量/%	调节时间/s	稳态误差绝对平均值/(r/min)
0.1,0	84.4	0.364	0.066
0.05,0	20	0.364	0.076
0.025,0	11.9	0.364	0.088
0.02,0	11	0.364	0.09
0.02,0.01	13.2	0.364	0.09
0.02,0.005	12	0.364	0.09
0.02,0.0005	11	0.364	0.09
0.02,0.001	10.8	0.364	0.09

由表 4.37 可知，改变 k_2、k_d 的值有助于减小超调，对稳态误差绝对平均值也有一定的影响。经仿真，k_2、k_d 分别取 0.02、0.001 较为合适。给定转速为 $N_{ref}=$ 90r/min、20r/min 的仿真结果分别如图 4.69 和图 4.70 所示。

当采用非线性黄金分割自适应控制时，控制结果如表 4.38 所示。由表 4.38 可知，改变 k_2、k_d 的值同样有助于减小超调，同时，对稳态误差绝对平均值和调节步数有一定的影响。经仿真，k_2、k_d 分别取 0.05、−0.015 较为合适。给定转速为 $N_{ref}=$90r/min、20r/min 的仿真结果分别如图 4.71 和图 4.72 所示。

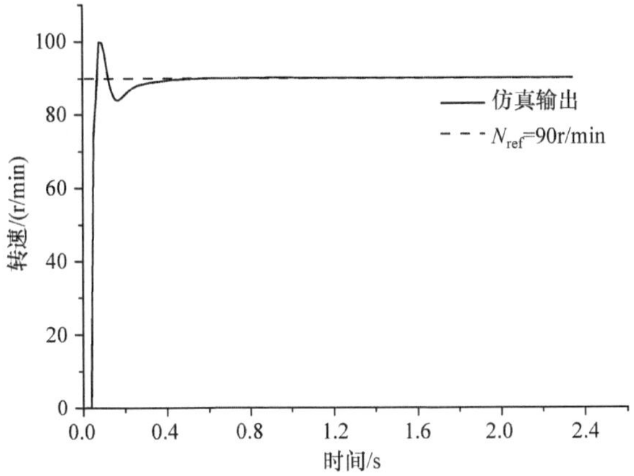

图 4.69 转速阶跃响应曲线(线性自适应,$N_{ref}=90$r/min)

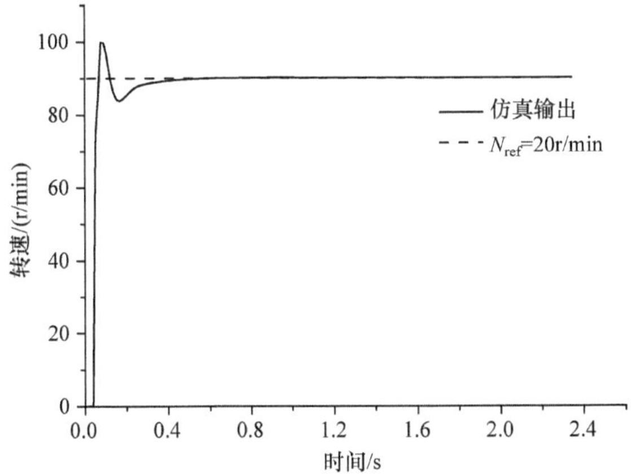

图 4.70 转速阶跃响应曲线(线性自适应,$N_{ref}=20$r/min)

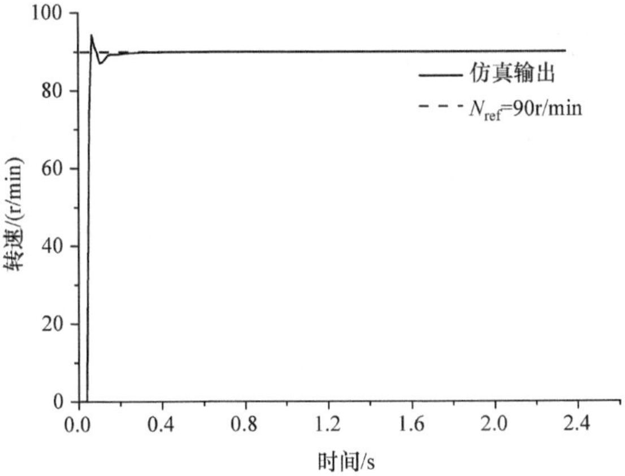

图 4.71 转速阶跃响应曲线(非线性自适应,$N_{ref}=90$r/min)

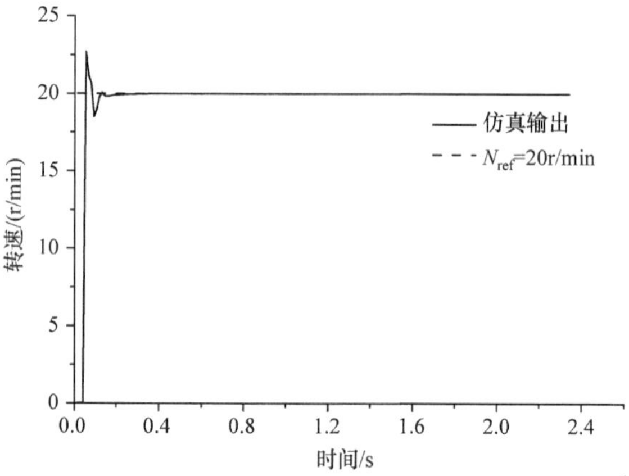

图 4.72　转速阶跃响应曲线(非线性自适应,$N_{ref}=20$r/min)

表 4.38　仿真中 k_2、k_d 的调节过程(90r/min)

k_2,k_d	超调量/%	调节时间/s	稳态误差绝对平均值/(r/min)
0.1,0	65.3	0.143	0.008
0.08,0	39.3	0.143	0.009
0.06,0	13.3	0.156	0.01
0.05,0	3.5	0.156	0.011
0.05,−0.001	5.3	0.156	0.011
0.05,−0.005	7.4	0.156	0.011
0.05,−0.01	4.3	0.156	0.011
0.05,−0.015	4.8	0.143	0.011

4.3.3　超声波电机全系数自适应控制的实验研究

采用图 4.73 所示结构的超声波电机转速控制实验装置,进行转速控制实验。所用电机为 Shinsei USR60 两相行波超声波电机,用来实现控制器计算的主控芯片为 DSP56F801,对全系数自适应控制策略进行了实验验证,其中黄金分割控制律分别采用了线性黄金分割自适应控制和非线性黄金分割自适应控制。控制器中模型参数 $\alpha_1(k)$、$\alpha_2(k)$、$\alpha_3(k)$、$\beta_0(k)$、$\beta_1(k)$、$\beta_2(k)$按照在线辨识结果,实时更新,如图中"模型参数辨识"环节所示,实验中采用最小二乘辨识算法。

1. 采用线性黄金分割自适应控制律的全系数自适应控制

式(4.45)~式(4.50)给出的控制器中,需要通过实验进行整定的参数有 k_d 和

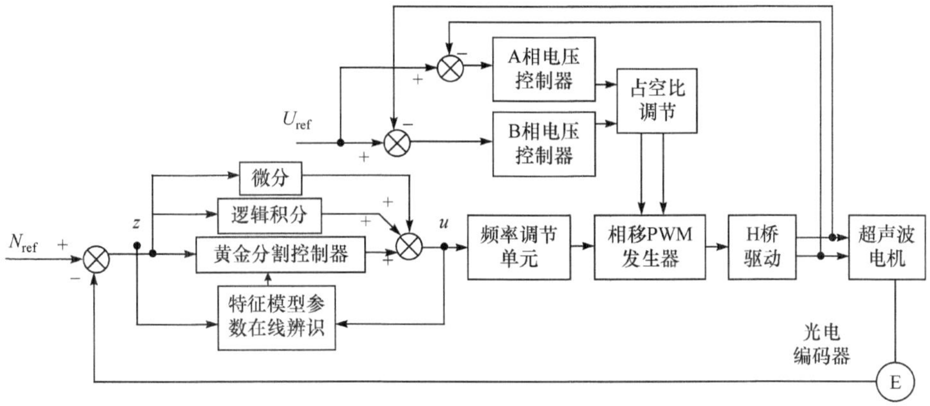

图 4.73　转速控制实验系统结构框图

k_2，其初始值设为通过离线仿真计算得到的数值 0.001 和 0.02。应指出的是，为保证系统整定过程中的稳定性，这两个初始值是比较保守的。

实验中，采用转速给定值为 90r/min 的阶跃响应控制过程来整定参数 k_d 和 k_2，整定的顺序依次为 k_d、k_2，整定目标是获得较好的阶跃响应控制效果。整定 k_d 时，k_2 值保持其初始值 0.02 不变。实验整定过程记录见表 4.39，当 $k_d=1$ 时，阶跃响应超调量与调节时间均较小，故将 k_d 值设为 1。

表 4.39　实验中 k_d 的整定过程（90r/min，线性自适应）

k_d	超调量/%	调节时间/s
0.001	7.5	0.377
0.01	6.6	0.39
0.1	7.2	0.377
1	6	0.377
1.2	6.7	0.39

整定 k_2 时，k_d 值保持为 1 不变，整定过程记入表 4.40。由表可知，当 $k_2=2.2$ 时，转速阶跃响应超调较小，且调节时间较短，故将 k_2 值设为 2.2。分析表 4.40 中数据，通过对 k_2 的调节过程，可知逻辑积分控制律 $u_i(k)$ 对整体控制性能的影响。例如，对比 k_2 取值分别为 0.02 和 2.2 时的控制性能指标。当 $k_2=0.02$ 时，转速超调量为 6%，调节时间 0.377s；而 $k_2=2.2$ 时，$u_i(k)$ 的计算值变化率减小，对控制性能的影响减弱，从而使整体控制作用趋好以抑制超调。从表 4.40 给出的控制指标来看，$k_2=2.2$ 时，没有了超调量，且调节时间减少为 0.273s，可见逻辑积分控制律的加入使控制性能变好。

表 4.40 实验中 k_2 的整定过程(90r/min,线性自适应)

k_2	超调量/%	调节时间/s
0.02	6	0.377
0.2	2.06	0.325
2	—	0.312
2.2	—	0.273
2.5	1.7	0.312

以 90r/min 为给定转速整定的 k_d、k_2 参数分别为 1、2.2。整定完参数后分别对其他转速进行控制并记录实验数据。由实验结果知,低转速的响应时间较长,说明以 90r/min 整定的结果对低转速情况实用性不强;由于电机工作特性的特殊性,高、低转速工作性能存在差异,故可以考虑对 30r/min、20r/min、10r/min 的参数单独进行调整,以达到较好的控制效果。

参数 k_d、k_2 分别在 1 和 2.2 的基础上进行调整。低转速的调节时间太慢是由于控制作用弱引起的,给定转速 90r/min 整定的参数值应用于低转速时控制作用不强,故要加大控制量。实验表明,改变 k_d 值对控制结果影响不大,故 k_d 值不变。实验以 $N_{ref}=10$r/min 来调节 k_2 得到的控制结果如表 4.41 所示。由表知,当 k_2 取 5 时,控制结果较好,实验表明该值对 20r/min 也适用,且 30r/min 时 k_2 取 3 较为合适。

表 4.41 实验中 k_2 的整定过程(10r/min)

k_2	超调量/%	调节时间/s
2.2	—	0.338
3	—	0.338
4	—	0.325
4.5	—	0.325
5	—	0.286

对于所有的转速,参数 k_d、k_2 的值已经确定完毕。以各转速对应的参数值分别进行转速控制并记录实验数据。不同给定转速值的阶跃响应曲线及其对应的控制量分别如图 4.74、图 4.75 所示。控制性能指标如表 4.42 所示。

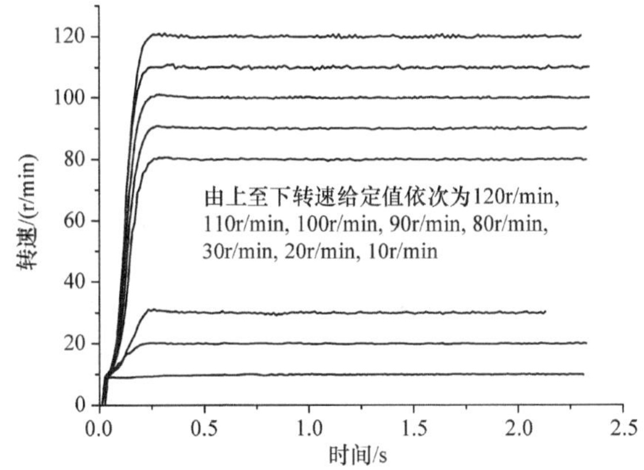

图 4.74　实测转速阶跃响应(线性自适应,空载)

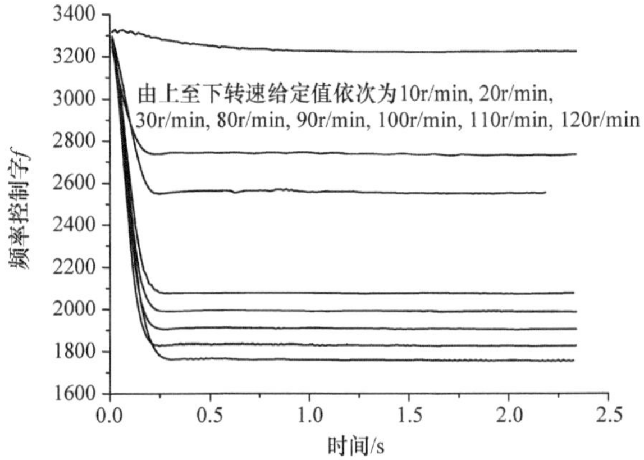

图 4.75　实测控制量变化(线性自适应,空载)

表 4.42　全系数自适应控制性能指标(线性)

转速值给定/(r/min)	超调量/%		调节时间/s		稳态误差绝对平均值/(r/min)	
	空载	加载	空载	加载	空载	加载
10	—	—	0.286	0.299	0.13	0.15
20	—	—	0.182	0.182	0.08	0.12
30	—	—	0.208	0.208	0.19	0.24
80	—	—	0.247	0.247	0.13	0.2
90	—	—	0.234	0.247	0.15	0.2
100	—	—	0.234	0.234	0.17	0.27
110	—	—	0.234	0.221	0.22	0.26
120	—	—	0.234	0.221	0.25	0.27

由图 4.75、表 4.42 可知，所有转速均不存在超调，低转速 10r/min、20r/min、30r/min 的调节时间分别为 0.286s、0.182s、0.208s，稳态误差绝对平均值分别为 0.13r/min、0.08r/min、0.19r/min。高转速阶跃响应曲线的调节时间均为 0.24s 左右，稳态误差绝对平均值在 0.13～0.25r/min，可见，与线性黄金分割控制相比，高、低转速控制性能差别很小，均取得了较为满意的控制效果。

为了检验线性全系数自适应控制器的鲁棒性，进行加载 0.2N·m 的阶跃响应实验，得到不同转速给定值的阶跃响应曲线及其对应的控制量，分别如图 4.76、图 4.77 所示。控制性能指标同样列入表 4.42，以便对比。由表 4.42 可知，加载后，所有转速均不存在超调，与加载相比，高转速阶跃响应曲线的调节时间变化不大，110r/min、120r/min 的调节时间还有所减小；稳态误差绝对平均值稍有所增大，变化量很小。10r/min、20r/min、30r/min 的调节时间分别为 0.299s、0.182s、0.208s，稳态误差绝对平均值分别为 0.15r/min、0.12r/min、0.24r/min，可见低转速也取得

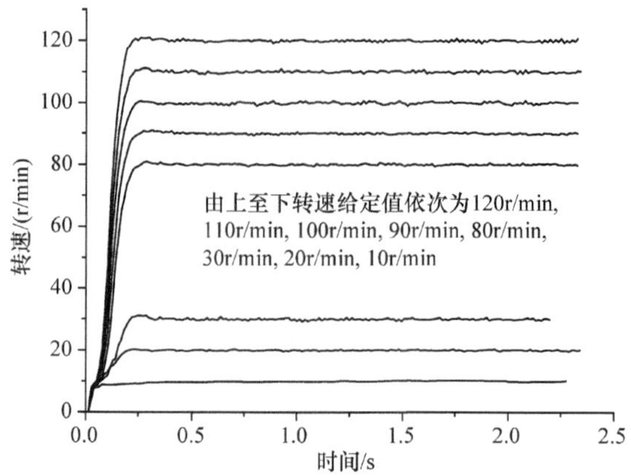

图 4.76　实测转速阶跃响应(线性自适应，加载)

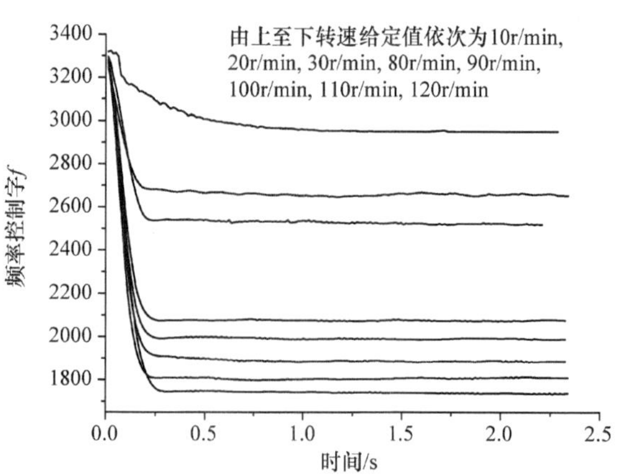

图 4.77　实测控制量变化(线性自适应，加载)

了较为满意的控制性能。加载前后对比，各转速调节时间相差不大，稳态误差绝对平均值稍微有所增大，但变化量很小。这表明全系数自适应控制器鲁棒性较好。

表 4.43 为全系数自适应控制器（简称全系数）与黄金分割自适应控制器（简称黄金分割）控制性能指标对比分析。由表可知，全系数自适应控制对于所有转速均无超调，与单独采用黄金分割自适应控制相比，调节时间明显加快；稳态误差绝对平均值整体减小；且加载前后稳态误差绝对平均值变化不大，表明全系数自适应控制器较好。

表 4.43　黄金分割与全系数自适应控制器的性能指标对比（线性）

转速给定值/(r/min)	超调量/%				调节时间/s				稳态误差绝对平均值/(r/min)			
	黄金分割		全系数		黄金分割		全系数		黄金分割		全系数	
	空载	加载	空载	加载	空载	加载	空载	加载	空载	加载	空载	加载
10	—	—	—	—	1.859	1.729	0.286	0.299	0.07	0.24	0.13	0.15
20	—	—	—	—	1.287	1.209	0.182	0.182	0.11	0.14	0.08	0.12
30	4.3	4.3	—	—	0.871	0.715	0.208	0.208	0.11	0.24	0.19	0.24
80	—	—	—	—	0.286	0.299	0.247	0.247	0.13	0.22	0.13	0.2
90	—	—	—	—	0.26	0.26	0.234	0.247	0.18	0.21	0.15	0.2
100	—	—	—	—	0.325	0.26	0.234	0.234	0.14	0.27	0.17	0.27
110	1.85	1.1	—	—	0.312	0.325	0.234	0.221	0.22	0.31	0.22	0.26
120	2.9	2.6	—	—	0.312	0.325	0.234	0.221	0.2	0.31	0.25	0.27

图 4.78 给出了全系数自适应控制策略与黄金分割自适应控制策略的控制量调节过程对比，图示为转速给定值 120r/min 的转速阶跃响应和控制量变化过程。本节设计的全系数自适应控制器，在黄金分割自适应控制器的基础上增加了逻辑积分控制律和微分控制律，意在抑制响应曲线的超调量，同时达到调节时间较短的目的。当采用黄金分割自适应控制器时，即图中虚线 1（转速）、1′（频率）所示响应

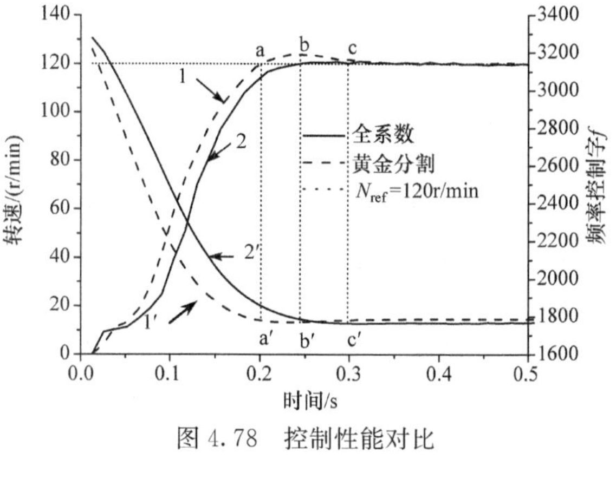

图 4.78　控制性能对比

过程，从 a 点开始出现超调，出现超调后理应减小控制量抑制超调，但图中虚线 1′在 a′点后还在减小，控制量一直在增加，直到 b′点、b′点以后控制量才有所减小，导致超调没有有效抑制。

然而，当采用全系数自适应控制器时，即图中实线 2、2′所示响应过程，由于微分控制律的作用，控制量不至于过大而引起超调，与 1′相比，2′控制作用较小，所以 a 到 b 之间的超调量会有所减小。

同时，逻辑积分控制律也产生相应的控制作用。当转速误差变化量呈增大趋势时，增加控制量，加强控制作用来抑制超调；当误差变化量不变或呈减小趋势时，适当减小控制量。在该控制过程中，逻辑积分控制律在出现超调后起作用，在 a、b 点之间，误差变化量呈增大趋势，逻辑积分控制作用加强来抑制该变化趋势。观察图 4.78 中实线 2′，在 a′、b′之间，控制量逐渐增加来减小超调；在 b、c 点之间，误差变化量呈减小趋势，转速响应曲线越来越逼近转速给定值，逻辑积分控制作用适当减小，如图 4.78 中实线 2′控制量在 b′、c′之间稍有减小，故转速响应曲线 2 没有出现超调，且调节时间减小。

2. 采用非线性黄金分割自适应控制律的全系数自适应控制

需要通过实验进行整定的参数有 k_d 和 k_2，其初始值设为通过离线仿真计算得到的数值－0.015 和 0.05，并对这两个参数值进行实验整定。实验中，采用转速给定值为 90r/min 的阶跃响应控制过程来整定参数 k_d 和 k_2，整定的顺序依次为 k_d、k_2，整定目标是获得较好的阶跃响应控制效果。整定 k_d 时，k_2 值保持其初始值 0.05 不变。实验整定过程记录见表 4.44，当 k_d＝－0.5 时，阶跃响应超调量与调节时间均较小，故将 k_d 值设为－0.5。

表 4.44 实验中 k_d 的整定过程(90r/min，非线性)

k_d	超调量/%	调节时间/s
－0.015	15.2	0.416
－0.15	15.1	0.416
－0.5	12.2	0.364
－1.5	12.5	0.364

整定 k_2 时，设定 k_d 为－0.5，整定过程如表 4.45 所示。由表可知当 k_2 为 0.01 时超调量较小，且调节时间较短，k_2 值选为 0.01。加入逻辑积分控制律后，通过对 k_2 的调节过程可知逻辑积分控制律对控制性能的影响。分别对比 k_2 的值为 0.1，0.01 时的控制性能，即 k_2 调整前后的效果，k_2＝0.1 时，超调量为 12%，调节时间 0.377s；k_i＝0.01 时，通过对误差的控制，误差变化量变大时，即出现超调时加入积分，累计误差使总的控制作用加强来减小误差，抑制超调，频率控制字表现为有所降低。k_2＝0.01 时，超调有所减小，且调节时间减少为 0.247s。由上可

见，逻辑积分控制律的加入使控制性能变好。

表 4.45　实验中 k_2 的整定过程(90r/min，非线性)

k_2	超调量/%	调节时间/s
0.1	12	0.377
0.05	11.7	0.364
0.02	11.5	0.247
0.01	10.8	0.247
0.005	11.7	0.247

k_d、k_2 值整定完毕。采用上述整定的控制参数，在实验电机可调转速范围 0～120r/min 内进行转速阶跃响应控制实验，得到不同转速给定值情况下的转速阶跃响应曲线及其对应的控制量分别如图 4.79、图 4.80 所示，控制性能指标列于表 4.46。

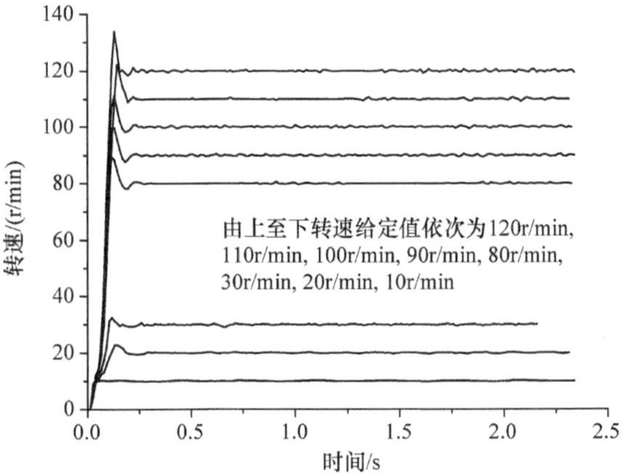

图 4.79　实测转速阶跃响应(非线性自适应，空载)

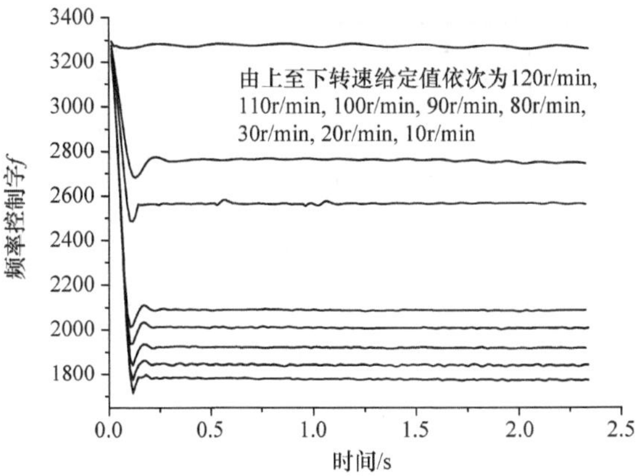

图 4.80　实测控制量变化(非线性自适应，空载)

表 4.46　全系数自适应控制性能指标(非线性)

转速给定值/(r/min)	超调量/%		调节时间/s		稳态误差绝对平均值/(r/min)	
	空载	加载	空载	加载	空载	加载
10	—	—	0.039	0.104	0.08	0.07
20	10	11.3	0.182	0.195	0.12	0.17
30	8	23	0.13	0.269	0.17	0.24
80	11	12.5	0.208	0.221	0.15	0.2
90	10.7	10	0.208	0.221	0.18	0.18
100	11	10.5	0.208	0.208	0.16	0.22
110	10.9	11.8	0.208	0.169	0.11	0.25
120	10.8	11.6	0.208	0.208	0.18	0.21

由图 4.79、图 4.80、表 4.46 可知，与线性全系数控制相比，所有转速仅出现了超调。高转速时，阶跃响应调节时间均降为 0.208s，稳态误差绝对平均值在 0.14r/min 左右。转速给定值为 30r/min、20r/min、10r/min 的低速区域，调节时间分别为 0.273s、0.286s、0.195s，稳态误差绝对平均值分别为 0.14r/min、0.1r/min、0.08r/min。可见，高、低转速的控制效果良好，且性能较为接近。

为了检验非线性全系数自适应控制器的鲁棒性，进行加载 0.2N·m 的阶跃响应实验，得到不同转速给定值的阶跃响应曲线及其对应的控制量，分别如图 4.81、图 4.82 所示。控制性能指标同样列入表 4.46，以便对比。

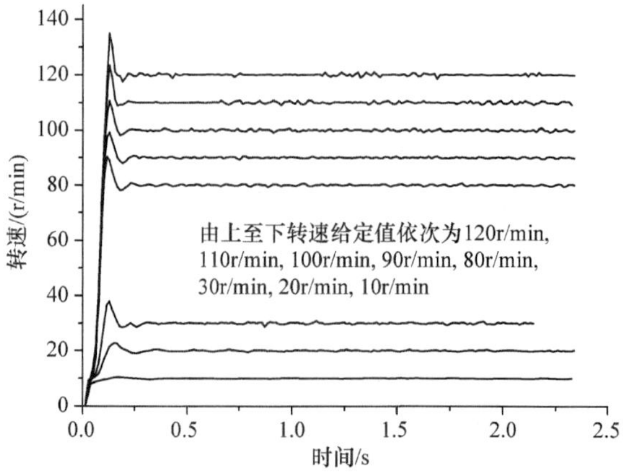

图 4.81　实测转速阶跃响应(非线性自适应，加载)

由图 4.81、图 4.82、表 4.46 可知，所有转速均存在超调，高转速阶跃响应曲线的调节时间在 0.169～0.221s，稳态误差绝对平均值增大为 0.2r/min 左右，10r/min、20r/min、30r/min 阶跃响应调节时间分别为 0.104s、0.195s、0.169s，稳态误差绝对平均值分别为 0.07r/min、0.17r/min、0.24r/min。加载前后对比，转速超调量有所增加，但变化不大；各转速的调节时间相差不大，稳态误差绝对平均值稍有增大，但变化量很小。这表明非线性全系数自适应控制器的鲁棒性较好。

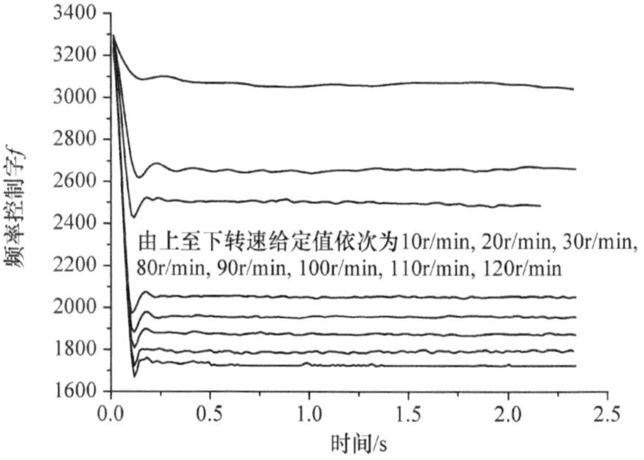

图 4.82　实测控制量变化(非线性自适应，加载)

表 4.47 为全系数自适应控制器(简称全系数)与非线性黄金分割自适应控制器(简称黄金分割)控制性能指标对比分析，由表可知，两种控制器均存在超调，与单独采用黄金分割自适应控制相比，调节时间明显加快；稳态误差绝对平均值整体减小，且加载前后稳态误差绝对平均值变化不大。上述说明了全系数自适应控制器控制性能良好且鲁棒性较强，表明了全系数自适应控制器的优越性。

表 4.47　黄金分割与全系数自适应控制器的性能指标对比(非线性)

转速给定值/(r/min)	超调量/%				调节时间/s				稳态误差绝对平均值/(r/min)			
	黄金分割		全系数		黄金分割		全系数		黄金分割		全系数	
	空载	加载	空载	加载	空载	加载	空载	加载	空载	加载	空载	加载
10	2.8	—	—	—	0.312	0.455	0.039	0.104	0.076	0.08	0.08	0.07
20	10.5	9.6	10	11.3	0.364	0.338	0.182	0.195	0.11	0.11	0.12	0.17
30	18.5	20	8	23	0.312	0.364	0.13	0.269	0.52	0.55	0.17	0.24
80	14.4	13.7	11	12.5	0.247	0.247	0.208	0.221	0.13	0.19	0.15	0.2
90	13.3	12.8	10.7	10	0.234	0.247	0.208	0.221	0.22	0.21	0.18	0.18
100	13.7	12.3	11	10.5	0.234	0.273	0.208	0.208	0.16	0.24	0.16	0.22
110	14	13.6	10.9	11.8	0.234	0.247	0.208	0.169	0.25	0.34	0.11	0.25
120	15	14.7	10.8	11.6	0.234	0.234	0.208	0.208	0.26	0.28	0.18	0.21

超声波电机的非线性运行特性和短时工作性质，是设计其转速控制策略时需

要考虑的两个主要因素。本节根据超声波电机的特征模型，在 4.2 节的基础上设计了全系数自适应控制策略，同样具有在线计算量相对较小的优点，并得到了较为理想的转速控制效果。

主要由于特殊的机电能量转换机理、机械能传递过程及电机与其驱动电路之间的相互影响，超声波电机的运行呈现明显的非线性，且运行特性的时变严重。加之，超声波电机的定子振动、定转子间摩擦等内部状态难于实时在线观测，这都使得超声波电机的运动控制不易达到理想性能，且具有明显不同于传统电磁电机的控制特点。这些问题使得超声波电机的转速、位置控制不易得到良好性能。而为了改善控制效果，往往导致控制策略的复杂化。当然，研究者总是期望用相对简单的控制算法，达到较好的控制效果。

基于这一认识，本章尝试将特征模型及相应的控制策略应用于超声波电机转速控制。从理论上证明，在线辨识的特征模型与高阶的实际超声波电机等价，而不是近似。本章在固定参数模型辨识建模的基础上，建立了两相行波超声波电机的特征模型，并提出了模型参数初值的确定方法；基于上述超声波电机特征模型，构建了黄金分割控制器。由黄金分割控制器的结构可以看出，黄金分割控制直接来自于特征模型，只是增加了两个常数 L_1 和 L_2，用来调整动态响应过程。这也就意味着，完成超声波电机特征模型的建模，也就完成了黄金分割控制器的设计。

对所设计控制器进行仿真研究，结果表明控制有效并确定了相关参数初值。随后的实验验证表明，采用固定参数和包含在线辨识的自适应黄金分割控制器均可使电机在转速可调范围内稳定运行，控制效果较好，具有一定的鲁棒性。与线性黄金分割自适应控制器相比，非线性黄金分割自适应控制器控制效果更好，更具有优越性。

在黄金分割自适应转速控制策略的基础上，设计了全系数自适应控制策略。实验结果表明，全系数自适应控制策略控制效果较好，且具有良好的鲁棒性和适应性。所提超声波电机黄金分割转速控制算法，其在线计算量与 PID 控制器相当，但调试相对简单、适应能力相对较强。进一步，控制性能较好的全系数自适应控制策略，同样具有在线计算量相对较小的优点。

参 考 文 献

孟斌，吴宏鑫. 2007. 线性定常系统特征模型的证明[J]. 中国科学 E 辑：信息科学，37(10)：1258-1271.

史敬灼，尤冬梅. 2013. 超声波电机黄金分割自适应转速控制[J]. 电工技术学报，28(6)：59-65.

孙多青，吴宏鑫. 2004. 三阶时变离散系统的一致渐近稳定性[J]. 宇航学报，25(5)：502-506.

王海彦，史敬灼. 2009. 基于 CPLD 的超声波电机 H 桥相移 PWM 控制[J]. 电气自动化，31(2)：48-50.

王丽娇. 2010. 基于特征模型的高阶线性不稳定系统的参数辨识与控制[J]. 空间控制技术与应用,36(5):25-31.

王丽娇. 2011. 基于对角回归神经网络的自整定全系数自适应控制器及其特征参量辨识[J]. 航天控制,29(5):15-21.

王勇. 2012. 全系数自适应控制器若干稳定性质分析[J]. 空间控制技术与应用,38(2):10-16.

吴宏鑫,刘一武,刘忠汉,等. 2001. 特征建模与挠性结构的控制[J]. 中国科学 E 辑:技术科学,31(2):137-149.

吴宏鑫,王颖,解永春. 2002. 非线性黄金分割自适应控制[J]. 宇航学报,23(6):1-8.

吴宏鑫,胡军,解永春. 2009. 基于特征模型的智能自适应控制[M]. 北京:中国科学技术出版社:33-56.

杨扬,吴宏鑫. 2007. 基于特征模型的全系数自适应控制系统稳定性研究[J]. 航天控制,25(5):3-6.

尤冬梅,史敬灼. 2013. 超声波电机非线性全系数自适应转速控制[J]. 微特电机,41(2):45-47.

于占东,王庆超. 2005. 一类离散非线性系统反步递推黄金分割自适应控制[J]. 系统仿真学报,17(8):1951-1958.

周振威,方海涛. 2010. 线性定常系统特征模型的特征参量辨识[J]. 系统科学与数学,30(6):768-781.

Qiu Z C. 2012. Adaptive nonlinear vibration control of a cartesian flexible manipulator driven by a ballscrew mechanism[J]. Mechanical Systems and Signal Processing,30:248-266.

Shi J Z,You D M. 2014. Characteristic model of travelling wave ultrasonic motor[J]. Ultrasonics,54(2):725-730.

第 5 章　超声波电机模型参考自适应控制策略

本章研究适用于超声波电机运动控制的模型参考自适应控制策略。

5.1 节以降低包含驱动控制电路在内的超声波电机系统的成本、推动其产业化应用为目的，研究超声波电机的转速控制，设计改进 MIT（麻省理工学院）模型参考自适应转速控制策略，降低控制策略复杂度，以利于超声波电机的工业化推广应用。该策略使参考模型的设计不依赖于超声波电机模型，解决了 MIT 控制中参考模型形式与控制期望之间的矛盾。进而，为了保证系统的稳定性，给出一种采用 Lyapunov 稳定性理论推导自适应律的改进 MIT 转速控制策略。实验表明，两种控制策略可行，算法简单，在线计算量小。

5.2 节基于波波夫超稳定理论，采用输入输出值微分反馈网络方法，设计了超声波电机模型参考自适应转速控制策略。通过仿真，验证了所提控制策略的可行性，得出控制参数调整方法，明确了各个控制参数对转速控制性能的影响。仿真表明，采用所提转速控制策略，电机转速能够良好跟踪参考模型输出，控制效果良好。为提高系统的抗干扰性能，在上述微分反馈网络方法基础上，增加了状态变量滤波器。仿真研究表明，转速控制性能有了进一步改进。

5.1　超声波电机 MIT 模型参考自适应转速控制策略

超声波电机在运行过程中表现出的复杂非线性及时变特征，使得越来越多复杂的控制策略被用于超声波电机控制，以期得到更好的控制性能。随着控制性能的提升，复杂控制策略也带来了较大的在线计算量。为了满足实时性的要求，就需要选用更高档的微处理器芯片来执行相应的控制程序，导致驱动控制电路硬件成本的较大幅度增加，不利于超声波电机系统的产业化应用。那么，是否有可能设计一些相对简单的超声波电机控制策略，在实现相对较好控制性能的同时，减小在线计算量以降低硬件成本、促进超声波电机的产业化？

本节以此为出发点进行研究，首先，将 MIT 模型参考自适应控制、基于 Lyapunov 稳定性理论的 MIT 模型参考自适应控制用于超声波电机转速控制；随后，针对 MIT 控制中参考模型形式与控制期望之间的矛盾，分别提出了上述两种控制策略的改进形式。这些控制策略算法简单，计算量仅稍大于固定参数 PID 控制。对每种控制策略的实验验证表明了控制策略的有效性，为超声波电机的产业化应用提供了可行的控制器设计参考。

5.1.1 超声波电机 MIT 模型参考自适应转速控制

MIT 控制策略,是模型参考自适应控制中结构最简单、在线计算量最小的一种。超声波电机 MIT 模型参考自适应转速控制系统的基本结构如图 5.1 所示。图示系统中,k_c 为闭环比例控制器,其输出控制量为超声波电机驱动电压的频率;k_c 值是由自适应律根据转速输出侧的广义误差进行在线调整的,是该控制器中唯一的一个可调参数。参考模型与超声波电机模型的动态部分 $N(s)/D(s)$ 完全相同,仅增益不同,分别为 k 和 k_v。参考模型的增益为常数 k,电机模型的增益 k_v 是时变的。系统运行过程中,由于电机自身特性的变化及作用于系统的各种扰动的影响,控制性能会偏离期望。可调增益 k_c 可用来补偿 k_v 的在线变化,使可调增益 k_c 与电机模型增益 k_v 的积等于参考模型的增益 k,从而努力使电机转速响应过程与参考模型表达的期望特性一致。

超声波电机 MIT 模型参考自适应转速控制策略的设计,主要是设计适当的自适应律,并确定代表期望控制性能的参考模型。

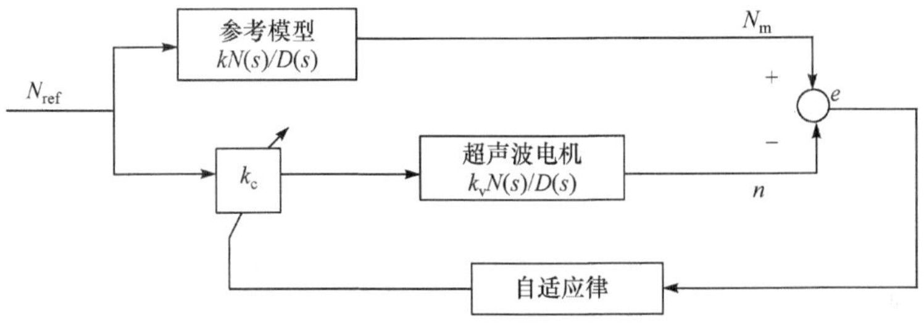

图 5.1 超声波电机 MIT 模型参考自适应转速控制结构框图

1. 自适应律的推导

如图 5.1 所示,参考模型、超声波电机模型的形式分别为

$$G_m(s)=\frac{kN(s)}{D(s)} \tag{5.1}$$

$$G_p(s)=\frac{k_vN(s)}{D(s)} \tag{5.2}$$

定义系统广义误差 e 为

$$e=N_m-n \tag{5.3}$$

式中,N_m 为参考模型在转速给定信号 N_{ref} 作用下计算得到的输出转速;n 为超声波电机的实际转速;广义误差 e 为参考模型输出与电机实际输出之间的偏差。

图 5.1 所示系统的控制目的,是利用自适应律来在线调整可调增益 k_c,使 e 趋于 0。选取如下形式的性能指标函数 J 来表征 e 趋近于 0 的过程和程度:

$$J=\frac{1}{2}\int_{t_0}^{t}e^2(\tau)\mathrm{d}\tau \tag{5.4}$$

式中，t_0 为控制过程的起始时刻；t 为当前时刻。

若能够设计一个自适应律来调整可调增益 k_c，使性能指标 J 达到最小值，也就达到了控制目标。为此，求 J 对可调参变量 k_c 的梯度

$$\frac{\partial J}{\partial k_c}=\int_{t_0}^{t}e(\tau)\frac{\partial e(\tau)}{\partial k_c}\mathrm{d}\tau \tag{5.5}$$

由梯度法知，k_c 值应沿式(5.5)所示梯度下降的方向(即负向)变化，以使 J 逐渐趋近最小值。由此，可取 k_c 的变化量 Δk_c 为

$$\Delta k_c=-\lambda\frac{\partial J}{\partial k_c}=-\lambda\int_{t_0}^{t}e(\tau)\frac{\partial e(\tau)}{\partial k_c}\mathrm{d}\tau \tag{5.6}$$

式中，λ 为步距，且有 $\lambda>0$。于是，调整后的 k_c 值为

$$k_c=-\lambda\int_{t_0}^{t}e(\tau)\frac{\partial e(\tau)}{\partial k_c}\mathrm{d}\tau+k_{c0} \tag{5.7}$$

式中，k_{c0} 为可调增益 k_c 在 t_0 时刻的取值，即初值，且有 $\Delta k_c=k_c-k_{c0}$。

若能够得到增益 k_c 导数 $\dot{k}_c$ 的表达式，也就得到了能够在线改变 k_c 的自适应律。为此，将式(5.7)两边对时间 t 求导，得

$$\dot{k}_c=-\lambda e(\tau)\frac{\partial e(t)}{\partial k_c} \tag{5.8}$$

式(5.8)右侧的 $\frac{\partial e(t)}{\partial k_c}$ 未知。图 5.1 所示超声波电机 MIT 自适应控制系统的开环传递函数为

$$\frac{E(s)}{N_{\mathrm{ref}}(s)}=\frac{(k-k_ck_v)N(s)}{D(s)} \tag{5.9}$$

可得

$$D(s)E(s)=(k-k_ck_v)N(s)N_{\mathrm{ref}}(s) \tag{5.10}$$

对式(5.10)做 Laplace 反变换，得时域表达式

$$D(p)e(t)=(k-k_ck_v)N(p)N_{\mathrm{ref}}(t) \tag{5.11}$$

式中，p 为微分算子 $\frac{\mathrm{d}}{\mathrm{d}t}$。两边对 k_c 求导，得

$$D(p)\frac{\partial e(t)}{\partial k_c}=-k_vN(p)N_{\mathrm{ref}}(t) \tag{5.12}$$

由图 5.1，参考模型的输入、输出变量之间有下列时域关系：

$$D(p)N_m(t)=kN(p)N_{\mathrm{ref}}(t) \tag{5.13}$$

由式(5.12)和式(5.13)可得，$\frac{\partial e(t)}{\partial k_c}$ 和 $N_m(t)$ 成比例关系

$$\frac{\partial e(t)}{\partial k_c}=-\frac{k_v}{k}N_m(t) \tag{5.14}$$

令自适应系数 $\mu=\lambda k_v/k$，由式(5.8)、式(5.14)得自适应律

$$\frac{\mathrm{d}k_c}{\mathrm{d}t}=\mu e N_m \tag{5.15}$$

利用式(5.15)，可实现对 k_c 的在线调节。具体来说，若设前一时刻的 k_c 值为 k_{c_last}，则当前时刻控制器计算中调整的 k_c 值为

$$k_c=k_{c\_last}+\mu e N_m \mathrm{d}t=k_{c\_last}+\mu T_C e N_m \tag{5.16}$$

式中，T_C 为控制周期；$\mathrm{d}t$ 为前、后两次调整 k_c 值之间的时间间隔。对 k_c 值的调整是在每次控制器计算之前进行的，因而有 $\mathrm{d}t=T_C$。

式(5.16)中，μ 和 T_C 都是事先设计的固定值，可离线计算出两者的乘积用于在线计算。于是，采用式(5.16)对 k_c 值进行一次在线自适应调整，仅需 2 次乘法、1 次加法，计算量极小。图 5.2 给出了采用式(5.16)所示自适应律的超声波电机 MIT 模型参考自适应转速控制结构框图。

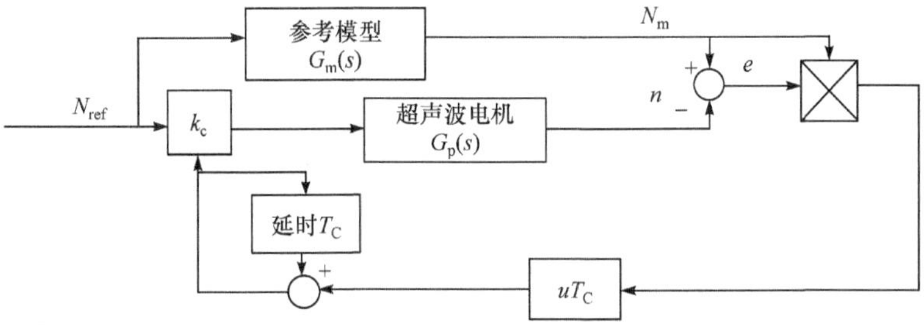

图 5.2　超声波电机 MIT 模型参考自适应转速控制结构框图

应指出的是，用于超声波电机转速控制的 MIT 模型参考自适应控制策略，其自适应律之所以能够被设计得如此简洁，源于其控制器是一个可调增益的比例环节。而采用如此简单的控制器就能够实现参考模型跟踪的原因，则在于参考模型与超声波电机模型仅有增益不同、动态环节相同这一前提假设。为满足这一假设，这种控制策略参考模型的设计不是任意的，这就可能与“参考模型表征控制期望”这一要求相抵触。

但同时也应注意到，MIT 策略在其他领域的成功应用中，实际的被控对象通常都具有时变的动态环节，而不仅是模型增益时变。这就表明，简洁的 MIT 控制策略具有较强的鲁棒性，能够在一定程度上应对未建模动态对控制过程的影响。从另一个角度来说，MIT 控制策略参考模型的设计，可以具有一定程度的随意性，参考模型与被控对象模型的动态环节可以有差异，以满足“参考模型表征控制期望”这一要求，达成控制要求。而这种动态环节的差异，可以看做未建模动态，纳入

系统控制鲁棒性的考虑范围。下文在超声波电机 MIT 转速控制策略的设计过程中，考虑控制期望与超声波电机模型形式之间的差异，参考模型采用了与电机模型不同的动态环节，但阶次均为二阶。

2. MIT 模型参考自适应转速控制仿真研究

模型参考自适应控制的目的是，使图 5.2 所示控制器＋超声波电机构成的前向通道具有与之并联的参考模型相同的性能。因而，参考模型应体现对超声波电机转速的控制期望，是系统设计中的关键一环。考虑到设计的简便及在线实现的计算量，通常将参考模型 $G_m(s)$ 设计为如下的二阶传递函数形式：

$$G_m(s)=\frac{\omega_n^2}{s^2+2\zeta\omega_n s+\omega_n^2} \tag{5.17}$$

式中，ζ 为阻尼比；ω_n 为无阻尼自然振荡频率。

本节对超声波电机的转速控制性能要求是，转速阶跃响应无超调，调节时间在 0.3s 以内。利用经典控制理论关于二阶系统参数设计的基本知识，易得到满足性能要求的参考模型

$$G_m(s)=\frac{2427}{s^2+96s+2427} \tag{5.18}$$

其单位阶跃信号作用下的输出响应如图 5.3 所示，无超调，调节时间为 0.12s。

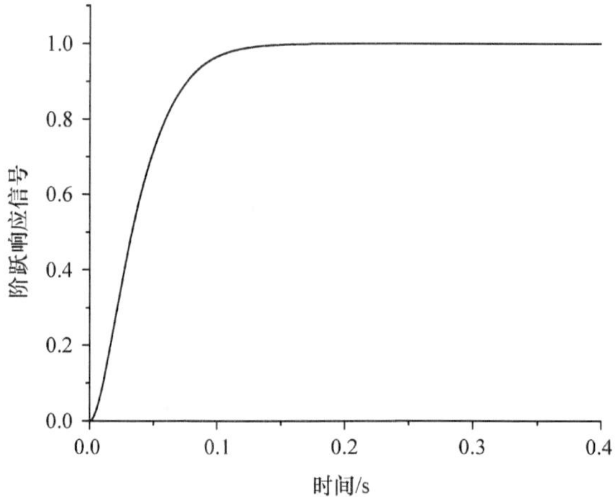

图 5.3　参考模型的单位阶跃响应(仿真)

仿真过程中，需要使用超声波电机模型来构建仿真系统。这里，选用本书 2.1 节建立的 Shinsei USR60 型两相行波超声波电机频率-转速控制模型。将该模型表达为二阶欠阻尼的标准传递函数形式

$$G_p(s)=\frac{710509.0689}{s^2+632.6935002s+710509.0689} \tag{5.19}$$

根据上述超声波电机模型、参考模型及自适应律，在 MATLAB Simulink 中搭建仿真系统如图 5.4 所示，并进行仿真研究。令可调增益初值 k_{c0} 为 1，调节 μ 值，观察电机转速控制性能、参考模型跟踪效果。下面以转速给定值为 90r/min 的阶跃响应过程为例，说明自适应系数 μ 值的调节过程。

(1) 稳定情况下，比较 μ 值大小对转速阶跃响应调节时间的影响。分别取 μ= 0.001、0.005、0.05，得到对应的转速阶跃响应，如图 5.5 所示。可以看出，μ 为 0.001、0.005、0.05 时，转速阶跃响应均无超调，调节时间分别为 0.65s、0.27s、0.13s。μ 值与调节时间直接相关，μ 值越大，调节时间越小；μ=0.05 时的参考模型跟踪效果较好。

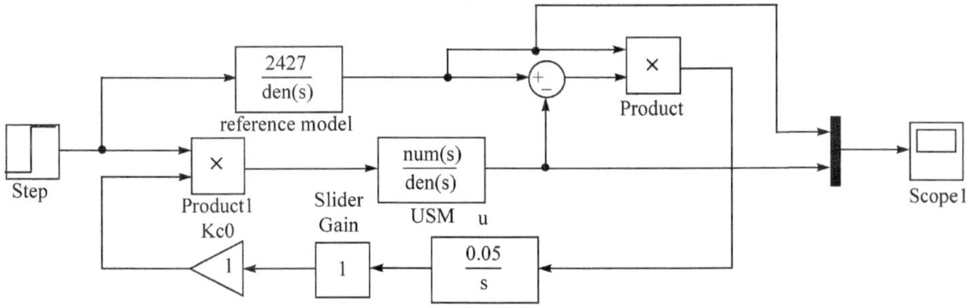

图 5.4　超声波电机 MIT 转速控制系统 Simulink 仿真图

(2) 观察 μ 值过小、过大对转速阶跃响应的影响。如图 5.5 所示，μ 值减小，转速响应过程渐趋平缓，调节时间增大。当 μ=0.0053～0.0592 时，转速响应满足性能要求。当 $\mu \geqslant$0.0592 时，转速发生严重振荡，系统出现不稳定情况，如图 5.6 所示。

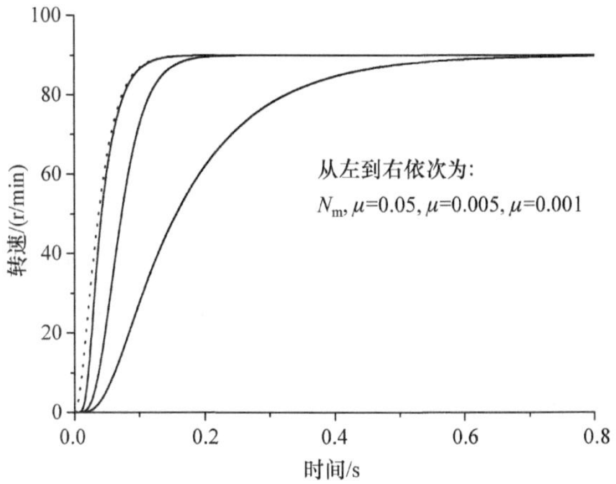

图 5.5　不同 μ 值的转速阶跃响应(仿真)

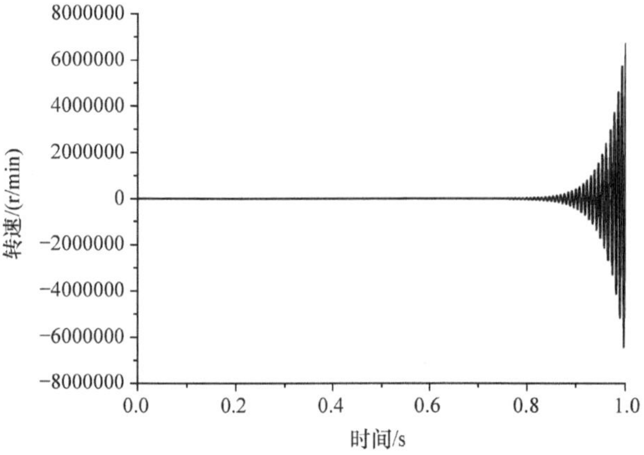

图 5.6 转速阶跃响应(μ=0.08,仿真)

自适应系数 μ 值的大小是决定转速趋于参考模型转速速率的关键量。实验时,电机转速控制效果是通过调节 μ 值来改变的。为进一步了解 μ 值对转速响应过程的影响,掌握该值调整的规律,继续进行如下仿真研究。

(3) 在转速阶跃响应性能指标满足要求的前提下,研究不同 μ 值对应的可调转速范围。分别取 μ=0.4、0.5、0.6、0.7、0.8 时,得到结果如表 5.1 所示。当转速小于表 5.1 给出的下限值时,阶跃响应调节时间大于 0.3s;若大于上限值,则出现与图 5.6 类似的不稳定情况。分析比较不同 μ 值所对应的转速调节范围,可知 μ 值越小,在满足性能要求的前提下,可运行的转速范围越大。

表 5.1 不同 μ 值对应的转速运行范围

自适应系数 μ 值	转速的运行范围/(r/min)
0.4	9.91～37.86
0.5	8.9～33.9
0.6	8.2～30.92
0.7	7.5～28.6
0.8	6.9～26.6

(4) 在转速阶跃响应性能指标满足要求的前提下,研究不同转速给定值对应的 μ 值可调范围,如表 5.2 所示,分别取转速给定值为 10r/min、20r/min、30r/min、80r/min、90r/min、100r/min、110r/min、120r/min。比较分析表 5.2 数据可知,不同的转速给定值对应于不同的自适应系数调节范围;转速越小,μ 值越大且可调范围越大。

表 5.2　不同转速对应的 μ 值可调范围

给定转速值 N_{ref}/(r/min)	μ 值的可调范围
10	0.34～5.715
20	0.092～0.634
30	0.044～0.52
80	0.0061～0.071
90	0.0053～0.0592
100	0.0043～0.051
110	0.003～0.0445
120	0.0024～0.0354

(5) 取本书 2.1 节对应于电机转速分别为 30.3r/min、43.2r/min、62.8r/min 辨识得到的电机模型,确定合适的自适应系数 μ 值。电机模型分别如下所示:

$$G_{p2}(s)=\frac{751881.486321}{s^2+743.9632836s+751881.486321} \tag{5.20}$$

$$G_{p3}(s)=\frac{679991.547456}{s^2+520.4976192s+679991.547456} \tag{5.21}$$

$$G_{p4}(s)=\frac{566829.800161}{s^2+441.941147s+566829.800161} \tag{5.22}$$

经仿真,得到不同电机模型情况下的 μ 值调节数据,如表 5.3 所示。

表 5.3　不同电机模型情况下的 μ 值调节数据比较

电机模型	给定转速/(r/min)	$e<5\%$时调节时间/s						
		$\mu=0.078$	$\mu=0.08$	$\mu=0.084$	$\mu=0.088$	$\mu=0.09$	$\mu=0.093$	$\mu=0.095$
$G_{p(s)}$	20.3	0.31	0.29	0.29	0.29	0.28	0.29	0.28
$G_{p2(s)}$	30.3	0.21	0.22	0.22	0.23	0.23	0.22	0.21
$G_{p3(s)}$	43.2	0.23	0.22	0.22	0.23	0.22	0.21	0.21
$G_{p4(s)}$	62.8	0.20	0.21	0.21	0.21	0.21	0.21	0.21

由以上仿真过程可知,所提控制策略有效,电机转速能够平稳跟踪参考模型输出的转速。不同转速对应的 μ 值可调范围不同;高转速对应的 μ 值小,低转速对应的 μ 值大;μ 值越小,阶跃响应调节时间越长;μ 值过大会造成系统不稳定。综合考虑仿真结果,取 μ 值为 0.08、k_c 的初值 k_{c0} 为 1 进行实验验证。

3. MIT 模型参考自适应转速控制实验研究

以 Shinsei USR60 型两相行波超声波电机为实验电机,采用控制芯片为

DSP56F801 的 H 桥驱动控制电路，按照前述控制策略编写 DSP 程序，进行实验。

仿真计算过程中，未限制控制器输出控制量（电机驱动频率值）的变化率，因而可以设置较大的自适应系数，得到足够大的可调增益及驱动频率变化率，使得转速响应过程足够快。但实际上，过大的驱动频率变化量会使电机停转。所以开始实验时，将 k_c 的初值 k_{c0} 设置为 1，自适应系数 μ 设置为仿真值 0.08 的 1/100，即 0.0008，随后根据控制效果逐渐增大至合适数值。

设置转速给定值为 90r/min 为例来说明空载下自适应系数 μ 值对转速响应的影响。图 5.7 给出了 μ 取不同数值情况下的实测转速阶跃响应。可以看出，随着 μ 值增大，响应过程逐渐加快，图示 μ=0.0013 时的响应过程相对较好。当 μ 值继续增大，转速阶跃响应出现超调及振荡收敛过程，如图 5.8 所示 μ=0.0016 时的响应过程。由此，转速给定值为 90r/min 时，可设置 μ=0.0013。

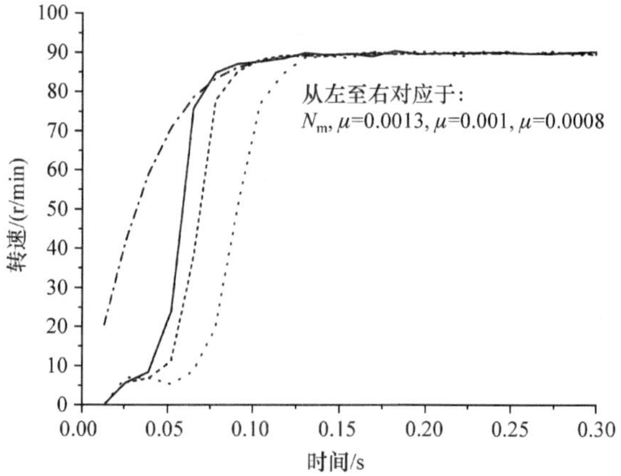

图 5.7　实测不同 μ 值的转速阶跃响应（N_{ref}=90r/min）

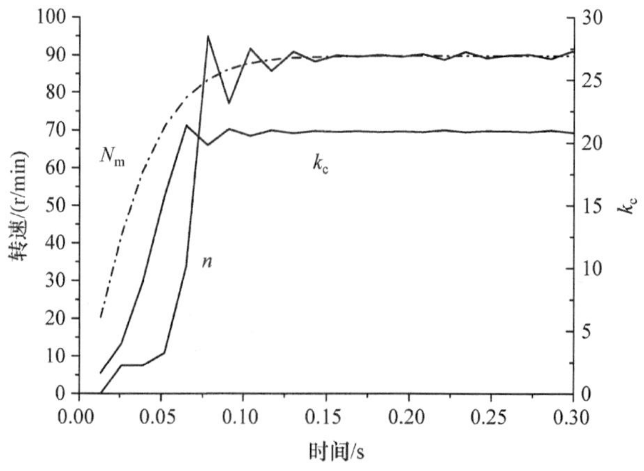

图 5.8　实测的转速阶跃响应（μ=0.0016）

图 5.9 给出了与图 5.7 中 $\mu=0.0013$ 转速响应曲线同时测得的可调增益 k_c、控制量(电机驱动频率)的变化过程。由图 5.9 可见，k_c 值在转速起始上升阶段逐渐增大，以适应于电机达到给定转速所需的驱动频率数值；当转速达到给定值后，k_c 值也趋于稳定，整个变化过程平滑、稳健。而在转速响应出现超调的情况下，如图 5.8 所示，由于 μ 值较大，k_c 在起始阶段增加过快，引起转速超调，同时 k_c 表现出一个超前的振荡收敛过程。

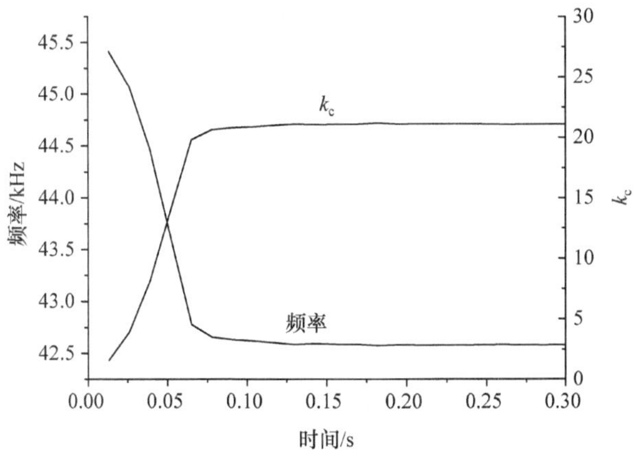

图 5.9　实测 $\mu=0.0013$ 的参数变化过程

转速给定值为 90r/min 时，实验调节的 μ 值为 0.0013 时，电机的运行特性较好，与仿真结果 μ 值为 0.05 时的情况相差较大，原因在于实验时电机运行表现出时变特性。这种时变是与电机运行时的温度、预压力、摩擦材料等外界条件变化及驱动频率、控制参数等内部变化相关的。而仿真时电机模型是默认不变的，未能考虑电机的时变特性，因此实验结果更能突出 MIT 控制策略的鲁棒性。

图 5.10 给出了给定转速分别为 10r/min、30r/min、90r/min 和 120r/min 及各自对应 μ 值的转速阶跃响应，图 5.11 给出了不同转速下的加载($L=0.1$N/m)转速阶跃响应，表 5.4 为与图 5.10、图 5.11 对应的性能指标。从图中可以看出，在各个合适 μ 值下，空载和加载时的转速都能平滑稳定的跟踪参考模型转速变化，调节时间均在 0.2s 以下；高转速对应的 μ 值小，低转速对应的 μ 值大，与仿真结论相同。从超调量上看，除 10r/min 外，空载和加载均有小于 1.5%的超调；稳态误差绝对平均值都小于 0.5r/min，最大误差绝对值均小于 1.5r/min，加载后的参数值无显著变化，从一个方面表明了所述控制策略的鲁棒性。

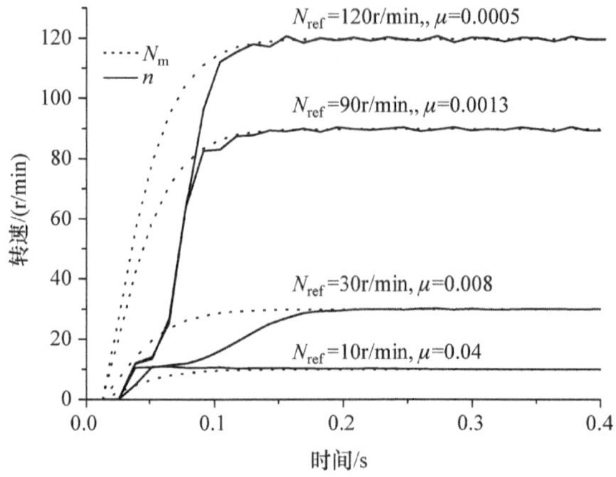

图 5.10　实测不同转速的阶跃响应(空载)

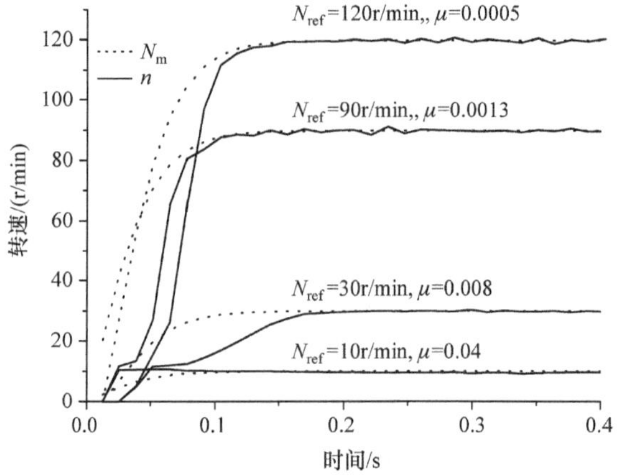

图 5.11　实测不同转速的阶跃响应(加载)

表 5.4　不同转速下控制性能指标对比

N_{ref} /(r/min)	$e<5\%$时调节时间/s				超调量/%		稳态最大误差绝对值/(r/min)		稳态误差绝对平均值/(r/min)	
	空载		加载		空载	加载				
	n	N_m	n	N_m	n	n	空载	加载	空载	加载
10	0.052	0.104	0.026	0.091	4.6	6.2	0.13	0.77	0.056	0.224
30	0.169	0.104	0.169	0.104	0.53	1.1	0.25	0.44	0.143	0.174
90	0.117	0.104	0.104	0.091	0.42	0.44	0.55	0.47	0.436	0.334
120	0.117	0.104	0.117	0.104	0.45	0.26	1.29	1.4	0.46	0.402

5.1.2 基于 Lyapunov 稳定性的超声波电机 MIT 转速控制

MIT 模型参考自适应控制策略中的自适应律，是利用局部参数最优化方法中的梯度法推导得出的，与控制器的响应速度息息相关；5.1.1 节研究表明，μ 值越大，响应速度越快，而 μ 值过大则会使系统不稳定。这是局部参数最优化方法的弊端，在自适应律调节过程中，难以保证控制系统的全局稳定性。

本节针对这一问题，给出一种以 Lyapunov 稳定性理论来推导自适应律的 MIT 模型参考自适应控制策略。该策略采用 MIT 自适应控制结构，并且能够保证控制系统的稳定性。仿真和实验表明，控制算法简单，控制效果较好。

1. 基于 Lyapunov 稳定性理论的自适应律推导

自适应律是模型参考自适应控制的核心，是控制器设计的关键部分。本节基于 Lyapunov 稳定性理论推导自适应律。系统结构、参变量定义均与图 8.29 相同，参考模型、电机模型、广义误差分别如式(5.1)、式(5.2)、式(5.3)所示。由图 5.1 可得下式：

$$\frac{e(s)}{N_{\mathrm{ref}}(s)}=\frac{(k-k_{\mathrm{c}}k_{\mathrm{v}})N(s)}{D(s)}=\frac{KN(s)}{D(s)} \tag{5.23}$$

式中，有 $K=k-k_{\mathrm{c}}k_{\mathrm{v}}$。

若取传递函数的一般表述形式，即令

$$\frac{N(s)}{D(s)}=\frac{b_{n-1}s^{n-1}+b_{n-2}s^{n-2}+\cdots+b_0}{s^n+a_{n-1}s^{n-1}+\cdots+a_0} \tag{5.24}$$

式中，b_{n-1}、b_{n-2}、…、b_0 和 a_{n-1}、a_{n-2}、…、a_0 为模型参数。

式(5.23)可写为

$$e^{(n)}+a_{n-1}e^{(n-1)}+\cdots+a_0e=K(b_{n-1}N_{\mathrm{ref}}^{(n-1)}+b_{n-2}N_{\mathrm{ref}}^{(n-2)}+\cdots+b_0N_{\mathrm{ref}}) \tag{5.25}$$

其状态方程形式为

$$\begin{aligned}&\dot{x}=Ax+KBN_{\mathrm{ref}}\\&e=c^{\mathrm{T}}x\end{aligned} \tag{5.26}$$

式中，状态变量 $x=(x_1,x_2,\cdots,x_n)^{\mathrm{T}}$，并选取状态向量为

$$\begin{aligned}&x_1=e\\&x_2=\dot{e}-\beta_1N_{\mathrm{ref}}\\&\quad\vdots\\&x_n=e^{(n-1)}-\beta_1N_{\mathrm{ref}}^{(n-2)}-\beta_2N_{\mathrm{ref}}^{(n-3)}-\cdots-\beta_{n-1}N_{\mathrm{ref}}\end{aligned}$$

且有

$$A=\begin{bmatrix} 0 & 1 & 0 & \cdots & 0 & 0 \\ 0 & 0 & 1 & \cdots & 0 & 0 \\ \vdots & \vdots & \vdots & & \vdots & \vdots \\ 0 & 0 & 0 & \cdots & 0 & 1 \\ -a_0 & -a_1 & -a_2 & \cdots & -a_{n-2} & -a_{n-1} \end{bmatrix}$$

$$B=(\beta_1 \quad \beta_2 \quad \cdots \quad \beta_n)^{\mathrm{T}} \tag{5.27}$$

$$c^{\mathrm{T}}=(1 \quad 0 \quad \cdots \quad 0)$$

这里

$$\beta_1=b_{n-1}, \quad \beta_2=b_{n-2}-a_{n-1}\beta_1, \quad \cdots, \quad \beta_n=b_0-a_{n-1}\beta_{n-1}-a_{n-2}\beta_{n-2}-\cdots-a_1\beta_1$$

取 Lyapunov 函数为

$$V=x^{\mathrm{T}}Px+\lambda K^2 \tag{5.28}$$

为保证 V 是正定的，式中 P 必须为正定对称矩阵，且有参数 $\lambda>0$，则

$$\frac{\mathrm{d}V}{\mathrm{d}t}=x(PA+AP)x+2x^{\mathrm{T}}PBN_{\mathrm{ref}}K+2\lambda K\dot{K} \tag{5.29}$$

令式(5.29)右端后两项之和为零，即

$$2x^{\mathrm{T}}PBN_{\mathrm{ref}}K+2\lambda K\dot{K}=0 \tag{5.30}$$

得

$$\frac{\mathrm{d}V}{\mathrm{d}t}=x^{\mathrm{T}}(PA+A^{\mathrm{T}}P)x \tag{5.31}$$

令 $PA+A^{\mathrm{T}}P=-Q$，这里

$$Q=Q^{\mathrm{T}}>0 \tag{5.32}$$

代入式(5.31)，得

$$\frac{\mathrm{d}V}{\mathrm{d}t}=-x^{\mathrm{T}}Qx\leqslant 0 \tag{5.33}$$

式(5.33)表明，对于任意分段连续的输入给定值 N_{ref}，系统是渐进稳定的。在保证稳定的前提下，推导自适应律。由式(5.30)可得

$$\frac{\mathrm{d}K}{\mathrm{d}t}=\dot{K}=-\lambda^{-1}x^{\mathrm{T}}PBN_{\mathrm{ref}} \tag{5.34}$$

在图 5.1 所示系统中，与控制器执行周期相比，可认为电机模型增益 k_{v} 缓变，短时间内不变。于是，由 $K=k-k_{\mathrm{c}}k_{\mathrm{v}}$ 得

$$\dot{K}=-k_{\mathrm{v}}\dot{k}_{c} \tag{5.35}$$

将上式代入式(5.34)，得

$$\dot{k}_{\mathrm{c}}(t)=\frac{1}{\lambda k_{\mathrm{v}}}x^{\mathrm{T}}PBN_{\mathrm{ref}} \tag{5.36}$$

对于式(5.36)所表示的系统，如果 $c^{\mathrm{T}}(sI-A)^{-1}B$ 正实，则有

$$PA+A^{\mathrm{T}}P=-Q, \quad PB=C=(1,0)^{\mathrm{T}} \tag{5.37}$$

于是，由式(5.36)和式(5.37)，可得控制器 k_c 的自适应调节规律为

$$\dot{k}_c=\frac{1}{\lambda k_v}eN_{ref} \tag{5.38}$$

令自适应系数 $\mu=\frac{1}{\lambda k_v}$，代入式(5.38)，并转化为时域表达式，得控制器 k_c 自适应律的表达式为

$$k_c=\frac{\mu}{s}eN_{ref} \tag{5.39}$$

对上式离散化，得其递推表达式，用于编程实现

$$k_c=k_{c\_last}+\mu eN_{ref}dt=k_{c\_last}+\mu T_C eN_{ref} \tag{5.40}$$

图 5.1 所示系统采用自适应律式(5.39)在线调节 k_c 值，可保证系统的稳定性，系统结构如图 5.12 所示。用式(5.40)对 k_c 进行一次在线调整，仅需 1 次加法和 2 次乘法运算，计算量极小。

图 5.12 中的参考模型和电机模型采用式(5.18)、式(5.19)形式，设计其 MATLAB 仿真结构如图 5.13 所示，进行仿真研究。在仿真过程中，给定不同的转速阶跃给定信号，调节自适应系数 μ 值，使转速阶跃响应曲线平滑、无超调地跟踪参考模型的输出转速。

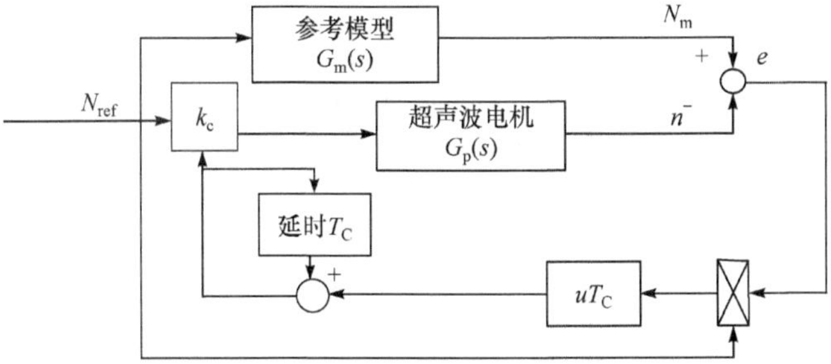

图 5.12　基于 Lyapunov 稳定性 MIT 转速控制结构图

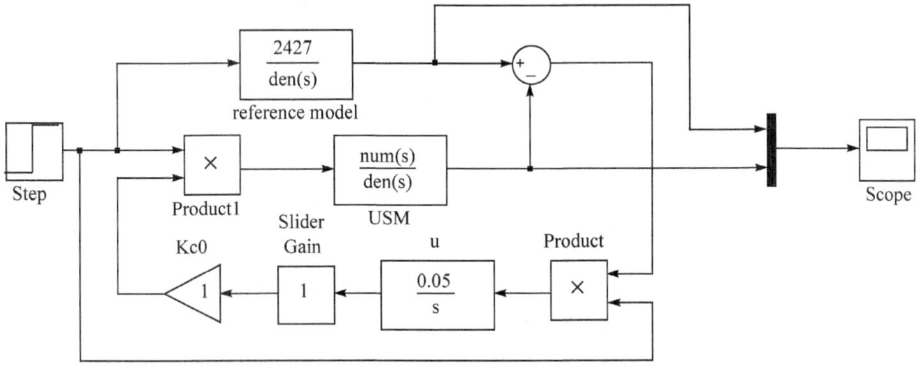

图 5.13　Lyapunov 稳定性 MIT 转速控制 Simulink 仿真图

仿真过程与 5.1.1 节超声波电机 MIT 转速控制系统的仿真过程相似，限于篇幅，不再累述。仿真结果表明，用 Lyapunov 函数推导出的自适应律能够保持系统稳定性，电机转速平稳趋于转速给定值。

2. 基于 Lyapunov 稳定性理论的超声波电机 MIT 转速控制策略实验研究

编写 DSP 程序实现图 5.12 所示控制系统，进行转速控制实验。实验电机为 Shinsei USR60 行波超声波电机，驱动电路为 H 桥结构，用于实现控制器的 DSP 芯片为 DSP56F801。

实验过程表明，自适应系数 μ 的取值决定控制器参数 k_c 值的调整速率，也就与电机转速的动态控制性能直接相关。μ 值增大，k_c 值调整量增大，电机驱动频率变化量也增大，电机转速响应过程加快，调节时间缩短。但是，过大的驱动频率变化量会使电机转速发生抖动。μ 的取值，需在通过仿真确定初值的基础上通过实验整定。整定过程中，应以保证电机运行的平稳性为前提。不同转速下 μ 值的调节规律与 MIT 自适应转速控制过程相同，控制效果也相似，不再详细给出。

图 5.14、图 5.15 分别给出了空载和加载情况下，不同转速给定值对应的转速阶跃响应曲线。表 5.5 给出了与之对应的性能指标数值。

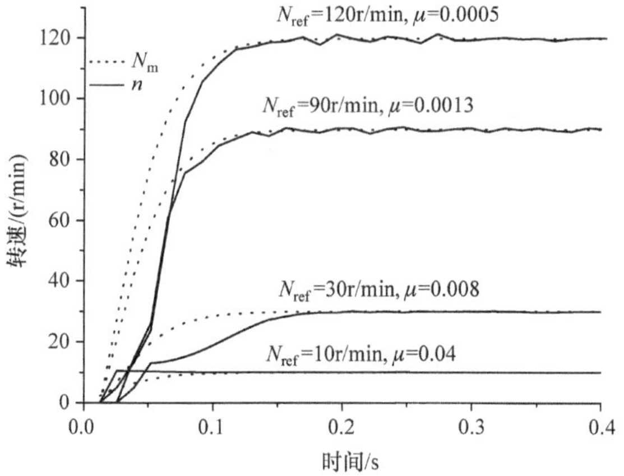

图 5.14 实测不同转速的阶跃响应(空载)

可以看出，无论是空载还是加载情况下，转速阶跃响应过程的调节时间都在 0.1s 左右，低速、高速情况差别不大，实际转速响应过程与参考模型输出接近，表明自适应控制有效。在超调量指标方面，除了 10r/min 情况之外，加载后的超调均小于空载，说明此控制策略对负载扰动的抑制能力较强；从稳态误差绝对值和绝对平均值来看，加载后的稳态波动幅度减小，从一个方面表明了所述控制策略的鲁棒性。比较表 5.5 与表 5.4 中数据分析可知，基于 Lyapunov 稳定性理论设计的

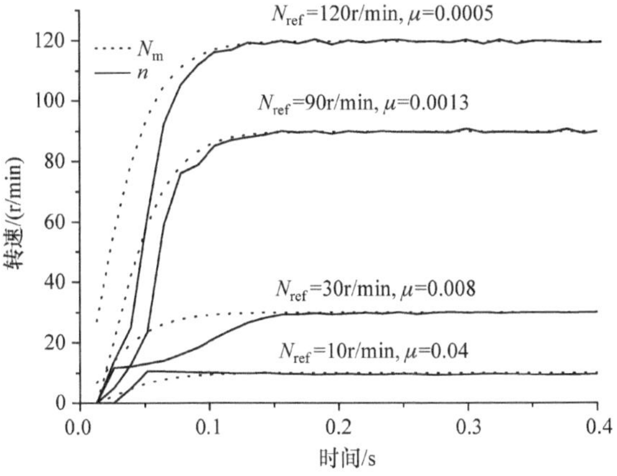

图 5.15　实测不同转速的阶跃响应(加载 0.1Nm)

MIT 控制策略能减小转速响应的动、静态误差，且鲁棒性强于 MIT 控制策略。

表 5.5　不同转速下控制性能指标对比

N_{ref} /(r/min)	$e<5\%$时调节时间/s				超调量/%		稳态最大误差绝对值/(r/min)		稳态误差绝对平均值/(r/min)	
	空载		加载		空载	加载	空载	加载	空载	加载
	n	N_m	n	N_m	n	n				
10	0.026	0.091	0.507	0.104	4.6	6.6	0.17	0.2	0.073	0.241
30	0.169	0.104	0.156	0.091	0.46	0	0.37	0.12	0.137	0.181
90	0.117	0.104	0.117	0.104	0.42	0.22	1.00	0.67	0.415	0.467
120	0.117	0.104	0.104	0.091	0.94	0.03	1.64	1.00	0.389	0.771

5.1.3　超声波电机改进 MIT 模型参考自适应转速控制

MIT 模型参考自适应控制策略，通过调节包含被控对象在内的前向通道增益使被控对象输出跟随参考模型输出。用在超声波电机转速控制中，与神经网络等控制策略相比，该算法简单、控制效果较好。

严格来讲，MIT 控制策略要求参考模型与超声波电机模型的动态部分 $N(s)/D(s)$完全相同，控制器能够在线改变的只是增益。但是，包含超声波电机在内的大多数被控对象的数学模型都具有非线性、时变的特点；同时，参考模型又用来表达控制期望，通常难以设计出与对象模型成比例、并符合期望的参考模型，所以在一定程度上限制了 MIT 的使用范围。

本节提出一种 MIT 模型参考自适应控制的改进策略，在 MIT 控制系统上增加一个控制单元，使得参考模型的设计有更大的自由度，扩展了 MIT 模型参考自适应控制策略的使用范围。仿真和实验研究证实了改进策略的可行性和有效性。

1. 改进 MIT 控制策略的提出

如图 5.16 所示，在比例增益 k_c 控制器的输出端和被控电机之间，增加一个控制单元 $G_a(s)$；所增控制单元的分子多项式为参考模型分子多项式与电机模型分母多项式之积，分母多项式为参考模型分母多项式与电机模型分子多项式之积。这样，由该控制单元和被控电机构成的广义被控对象的传递函数与参考模型的传递函数成比例，仅增益不同。

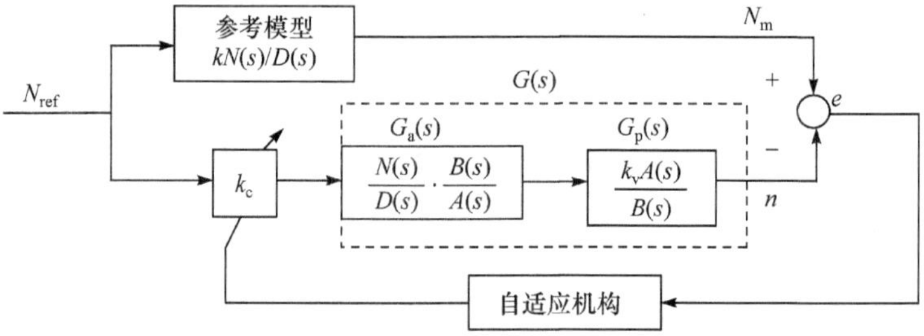

图 5.16　改进 MIT 转速控制系统框图

在图 5.16 所示控制结构中，需要进行设计、实现的控制器，包含原有的 k_c 控制器和新增的控制单元 $G_a(s)$，输出控制量为超声波电机驱动电压的频率。由上述 $G_a(s)$ 的构成可知，只要确定了参考模型和电机模型，也就完成了控制单元 $G_a(s)$ 的设计。所以，与 MIT 控制策略相比，设计工作量没有明显增加。

图 5.16 中，参考模型为

$$G_m(s)=\frac{kN(s)}{D(s)} \tag{5.41}$$

超声波电机的数学模型为

$$G_p(s)=\frac{k_vA(s)}{B(s)} \tag{5.42}$$

新增控制单元 $G_a(s)$ 的传递函数为

$$G_a(s)=\frac{N(s)}{D(s)}\cdot\frac{B(s)}{A(s)} \tag{5.43}$$

$G_a(s)$ 与电机模型 $G_p(s)$ 串联构成"广义被控对象" $G(s)$，即

$$G(s)=G_a(s)\cdot G_p(s)=\frac{N(s)}{D(s)}\cdot\frac{B(s)}{A(s)}\cdot\frac{k_vA(s)}{B(s)}=\frac{k_vN(s)}{D(s)} \tag{5.44}$$

把 $G(s)$ 作为被控对象，此时参考模型传递函数与被控对象传递函数成比例，符合 MIT 模型参考自适应理论推导的前提要求。下面推导上述改进 MIT 转速控制策略的自适应律。

系统中参考模型的传递函数如式(5.41)所示，被控对象 $G(s)$ 的传递函数如式(5.44)所示，则广义误差 e 定义为

$$e=N_m-n \tag{5.45}$$

式中，N_m 为参考模型给定信号下的输出转速；n 为被控对象中超声波电机的输出转速；误差 e 为输入给定转速 N_{ref} 时，参考模型输出与被控对象输出之间的误差。

改进 MIT 策略自适应律的推导过程，与 MIT 策略相同，都采用梯度法寻优，详见式(5.4)～式(5.15)，此处不再重复。其在线控制策略可用下列公式描述

$$\begin{cases} D(p)e(t)=(k-k_c k_v)N(p)N_{ref}(t) \\ D(p)N_m(t)=kN(p)N_{ref}(t) \\ k_c=\dfrac{\mu}{s}e(t)N_m(t) \end{cases} \tag{5.46}$$

式(5.46)中，第一个公式为改进 MIT 策略的开环广义误差方程，第二个公式为参考模型方程，第三个公式为 k_c 控制器的自适应调整律。可以看出，改进 MIT 策略与 MIT 策略的区别，仅是在 k_c 控制器之后增加一个控制单元以满足 MIT 控制策略对参考模型表达式的要求，对自适应律表达式没有影响。根据式(5.46)可得图 5.17 所示系统结构框图。

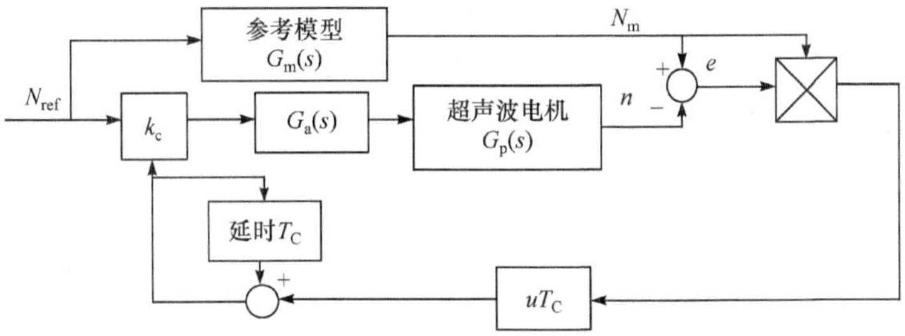

图 5.17 超声波电机改进 MIT 转速控制系统结构框图

2. 稳定性分析

本节所述模型的传递函数形式，均为二阶无零点形式。电机模型采用式(5.19)的二阶数学模型，参考模型采用式(5.18)形式。改进 MIT 策略中新增的控制单元 $G_a(s)$ 为

$$G_a(s)=\frac{s^2+632.6935002s+710509.0689}{s^2+96s+2427} \tag{5.47}$$

由式(5.47)得广义被控对象的传递函数为

$$G(s)=G_a(s)\cdot G_p(s)=\frac{k_v N(s)}{D(s)}=\frac{k_v}{s^2+96s+2427} \tag{5.48}$$

参照式(5.46)，可得出下列一组公式来描述改进 MIT 自适应转速控制策略

$$
\begin{aligned}
&\ddot{e}+96\dot{e}+2427e=(2427-k_{c}k_{v})N_{ref}\\
&\ddot{N}_{m}+96\dot{N}_{m}+2427N_{m}=2427N_{ref}\\
&\dot{k}_{c}=\mu\cdot e(t)\cdot N_{m}
\end{aligned}
\tag{5.49}
$$

由式(5.49)得转速误差 e 的动态方程为

$$\dddot{e}+96\ddot{e}+2427\dot{e}+2427k_{v}\mu N_{ref}^{2}e=0 \tag{5.50}$$

式(5.50)为误差 e 的三阶系统。欲使该系统稳定，根据赫尔维茨稳定判据，各项系数为正，且第二项和第三项系数相乘要大于第一项和第四项系数。于是，得到 μ 的取值范围为

$$\mu<\frac{96}{k_{v}N_{ref}^{2}} \tag{5.51}$$

3. 仿真研究

上述改进 MIT 转速控制系统的 Simulink 仿真结构，如图 5.18 所示。与 MIT 转速控制仿真图(图 5.4)相比，仅增加一个控制单元。仿真研究的主要对象是自适应系数 μ 值与转速阶跃响应性能之间的关系，仿真过程与 MIT 转速控制系统仿真过程相似，此处不再阐述，下面直接给出仿真结果。

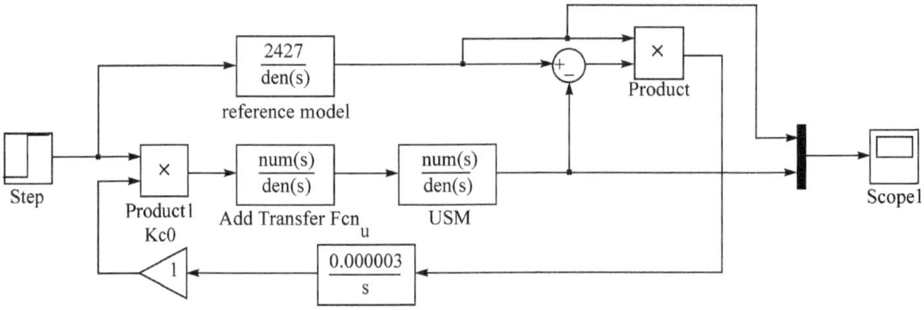

图 5.18　改进 MIT 转速控制 Simulink 仿真图

图 5.19 为给定转速为 90r/min 时，$k_{c0}=1$，$\mu=0.000004$ 的转速阶跃响应，从图中可以看出电机转速能稳定地跟踪参考模型转速响应，调节时间为 0.27s。图 5.20 和图 5.21 分别为自适应系数 μ 取值较大、较小情况下的电机转速响应，与 MIT 控制策略的仿真结果相似：μ 取值较大会引起转速响应超调，取值过大会造成系统不稳定；μ 取值较小会增大调节时间，系统响应变慢。

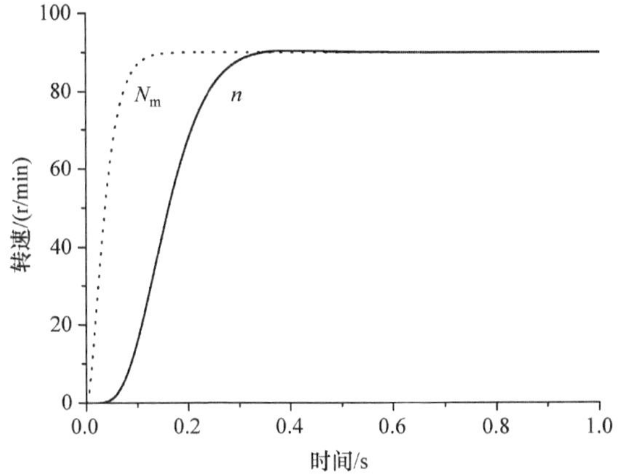

图 5.19　转速阶跃响应(μ=0.000004,仿真)

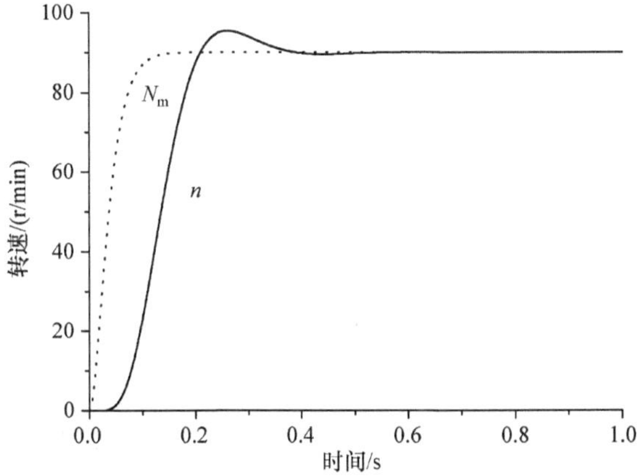

图 5.20　转速阶跃响应(μ=0.000006,仿真)

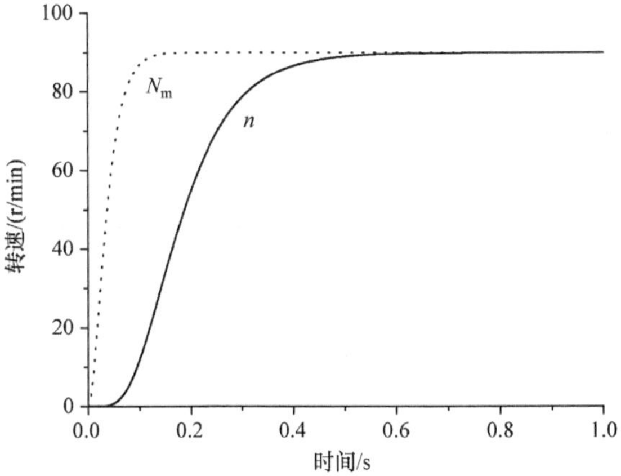

图 5.21　转速阶跃响应(μ=0.000003,仿真)

表 5.6 为不同转速给定值情况下的 μ 值和调节时间数据，调节时间均为 0.27～0.28s。从表 5.6 中还可看出，高转速对应的 μ 值小，低转速对应的 μ 值大。

表 5.6　不同转速对应的 μ 值和调节时间

给定转速 N_{ref}/(r/min)	自适应系数 μ 值	$e<5\%$调节时间 t_s/s
10	0.00035	0.28
20	0.000088	0.28
30	0.000038	0.28
80	0.0000056	0.27
90	0.000004	0.27
100	0.0000035	0.27
110	0.000003	0.27
120	0.0000024	0.27

4. 实验研究

编写 DSP 程序，实现上述转速控制策略，以 Shinsei USR60 型两相行波超声波电机为对象，进行实验研究。

实验中，可调控制参数为自适应系数 μ 和增益初值 k_{c0}。下面以转速给定值 30r/min 为例来说明这些参数值对转速阶跃响应过程的影响。图 5.22 给出了不同 μ 和 k_{c0} 值时的转速阶跃响应曲线；k_{c0} 为 0.1 时，曲线 4 和 5 在转速起始上升阶段均有"凹陷"现象，曲线 5 的 μ 值小于曲线 4，调节时间长但无超调；曲线 4 调节时间短，但有超调。通过曲线 4 和 5 可知，增大 μ 值，能缩短转速响应的调节时间；但适当减小 μ 值能抑制转速超调。比较曲线 2、3、4，μ 值均为 0.0004，在转速起始

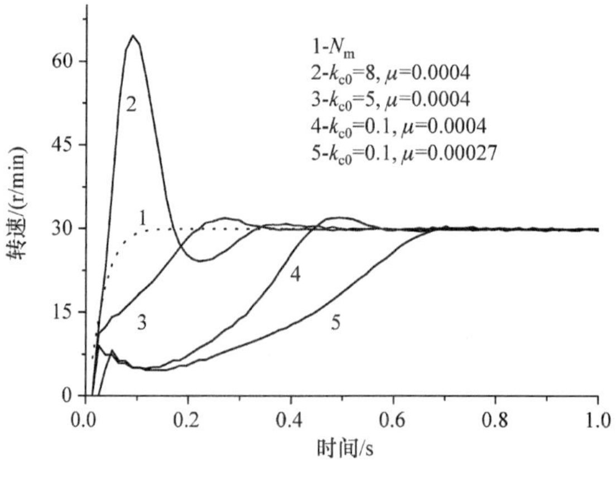

图 5.22　实测不同参数下的转速阶跃响应

上升阶段，曲线 3 中 $k_{c0}=5$ 能明显消除曲线 4 中 $k_{c0}=0.1$ 的起动“凹陷”，并且曲线 3 的调节时间要小于曲线 4；曲线 2 中 $k_{c0}=8$，转速的上升速率近似直线，初始控制强度过大，使得转速响应有很大的超调。由此可知，增大 k_{c0}，能消除转速响应初始阶段的平台；减小 k_{c0}，能减小转速的上升速率。

根据以上分析，转速给定值为 30r/min 时，调试得出 $k_{c0}=6$、$\mu=0.00032$ 的转速阶跃响应，如图 5.23 所示。转速起始上升阶段平稳，到达给定值时有 5.3% 的超调，调节时间约为 0.2s。微减 μ 值能消除超调，达到更理想的控制效果。

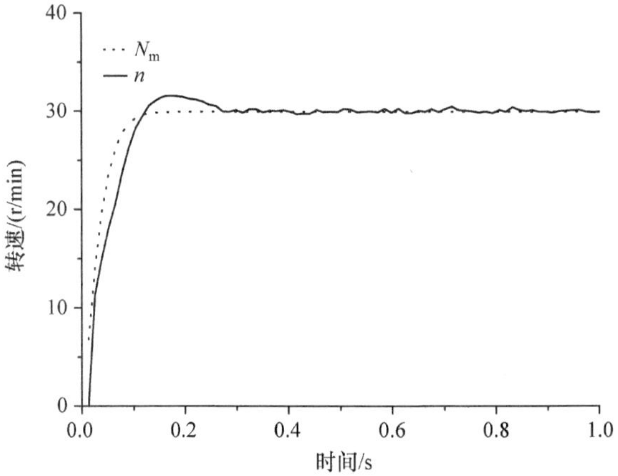

图 5.23　实测转速阶跃响应（$k_{c0}=6$，$\mu=0.00032$）

图 5.24 给出了与图 5.23 转速阶跃响应对应的电机驱动频率 a、可调增益 k_c 的变化过程。电机启动后，k_c 增大，自适应地调节以增强控制作用，频率 a 减小且

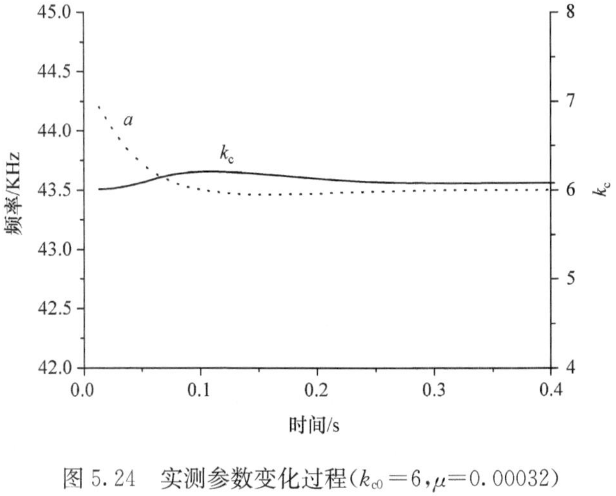

图 5.24　实测参数变化过程（$k_{c0}=6$，$\mu=0.00032$）

变化率较大，使转速急剧上升；转速到达给定值后，调节作用有延迟，使得转速继续增大，出现超调，随后 k_c 逐渐较小，趋于稳定，a 的减小速率逐渐放缓至 0，最后与电机转速一同趋于稳定。

根据以上分析，可总结出改进 MIT 转速控制策略控制参数的实验调整方法如下。

(1) 先调节自适应系数 μ 值。令初始 μ 值为表 5.6 中的仿真值，实测转速阶跃响应，考察控制性能指标。如果有超调，减小 μ 值；如果调节时间过长，增大 μ 值，直到转速响应无超调、调节时间小于 0.3s 为止，由此初步确定 μ 值。

(2) 确定合适的可调增益初值 k_{c0}。增大 k_{c0}，可消除转速响应初始阶段的平台或"凹陷"；反之，可减小转速的上升速率。实验开始前设定的 k_{c0} 值应为较小值；适当增大 k_{c0}，考察转速阶跃响应的变化，选择转速响应过程平稳且无超调的 k_{c0} 值为确定值。

根据以上的参数整定方法，调节不同转速给定值情况所对应的 μ、k_{c0} 值。图 5.25 为给定转速 120r/min、$\mu=0.00002$、$k_{c0}=2$ 时的转速阶跃响应，图 5.26 为对应的参数变化过程。可以看出，可调增益初值为 2，k_c 平稳上升，趋于稳态值 3.36；电机驱动频率 a 平缓下降，趋于稳定值 42.36kHz。

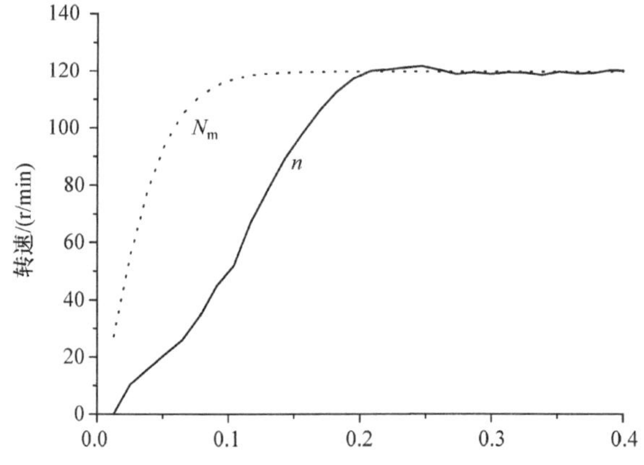

图 5.25　实测 $N_{ref}=120$r/min 的转速阶跃响应

图 5.27、图 5.28 为不同转速给定值情况下空载和加载的转速响应曲线，表 5.7 列出了与图对应的性能指标。从图中可以看出，在各个转速对应的参数值下，改进 MIT 控制策略在空载和加载情况下，都能使电机转速平稳地跟踪参考模型输出转速的变化，调节时间均为 0.15s 左右，表明所提控制策略有效。

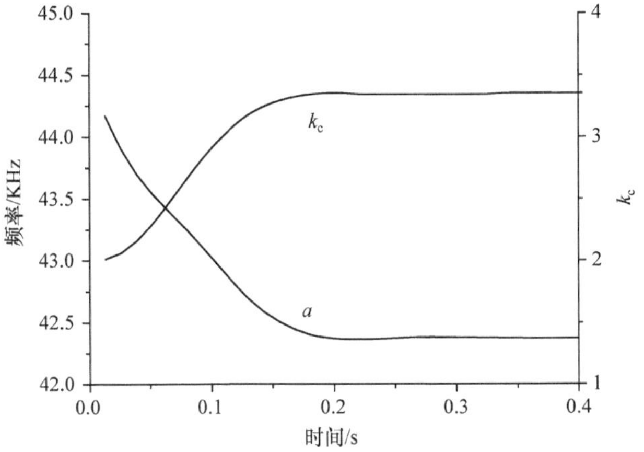

图 5.26　实测 N_{ref}=120r/min 的参数变化过程

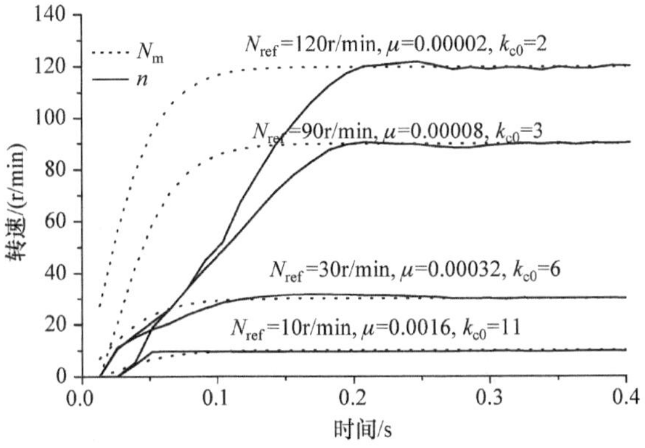

图 5.27　实测不同转速的阶跃响应(空载)

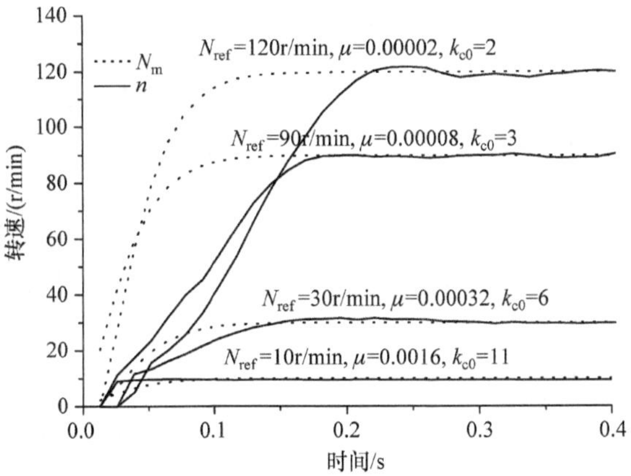

图 5.28　实测不同转速的阶跃响应(加载 0.1N・m)

表 5.7 不同转速下控制性能指标对比

N_{ref} /(r/min)	$e<5\%$时调节时间/s				超调量/%		稳态最大误差绝对值/(r/min)		稳态误差绝对平均值/(r/min)	
	空载		加载		空载	加载	空载	加载	空载	加载
	n	N_m	n	N_m	n	n				
10	0.156	0.104	0.052	0.091	0	0	0.3	0.62	0.186	0.474
30	0.117	0.091	0.143	0.104	5.3	5.2	0.45	0.54	0.137	0.202
90	0.182	0.104	0.169	0.091	0.19	0.37	0.68	0.91	0.253	0.341
120	0.195	0.091	0.208	0.104	0.13	1.35	1.17	1.2	0.334	0.561

5. 改进 MIT 控制策略与 MIT 控制策略的对比

改进 MIT 控制策略的目的是使被控对象数学模型与参考模型成比例，满足 MIT 控制策略前向通道中只有增益可在线调节的要求。图 5.29、图 5.30 分别为

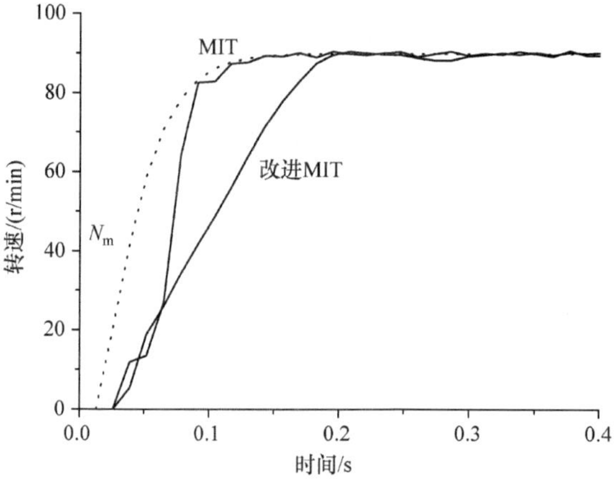

图 5.29 不同控制方法结果对比(N_{ref}=90r/min,空载)

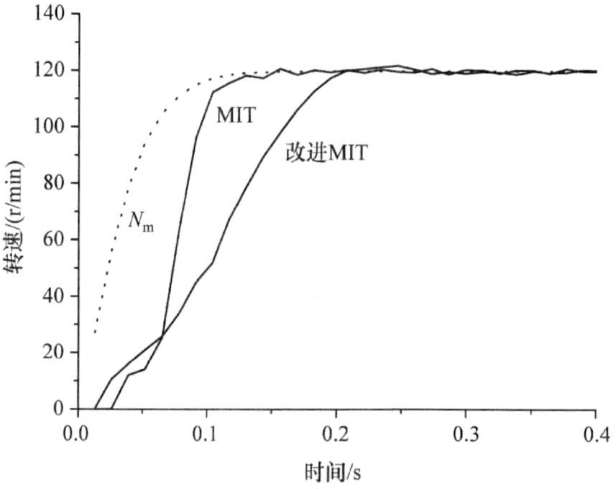

图 5.30 不同控制方法结果对比(N_{ref}=120r/min,空载)

转速给定值为 90r/min、120r/min 时，空载情况下，MIT 和改进 MIT 控制策略的转速阶跃响应对比，图 5.31、图 5.32 为加载时的不同控制方法的转速阶跃响应对比。

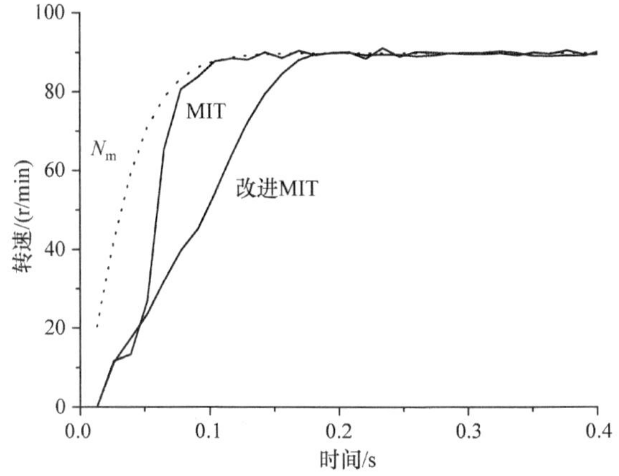

图 5.31　不同控制方法结果对比（N_{ref}=90r/min，加载）

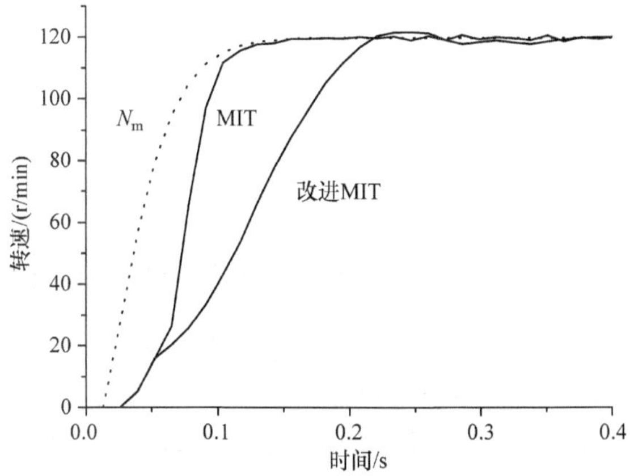

图 5.32　不同控制方法结果对比（N_{ref}=120r/min，加载）

从这些图中可以看出，无论是空载还是加载情况下，改进 MIT 控制策略的转速上升阶段都更平稳。

表 5.8、表 5.9 分别为空载和加载情况下的控制性能指标对比。从表中可以看出，改进 MIT 控制策略比 MIT 控制策略的阶跃响应调节时间长。从超调量数据看，改进 MIT 控制策略除了 30r/min 及 120r/min 加载情况下高于 MIT 控制策略，其他情况下，超调量均小于 MIT 控制策略。从稳态误差绝对平均值来看，空载时，改进 MIT 控制策略小于 MIT 控制策略，加载后两者的稳态误差平均值都增大，MIT 控制策略稍小于改进 MIT 控制策略。稳态性能上，MIT 控制策略的稳态

波动幅度较小。可以看出，改进 MIT 控制策略改善了转速上升阶段的不平滑现象，使转速初始上升阶段更平稳。

表 5.8　不同转速下控制性能指标对比（空载）

N_{ref} /(r/min)	$e<5\%$时调节时间/s			超调量/%			稳态最大误差绝对值/(r/min)			稳态误差绝对平均值/(r/min)		
	MIT n	改进MIT n	N_{m}	MIT n	改进MIT n	N_{m}	MIT n	改进MIT n	N_{m}	MIT n	改进MIT n	N_{m}
30	0.169	0.117	0.091	0.53	5.3	0	0.25	0.45	0.12	0.143	0.137	0.12
90	0.117	0.182	0.104	0.42	0.19	0	0.55	0.68	0.34	0.436	0.253	0.34
120	0.117	0.195	0.091	0.45	0.13	0	1.29	1.17	0.64	0.46	0.334	0.64

表 5.9　不同转速下控制性能指标对比（加载 0.1N·m）

N_{ref} /(r/min)	$e<5\%$时调节时间/s			超调量/%			稳态转速最大波动绝对值/(r/min)			稳态误差绝对平均值/(r/min)		
	MIT n	改进MIT n	N_{m}	MIT n	改进MIT n	N_{m}	MIT n	改进MIT n	N_{m}	MIT n	改进MIT n	N_{m}
30	0.169	0.143	0.104	1.1	5.2	0	0.44	0.54	0.07	0.174	0.202	0.07
90	0.104	0.169	0.091	0.44	0.37	0	0.47	0.91	0.2	0.334	0.341	0.2
120	0.117	0.208	0.104	0.26	1.35	0	1.4	1.2	0.26	0.402	0.561	0.26

5.1.4　基于 Lyapunov 稳定性的超声波电机改进 MIT 转速控制

基于 Lyapunov 稳定性的改进 MIT 转速控制策略，是在改进 MIT 控制策略基础上，用 Lyapunov 函数进行自适应律的推导，从而在实现转速良好控制的同时保证系统的稳定性，系统结构如图 5.33 所示。本节的控制策略所用的参考模型、电机模型和自适应律的推导过程与 5.1.2 节设计过程相似。

在图 5.33 中，k_c 控制器与被控电机之间，增加一个控制单元 $G_a(s)$，与电机模型 $G_p(s)$ 串联构成广义被控对象，其传递函数为

$$G(s)=G_a(s)\cdot G_p(s)=\frac{N(s)B(s)}{D(s)A(s)}\cdot\frac{k_vA(s)}{B(s)}=\frac{k_vN(s)}{D(s)} \tag{5.52}$$

图 5.33 中的 $G(s)$ 与图 5.16 中的 $G(s)$ 相同，自适应律的推导过程也与式(5.23)～式(5.39)所述过程相同，最后推导出的自适应律表达式也相同，此处不再详述。该策略的自适应律与改进 MIT 转速控制策略自适应律的区别在于乘积项，前者是参考模型转速 N_m，后者是给定转速 N_{ref}。图 5.34 给出了系统 Simulink 仿真图。

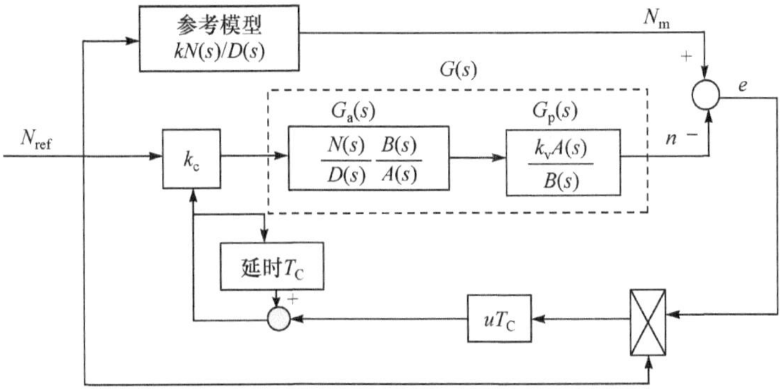

图 5.33　基于 Lyapunov 稳定性的超声波电机改进 MIT 转速控制系统结构框图

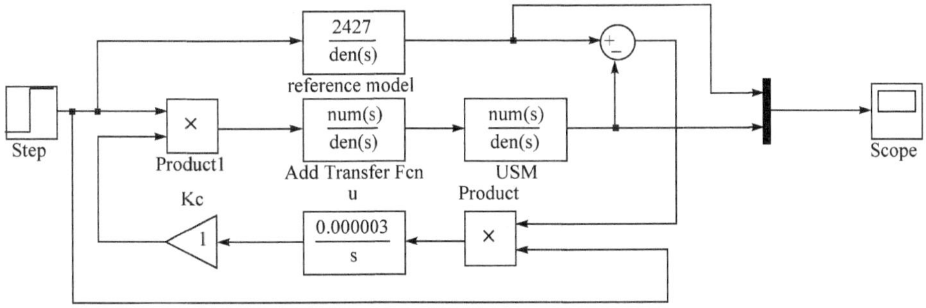

图 5.34　基于 Lyapunov 稳定性的超声波电机改进 MIT 转速控制系统 Simulink 仿真图

仿真过程中，施加不同数值的转速阶跃给定信号，考察电机转速阶跃响应，逐步调节自适应系数 μ 和可调增益初值 k_{c0}。仿真表明，基于 Lyapunov 稳定性理论推导出的自适应律，能够保证自适应控制过程中的稳定性，电机转速对参考模型输出转速的跟踪良好。

1. 基于 Lyapunov 稳定性的超声波电机改进 MIT 转速控制实验研究

实验用电机为 Shinsei USR60 型两相行波超声波电机，编写 DSP 程序实现所提控制策略，进行实验研究。按照 5.1.3 节实验过程中的控制参数调整方法，测得空载情况下，转速给定值分别为 10r/min、30r/min、90r/min 和 120r/min 时的转速阶跃响应如图 5.35 所示；加载情况下的转速阶跃响应过程如图 5.36 所示。表 5.10 给出了对应的控制性能指标数据。

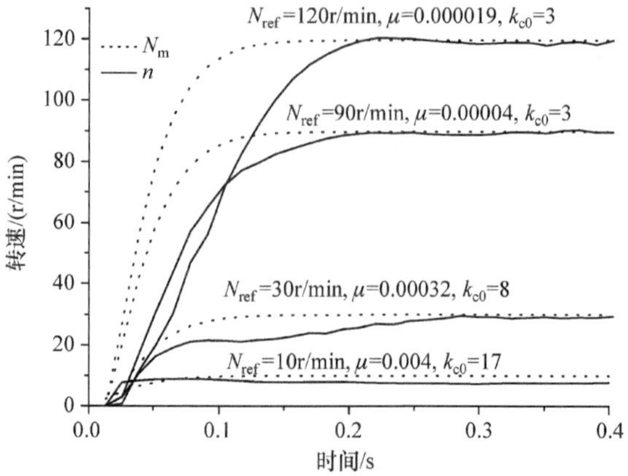

图 5.35　实测不同转速的阶跃响应(空载)

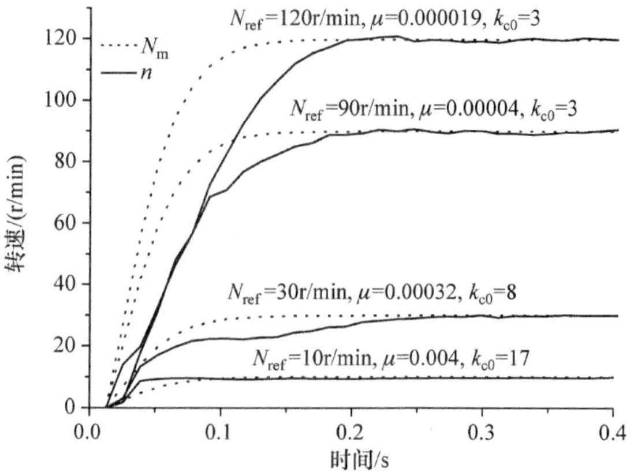

图 5.36　实测不同转速的阶跃响应(加载 0.1N·m)

表 5.10　不同转速下控制性能指标对比

N_{ref} /(r/min)	$e<5\%$时调节时间/s				超调量/%		稳态最大误差绝对值/(r/min)		稳态误差绝对平均值/(r/min)	
	空载		加载		空载	加载				
	n	N_m	n	N_m	n	n	空载	加载	空载	加载
10	0.065	0.104	0.91	0.091	0	0	0.34	—	0.068	—
30	0.234	0.104	0.273	0.104	0.2	2.27	0.4	0.49	0.246	0.348
90	0.169	0.104	0.169	0.104	0.5	0.49	1.4	1.33	0.54	0.437
120	0.169	0.104	0.182	0.104	0.66	0.42	1.17	1.1	0.404	0.489

从图 5.35、图 5.36 可以看出，基于 Lyapunov 稳定性的改进 MIT 转速控制策略，在空载和加载情况下，都能使转速平稳地跟踪参考模型输出转速，启动平缓，转

速无静差。分析表 5.10 数据可知，除转速给定值 10r/min 的情况之外，调节时间均在 0.3s 以下，满足控制性能要求；从超调和稳态误差绝对平均值上分析，加载后数值变化幅度较小，部分数值小于空载，表明所提控制策略的鲁棒性较好。

2. 所提控制策略与改进 MIT 转速控制策略的对比

基于 Lyapunov 稳定性的改进 MIT 转速控制策略(简称改进 LyaMIT)，是在基于 Lyapunov 稳定性的 MIT 控制策略(简称 LyaMIT)基础上增加一个控制单元，使被控对象数学模型与参考模型成比例。图 5.37、图 5.38 分别为空载情况下，转速给定值为 90r/min、120r/min 的 LyaMIT 和改进 LyaMIT 转速阶跃响应对比；图 5.39、图 5.40 为加载时的转速阶跃响应。从图中可以看出，无论是空载还是加载情况下，改进 LyaMIT 使转速初始上升阶段变得更平稳，但调节时间长于 LyaMIT。

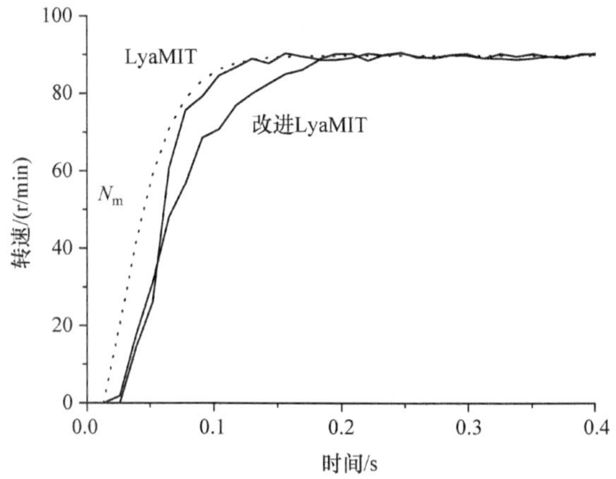

图 5.37　不同控制方法阶跃响应对比(N_{ref}=90r/min，空载)

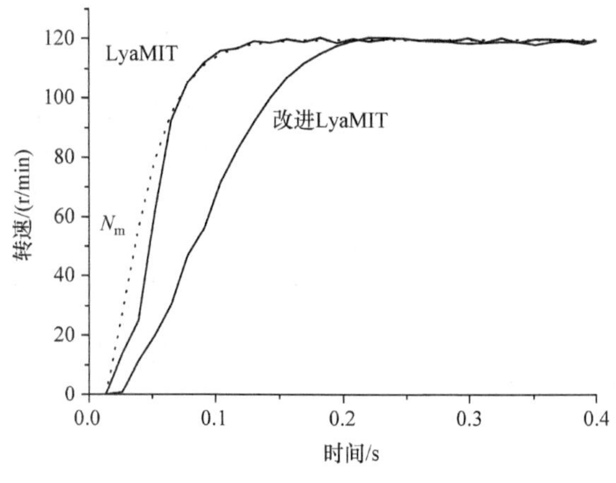

图 5.38　不同控制方法阶跃响应对比(N_{ref}=120r/min，空载)

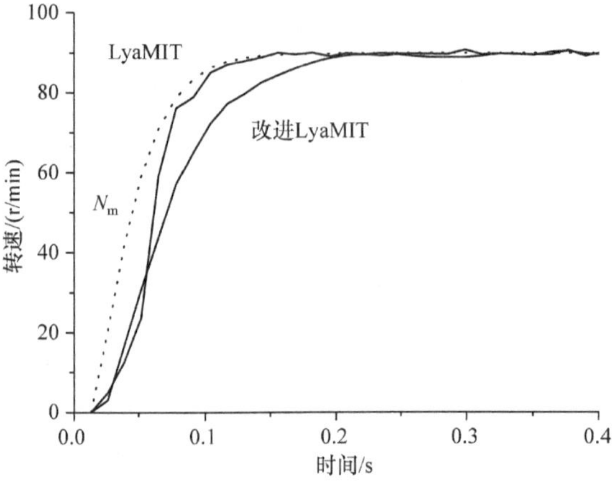

图 5.39　不同控制方法阶跃响应对比(N_{ref}=90r/min,加载)

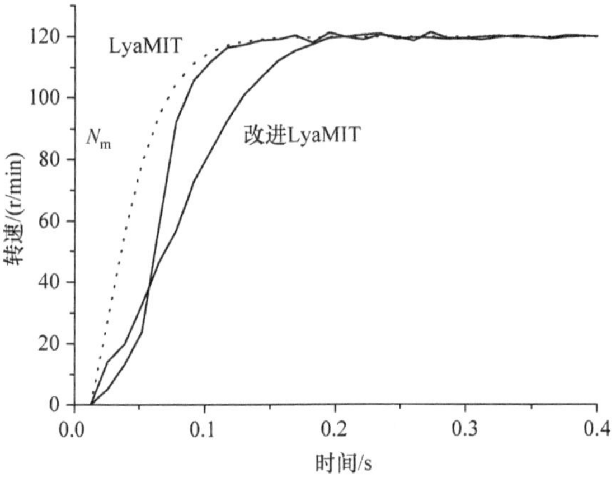

图 5.40　不同控制方法结果对比(N_{ref}=120r/min,加载)

表 5.11、表 5.12 为与上述阶跃响应过程对应的控制性能指标。表中给出的超调量数据表明,除了 30r/min 之外,改进 LyaMIT 在各转速情况下的超调均集中在 0.5%左右,空载和加载情况几乎相同;从稳态误差绝对平均值分析,空载和加载情况的稳态误差平均值都小于 0.5r/min,与之相比,LyaMIT 的转速响应显得波动大一些。从空载和加载情况下控制性能指标的变化来看, LyaMIT 在空载和加载情况下的超调、稳态误差变化幅度较大;并且从稳态误差绝对平均值上看,改进 LyaMIT 在加载情况下的平均值均小于 LyaMIT,反映出改进 LyaMIT 的鲁棒性稍好。

表 5.11　不同转速下控制性能指标对比(空载)

N_{ref} /(r/min)	e<5%时调节时间/s		超调量/%		稳态最大误差绝对值/(r/min)		稳态误差绝对平均值/(r/min)	
	LyaMIT	改进 LyaMIT	LyaMIT	改进 LyaMIT	LyaMIT	改进 LyaMIT	LyaMIT	改进 LyaMIT
30	0.169	0.234	0.46	0.2	0.37	0.4	0.137	0.246
90	0.117	0.169	0.42	0.5	1.00	1.4	0.415	0.54
120	0.117	0.169	0.94	0.66	1.64	1.17	0.389	0.404

表 5.12　不同转速下控制性能指标对比(加载 0.1N · m)

N_{ref} /(r/min)	e<5%时调节时间/s		超调量/%		稳态最大误差绝对值/(r/min)		稳态误差绝对平均值/(r/min)	
	LyaMIT	改进 LyaMIT	LyaMIT	改进 LyaMIT	LyaMIT	改进 LyaMIT	LyaMIT	改进 LyaMIT
30	0.156	0.273	0	2.27	0.12	0.49	0.181	0.348
90	0.117	0.169	0.22	0.49	0.67	1.33	0.467	0.437
120	0.104	0.182	0.03	0.42	1.00	1.1	0.771	0.489

针对超声波电机产业化应用需求，本节从在线计算量小的 MIT 模型参考自适应控制策略开始，针对 Shinsei USR60 型两相行波超声波电机的转速控制，给出四种不同的模型参考自适应控制策略，分别为 MIT、改进 MIT、基于 Lyapunov 稳定性理论的 MIT 和改进 MIT，通过仿真、实验表明了这四种策略的有效性。

5.2　基于超稳定理论的超声波电机模型参考自适应控制

本节基于波波夫超稳定理论，采用输入输出值微分反馈网络方法，设计了超声波电机模型参考自适应转速控制策略。通过仿真验证了所提控制策略的可行性，得出控制参数调整方法，明确了各个控制参数对转速控制性能的影响。仿真表明，采用所提转速控制策略，电机转速能够良好跟踪参考模型输出，控制效果良好。为提高系统的抗干扰性能，在微分反馈网络方法基础上，增加了状态变量滤波器。仿真研究表明，转速控制性能有了进一步改进。

5.2.1　基于超稳定理论的超声波电机转速控制策略

基于波波夫超稳定理论，可以推导出一类基于稳定性的模型参考自适应控制策略设计方法。与 Lyapunov 稳定性理论相比，使用超稳定理论进行控制器设计，不仅同样能够保证控制系统的稳定性，而且结构清晰，自适应律选择灵活，避免了选择 Lyapunov 函数的困难；因而，有较好的应用前景。

超稳定理论是在非线性反馈系统中得出的，这类非线性反馈系统是由一个线性定常前向回路和一个非线性时变反馈回路组成的，如图 5.41 所示。

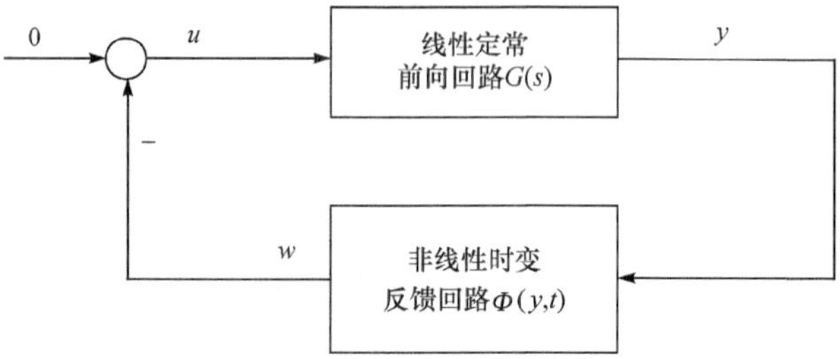

图 5.41　非线性时变反馈系统基本结构框图

采用超稳定性理论设计模型参考自适应控制系统时，需要将被控对象的模型转化为图 5.41 所示的非线性时变反馈系统，包含一个线性的前向传递函数和一个非线性的反馈回路。对于超声波电机的模型参考自适应转速控制，系统中的参考模型可以作为线性前向回路，而超声波电机本身具有时变非线性，再加上含有记忆功能的比例积分控制器，能恰当地组成非线性时变反馈回路，如图 5.42 所示。系统输入为转速给定值 N_{ref}，参考模型输出的转速为 N_m，超声波电机实际输出转速为 n；以转速误差 $e=N_m-n$ 趋于零为目的来设计自适应控制策略，使电机转速良好跟踪参考模型输出。

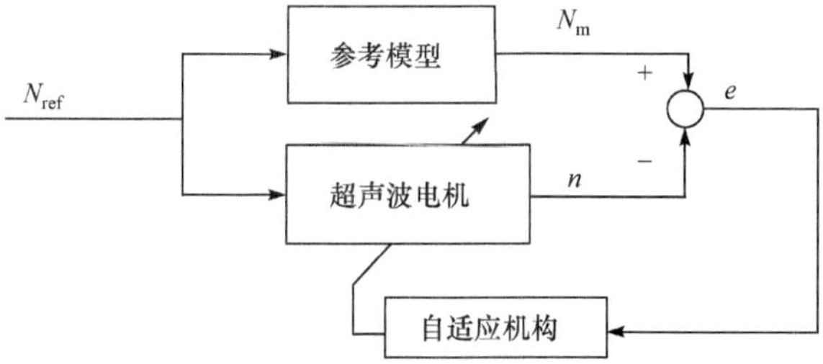

图 5.42　超声波电机模型参考自适应控制系统结构框图

设图 5.42 中参考模型的时域表达式为

$$A_m(p)N_m(t)=B_m(p)N_{ref}(t) \tag{5.53}$$

式中

$$A_m(p)=p^n+\sum_{i=0}^{n-1}a_ip^i$$

$$B_{\mathrm{m}}(p) = \sum_{i=0}^{m} b_i p^i$$

取超声波电机的数学模型为

$$A_{\mathrm{m}}(p)N_{\mathrm{m}}(t) = B_{\mathrm{m}}(p)N_{\mathrm{ref}}(t) \tag{5.54}$$

式中

$$A_{\mathrm{p}}(p) = \sum_{i=0}^{n-1} \alpha_i p^i$$

$$B_{\mathrm{p}}(p) = \sum_{i=0}^{m} \beta_i p^i$$

上述式中，$a_i(i=0,1,\cdots,n-1)$、$b_i(i=0,1,\cdots,m)$为参考模型的已知定常参数；$\alpha_i(i=0,1,\cdots,n-1)$、$\beta_i(i=0,1,\cdots,m)$为超声波电机模型中未知的定常或慢时变参数，且 $m\leqslant n-1$；p 为微分算子$\frac{\mathrm{d}}{\mathrm{d}t}$。

定义广义输出转速误差向量

$$e = N_{\mathrm{m}} - n \tag{5.55}$$

根据超稳定理论，与图 5.41 所示系统等价的线性定常回路，必须是严格正实的，才能保证广义转速误差向量 e 趋向于 0。为了使线性回路严格正实，必须在系统前向通道中串入一个线性补偿器 $D(p)$，使下式成立

$$v = D(p)e = \left(\sum_{i=0}^{n-1} d_i p^i\right)e \tag{5.56}$$

在模型参考自适应控制系统中，通过自适应律在线调整控制器参数，使超声波电机的实际转速跟踪参考模型输出转速，从而达到并保持期望的控制效果。图 5.42中，电机模型参数 α_i、β_i受自身及环境影响而时变，从而使电机转速控制效果偏离期望。为补偿参数时变对控制性能的影响，基于波波夫超稳定理论，利用自适应控制使 α_i、β_i逼近参考模型中的定常参数 a_i、b_i，逼近速率是由自适应律决定的。式(5.56)所示补偿器函数 v 是一个时变非线性函数，作为自适应调节机构的输入。为了使广义输出转速误差 $e(t)=0$，自适应律中应包含具有记忆功能的积分元件，故采用比例加积分形式的自适应律

$$\alpha_i(v,t) = \int_0^t f_{i1}(v,\tau,t)\mathrm{d}\tau + f_{i2}(v,t) + \alpha_i(0), \quad i = 0,1,\cdots,n-1, 0 \leqslant \tau \leqslant t \tag{5.57}$$

$$\beta_i(v,t) = \int_0^t g_{i1}(v,\tau,t)\mathrm{d}\tau + g_{i2}(v,t) + \beta_i(0), \quad i = 0,1,\cdots,m, 0 \leqslant \tau \leqslant t \tag{5.58}$$

式中，f_{i1}、f_{i2}和 g_{i1}、g_{i2}分别是和 $\alpha_i(v,t)$、$\beta_i(v,t)$具有相应维数的矩阵。通过式(5.57)、式(5.58)所示自适应律的调整，可使得对任意初始转速误差 $e(0)$、初始

参数偏差 $a_i-\alpha_i(0)$、$b_i-\beta_i(0)$，在任意给定转速 N_{ref} 作用下，有

$$\lim_{t\to\infty}e(t)=\lim_{t\to\infty}[N_{\mathrm{m}}(t)-n(t)]=0 \tag{5.59}$$

下面，基于超稳定理论，设计超声波电机模型参考自适应转速控制策略。

1. 求电机的等价非线性时变反馈控制回路方程

将参考模型式(5.53)减去电机模型式(5.54)，并在两边同时减去 $A_{\mathrm{m}}(p)n(t)$，再将式(5.55)代入，得

$$A_{\mathrm{m}}(p)e=[A_{\mathrm{p}}(p)-A_{\mathrm{m}}(p)]n+[B_{\mathrm{m}}(p)-B_{\mathrm{p}}(p)]N_{\mathrm{ref}} \tag{5.60}$$

将 $A_{\mathrm{m}}(p)$、$B_{\mathrm{m}}(p)$、$A_{\mathrm{p}}(p)$、$B_{\mathrm{p}}(p)$ 多项式代入上式，得

$$\left(p^n+\sum_{i=0}^{n-1}a_ip^i\right)e=\left[\sum_{i=0}^{n-1}(\alpha_i-a_i)p^i\right]n+\left[\sum_{i=0}^{m}(b_i-\beta_i)p^i\right]N_{\mathrm{ref}} \tag{5.61}$$

令

$$w_1=\left[\sum_{i=0}^{n-1}(\alpha_i-a_i)p^i\right]n+\left[\sum_{i=0}^{m}(b_i-\beta_i)p^i\right]N_{\mathrm{ref}} \tag{5.62}$$

将式(5.57)、式(5.58)代入式(5.62)，得

$$\begin{aligned}w_1=&\sum_{i=0}^{n-1}\left[\int_0^t f_{i1}(v,\tau,t)\mathrm{d}\tau+f_{i2}(v,t)+a_i(0)-a_i\right]p^in\\&+\sum_{i=0}^{m}\left[-\int_0^t g_{i1}(v,\tau,t)\mathrm{d}\tau-g_{i2}(v,t)-\beta_i(0)+b_i\right]p^iN_{\mathrm{ref}}\end{aligned} \tag{5.63}$$

于是，得到等价方程组

$$\left(p^n+\sum_{i=0}^{n-1}a_ip^i\right)e=w_1 \tag{5.64}$$

则等价非线性时变反馈回路方程为

$$\begin{aligned}w=-w_1=&-\left\{\sum_{i=0}^{n-1}\left[\int_0^t f_{i1}(v,\tau,t)\mathrm{d}\tau+f_{i2}(v,t)+a_i(0)-a_i\right]p^in\right.\\&\left.-\sum_{i=0}^{m}\left[\int_0^t g_{i1}(v,\tau,t)\mathrm{d}\tau+g_{i2}(v,t)+\beta_i(0)-b_i\right]p^iN_{\mathrm{ref}}\right\}\\=&-\left\{\sum_{i=0}^{n-1}\left[\int_0^t f_{i1}(v,\tau,t)\mathrm{d}\tau+f_{i2}(v,t)+a'_i(0)\right]p^in\right.\\&\left.-\sum_{i=0}^{m}\left[\int_0^t g_{i1}(v,\tau,t)\mathrm{d}\tau+g_{i2}(v,t)+\beta'_i(0)\right]p^iN_{\mathrm{ref}}\right\}\end{aligned} \tag{5.65}$$

式中，$\alpha_i'(0)=\alpha_i(0)-a_i$；$\beta_i'(0)=\beta_i(0)-b_i$。

2. 求非线性时变反馈回路中的自适应律

根据超稳定理论，对等价非线性反馈回路，要求等价非线性反馈回路的输入输出积分，满足波波夫积分不等式。在反馈回路中输入为 v，输出为 w，由式(5.65)

和波波夫积分不等式，可得

$$\eta(0,t_1)=-\int_0^{t_1}v(t)p^in(t)\left[\int_0^t f_{i1}(v,\tau,t)\mathrm{d}\tau+f_{i2}(v,t)+a_i'(0)\right]\mathrm{d}t$$
$$+\int_0^{t_1}v(t)p^iN_{\mathrm{ref}}(t)\left[\int_0^t g_{i1}(v,\tau,t)\mathrm{d}\tau+g_{i2}(v,t)+\beta_i'(0)\right]\mathrm{d}t\geqslant-r_0^2 \tag{5.66}$$

式中，r_0^2 为常数且小于无穷；t_1 为任意大于零的数。将式(5.66)分解成以下四个不等式：

$$\eta_1(0,t_1)=-\int_0^{t_1}v(t)p^in(t)\left[\int_0^t f_{i1}(v,\tau,t)\mathrm{d}\tau+a_i'(0)\right]\mathrm{d}t\geqslant-r_1^2 \tag{5.67}$$

$$\eta_2(0,t_1)=-\int_0^{t_1}v(t)p^in(t)f_{i2}(v,t)\mathrm{d}t\geqslant-r_2^2 \tag{5.68}$$

$$\eta_3(0,t_1)=\int_0^{t_1}v(t)p^iN_{\mathrm{ref}}(t)\left[\int_0^t g_{i1}(v,\tau,t)\mathrm{d}\tau+\beta_i'(0)\right]\mathrm{d}t\geqslant-r_3^2 \tag{5.69}$$

$$\eta_4(0,t_1)=\int_0^{t_1}v(t)p^iN_{\mathrm{ref}}(t)g_{i2}(v,t)\mathrm{d}t\geqslant-r_4^2 \tag{5.70}$$

式中，$\sum_{i=1}^{4}r_i^2=r_0^2$ 是式(5.67)～式(5.70)满足波波夫不等式(5.66)的一个充分条件。

下面引入一个基本引理，以便求得自适应律。对于下列不等式：

$$\eta(0,t_1)=\int_0^{t_1}f(t)\left[\varphi(0)+\int_0^t\varphi(t,\tau)\mathrm{d}\tau\right]\mathrm{d}t\geqslant-r^2 \tag{5.71}$$

式中

$$\varphi(t,\tau)=k(t-\tau)f(\tau) \tag{5.72}$$

若 $k(t-\tau)$ 是正定标量积分核，其拉普拉斯变换是在 $s=0$ 处有一个极点的正实传递函数，那么不等式(5.71)成立，且 $r^2<\infty$。

应用以上引理，式(5.67)、式(5.69)中的自适应规律函数 f_{i1}、g_{i1} 为

$$f_{i1}(v,\tau,t)=-k_{i1}(t-\tau)v(\tau)p^in(\tau) \tag{5.73}$$

$$g_{i1}(v,\tau,t)=k_{i2}(t-\tau)v(\tau)p^iN_{\mathrm{ref}}(\tau) \tag{5.74}$$

式中，$k_{i1}(t-\tau)$、$k_{i2}(t-\tau)$为正定标量积分核，有多种可行的取法，其中最简单的一种是取为

$$k_{i1}(t)=k_{i1}>0 \tag{5.75}$$

$$k_{i2}(t)=k_{i2}>0 \tag{5.76}$$

式中，k_{i1}、k_{i2}为大于零的常数。

同理，式(5.68)、式(5.70)中的自适应规律函数 f_{i2}、g_{i2} 满足波波夫积分不等式时，为

$$f_{i2}(v,t)=-k_{i3}(t)v(t)p^in(t) \tag{5.77}$$

$$g_{i2}(v,t)=k_{i4}(t)v(t)p^iN_{\mathrm{ref}}(t) \tag{5.78}$$

式中，$k_{i3}(t)$、$k_{i4}(t)$为半正定增益，可取为

$$k_{i3}(t)=k_{i3}>0 \tag{5.79}$$

$$k_{i4}(t)=k_{i4}>0 \tag{5.80}$$

式中，k_{i3}、k_{i4}为大于零的常数。

上述自适应规律函数 f_{i1}、f_{i2}、g_{i1}、g_{i2}，使得等价非线性时变反馈回路满足波波夫积分不等式。

3. 求线性补偿器 D

下面根据等价线性定常前向回路的正实性要求，求取线性补偿器 D。等价线性定常前向回路传递函数为

$$G(s)=\frac{D(s)}{\sum_{i=0}^{n}a_i s^i}=\frac{\sum_{i=0}^{n-1}d_i s^i}{\sum_{i=0}^{n}a_i s^i} \tag{5.81}$$

要使整个超声波电机控制系统渐近超稳定，$G(s)$必须为严格正实函数。这一点，可用严格正实函数的如下定义来判断。设 $G(s)=M(s)/N(s)$是复变量 $s=\sigma+\mathrm{j}\omega$ 的有理函数。其中，$M(s)$和 $N(s)$都是 s 的多项式。如果有

(1) 当 s 为实数时，$G(s)$也是实数。

(2) $G(s)$在开口右半平面 $\mathrm{Re}(s)\geqslant 0$ 上没有极点。对于闭环稳定的高阶系统来说，闭环极点均位于 s 平面的左半部，闭环极点离虚轴越近，对暂态性能影响越会起到主导作用。

(3) 对任意的 ω，当 $s=\mathrm{j}\omega$ 时有 $\mathrm{Re}(G(\mathrm{j}\omega))>0$。

那么，称 $G(s)$为严格正实函数。

根据以上定义，可以求得线性补偿器 $D(s)$中参数 d_i 应满足的条件。

至此，根据以上求得的自适应律和线性补偿器 $D(s)$，可以画出基于波波夫超稳定理论的超声波电机模型参考自适应转速控制系统结构框图，如图 5.43 所示。

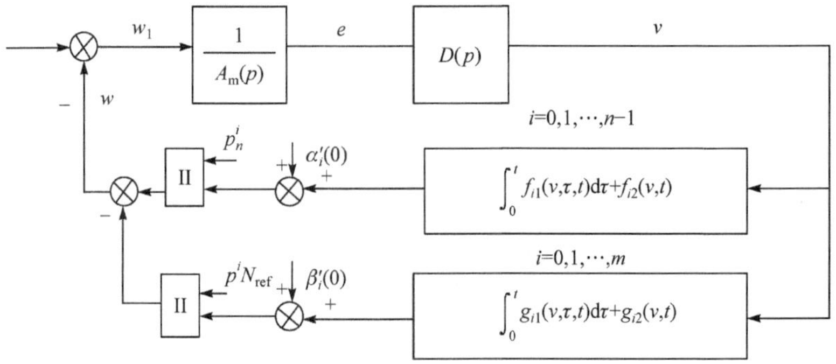

图 5.43 超声波电机模型参考自适应转速控制系统结构框图

上述基于波波夫超稳定理论推导出的超声波电机模型参考自适应控制策略，是一般化的控制算式。当电机型号选定后，可根据具体的电机特性模型及控制性能要求，进行控制策略的具体设计。

5.2.2　超声波电机转速控制策略的具体设计

下文仿真用电机为 Shinsei USR60 型两相行波超声波电机。用来表述电机特性的数学模型，采用本书 2.1 节给出的 Shinsei USR60 型两相行波超声波电机频率-转速控制的阶跃响应模型，并将电机模型误差及电机运行过程中的时变特性归为未建模动态，纳入超稳定理论控制的鲁棒性问题。根据上述控制策略推导过程中的设定，取电机模型的形式为

$$(s^2+632.6935002s+\alpha_0)n=\beta N_{\mathrm{ref}} \tag{5.82}$$

式中，α_0、β 为电机运行过程中的时变参数。前述控制器基于超稳定理论，通过调节电机模型中的参数 α_0、β 来跟踪参考模型输出。

对参考模型的性能指标要求为：在输入阶跃信号的作用下，参考模型输出响应无超调，调节时间在 0.3s 以内。据此设计参考模型为

$$(s^2+632.6935002s+25000)N_{\mathrm{m}}=25000N_{\mathrm{ref}} \tag{5.83}$$

线性前向回路串联线性补偿器 $D(s)$ 为

$$v=D(s)e=(d_0+d_1s)e \tag{5.84}$$

为使反馈回路满足波波夫积分不等式，由式(5.73)～式(5.80)可得

$$\alpha_0(v,t)=-k_1\int_0^t vn\,\mathrm{d}\tau-k_3vn+a_0(0) \tag{5.85}$$

$$\beta(v,t)=k_2\int_0^t vN_{\mathrm{ref}}\,\mathrm{d}\tau+k_4vN_{\mathrm{ref}}+\beta_0(0) \tag{5.86}$$

由式(5.60)得

$$A_{\mathrm{m}}(p)e=(\alpha_0-25000)n+(25000-\beta)N_{\mathrm{ref}} \tag{5.87}$$

令

$$w_1=(\alpha_0-25000)n+(25000-\beta)N_{\mathrm{ref}} \tag{5.88}$$

则等价非线性时变反馈回路方程为

$$\begin{aligned}w&=-w_1=-\{(\alpha_0-25000)n-(\beta-25000)N_{\mathrm{ref}}\}\\&=-\left\{-\left[k_1\int_0^t vn\,\mathrm{d}\tau+k_3vn-a_0(0)+25000\right]n\right.\\&\quad\left.-\left[k_2\int_0^t vN_{\mathrm{ref}}\,\mathrm{d}\tau+k_4vN_{\mathrm{ref}}+\beta_0(0)-25000\right]N_{\mathrm{ref}}\right\}\end{aligned} \tag{5.89}$$

式中，设 $\alpha_0'(0)=\alpha_0(0)-25000$；$\beta_0'(0)=\beta_0(0)-25000$，即

$$w=\left[k_1\int_0^t vn\,\mathrm{d}\tau+k_3vn-a_0'(0)\right]n+\left[k_2\int_0^t vN_{\mathrm{ref}}\,\mathrm{d}\tau+k_4vN_{\mathrm{ref}}+\beta_0'(0)\right]N_{\mathrm{ref}} \tag{5.90}$$

将参考模型和线性补偿器的表达式代入式(5.81),得等价线性前向回路 $G(s)$为

$$G(s)=\frac{d_0+d_1s}{s^2+632.6935002s+25000} \tag{5.91}$$

为使 $G(s)$为严格正实函数,由定义判断出线性补偿器参数 d_0、d_1 应满足的条件为

$$0<d_0<632.6935002d_1 \tag{5.92}$$

5.2.3 模型参考自适应转速控制策略的仿真研究

对上述设计的超声波电机模型参考自适应转速控制策略进行仿真研究。仿真对应的实际系统,所用驱动电路为 H 桥结构,控制电路以 DSP56F801 型 DSP 芯片为核心。编写 MATLAB 程序,实现所提控制策略及电机模型,并构成闭环控制回路,研究控制参数对系统运行的影响,验证系统的控制性能。

控制策略中的可调参数包括:反馈回路中的可调参数为积分增益 k_1、k_2,比例增益 k_3、k_4 和线性补偿器参数 d_0、d_1。下面,逐一探究这些参数取值对电机转速控制性能的影响。这里,将等价非线性时变反馈回路方程(5.90)中的 $\alpha_0'(0)$、$\beta_0'(0)$初值取为 0。下文以转速阶跃给定值 90r/min 为例来说明控制参数值对转速响应过程的影响。

1. 线性补偿器参数 d_0、d_1

d_0、d_1 是线性补偿器参数。在控制器计算过程中,d_0 与参考模型转速和电机实际转速的误差相乘,是误差值的系数;d_1 则与误差的微分相乘,是误差微分值的系数。控制策略依据这些误差信号对电机驱动频率进行调节,使电机实际转速逐渐趋于期望值。将转速实际误差系数即 d_0 设置为 1,改变 d_1 的数值来观察电机转速阶跃响应过程。

对系数 d_1 的调节过程中,d_0、d_1 应满足式(5.92)的限制条件,即 d_1 取值范围为 0.002~0.013,以保证电机转速能够较好地跟踪参考模型给定的响应过程。d_1 取值超出这个范围,转速响应过程可能发生振荡,控制系统无法正常运行。图 5.44 给出了 $d_1=0.002$ 时的转速阶跃响应,电机转速与参考模型输出转速几乎重合,跟踪良好,无超调,调节时间为 0.1s 左右。

图 5.45 给出了 d_1 分别取为 0.002、0.01、0.013 时的参考模型跟踪误差(e)阶跃响应过程。比较可知,$d_0=1$ 时,d_1 在取值范围内变化,随着 d_1 值逐渐增大,转速误差峰值逐渐降低,分别为 3.40r/min、2.13r/min、1.90r/min;但是同时,阶跃响应过程的调节时间逐渐增大。这里,误差峰值与调节时间的变化规律,符合一般的控制规律。在正常情况下,当希望缩短系统调节时间、加快系统响应速度时,通常会增大作用强度,并辅以有效的控制调节。这里,误差峰值较大而调节时间缩

短,意味着系统中控制作用强度的变化幅度较大,且控制器的调节是有效的。

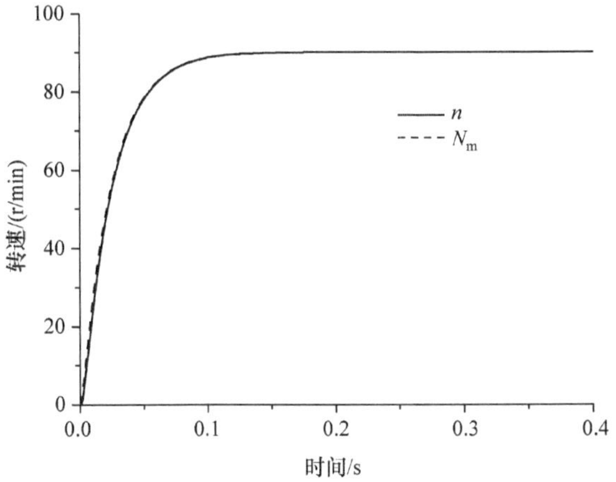

图 5.44　转速阶跃响应($d_0=1$、$d_1=0.002$)

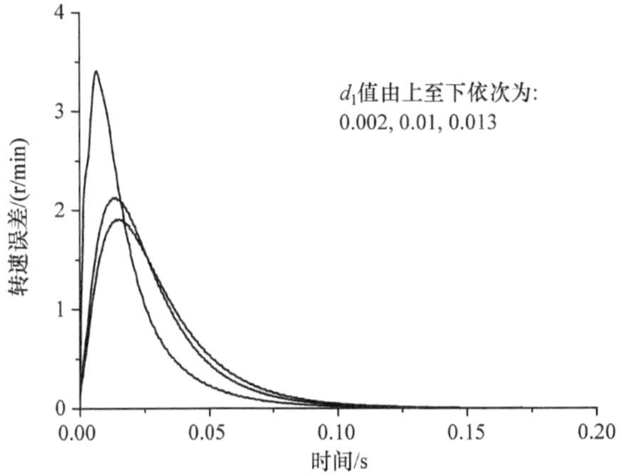

图 5.45　不同 d_1 时的转速误差响应($d_0=1$)

2. 积分增益 k_1、k_2

设定 $d_0=1$、$d_1=0.01$,改变积分增益 k_1、k_2 的值,得转速阶跃响应过程如图 5.46 所示,分别对应于积分增益值为 0.1、0.01、0.003。对比可知,增大积分增益值,可加快自适应调节速率,缩短转速响应过程的上升时间。仿真表明,积分增益的可调范围是 0.003~0.3。积分增益过小,阶跃响应调节时间会大于 0.3s;过大,则出现图 5.47 所示的转速稳态波动增大甚至振荡、失稳的现象。在图 5.46 中,$k_1=k_2=0.1$ 时的电机转速变化曲线(实线)与参考模型输出的期望转速(虚线)几乎重合,转速跟踪效果较好。

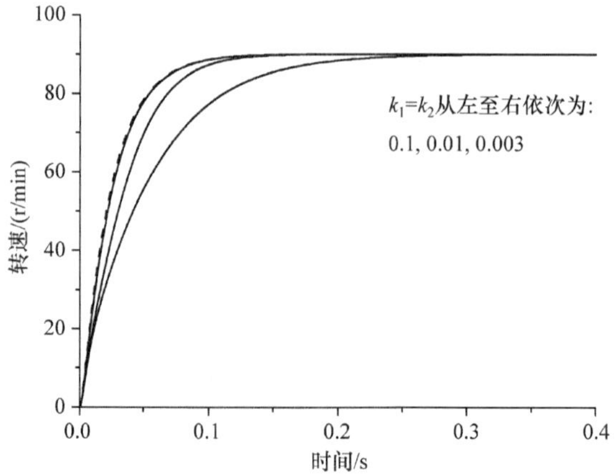

图 5.46　不同 k_1、k_2 值时的转速阶跃响应

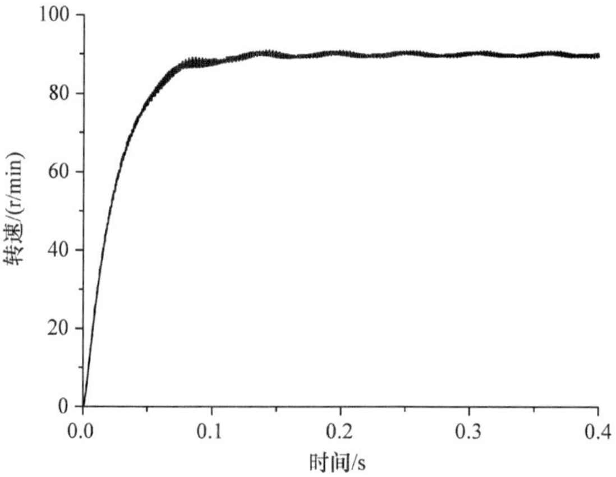

图 5.47　转速阶跃响应($k_1=k_2=0.329$)

3. 比例增益 k_3、k_4

设定 $d_0=1$,$d_1=0.01$,$k_1=k_2=0.1$,改变比例增益 k_3、k_4 的值。仿真表明,在保证系统稳定的前提下,k_3、k_4 的取值范围为 0.00007～0.00012。在此范围内,转速阶跃响应曲线与图 5.44 相似,电机转速对参考模型输出转速的跟踪效果良好。图 5.48 给出了 k_3、k_4 分别取 0.00007、0.0001 时的转速跟踪误差阶跃响应曲线,两条曲线的差别不明显,其峰值分别为 2.15r/min、2.13r/min,调节时间几乎相同。由此可以看出,基于波波夫超稳定理论的模型参考自适应转速控制系统中,比例增益 k_3、k_4 的取值变化,对系统性能的影响较小,但取值必须在保证系统稳定的

范围内。超出这个范围，转速会出现振荡，如图 5.49 所示。转速振荡继续增强，会导致系统不稳定。

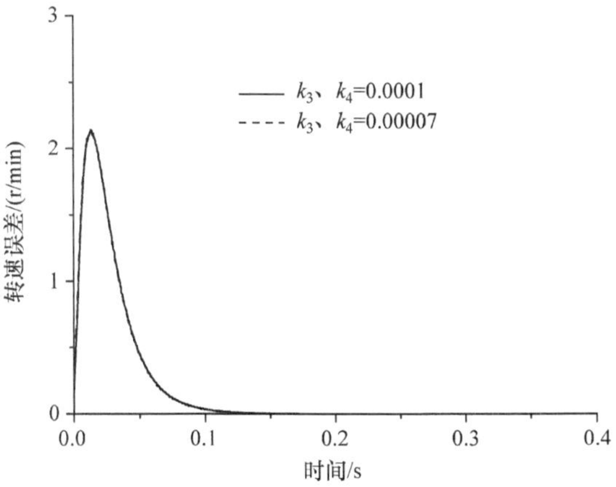

图 5.48　不同 k_3、k_4 值时的转速误差响应

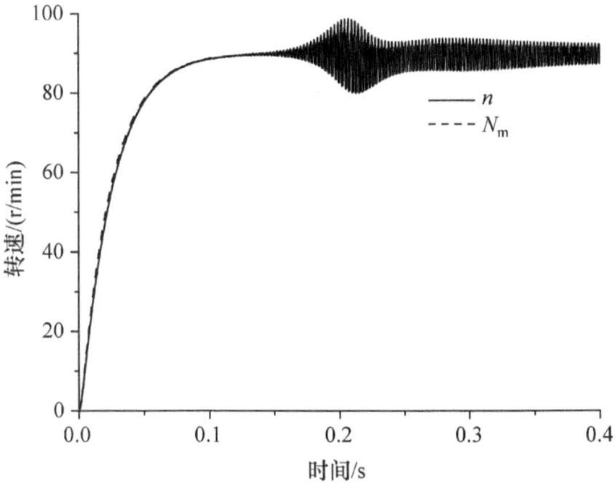

图 5.49　转速阶跃响应（$k_3=k_4=0.00013$）

在设定 $d_0=1$ 时，根据上述实验结果得到不同转速下 d_1、k_1、k_2、k_3、k_4 的取值范围如表 5.13 所示。不同转速下 d_1、k_1、k_2、k_3、k_4 共有五个参变量，其中积分增益 k_1、k_2 值相等，比例增益 k_3、k_4 值相等，也就相当于三个变量，求任意一个变量的取值范围时，需要固定另外两个变量。在表 5.13 中，固定变量值的依据是，积分增益对转速控制系统的影响较大，且值越大，跟踪参考模型的准确度越高，所以积分增益的取值尽可能较大。d_1 值越大，转速误差越小，原则上也尽可能取大。在求积分增益和比例增益稳定范围时，把 d_1 值固定为所有转速均能取到的范围内，即 $d_1=0.002$。把速度分为高速（80～120r/min）、中速（40～70r/min）、低速（0～

30r/min)三段,同一速度段采用同一参数值,来求取另一参数的取值范围。

表 5.13　不同转速下的控制参数取值范围

N_{ref} /(r/min)	d_1 稳定范围			d_1	k_1、k_2 稳定范围		k_3、k_4 稳定范围	
	d_1	k_1、k_2	k_3、k_4		k_1、k_2	k_3、k_4	k_1、k_2	k_3、k_4
10	0.0016～0.003	8	0.005	0.002	0.15～10	0.005	1	0～0.044
20	0.002～0.0045	1.2	0.005	0.002	0.1～1.3	0.005	1	0.0003～0.0028
30	0.0016～0.002	0.8	0.005	0.002	0.6～13	0.005	1	0.0005～0.001
40	0.0016～0.004	0.28	0.0001	0.002	0.008～0.28	0.0001	0.1	0～0.0026
70	0.0016～0.004	0.1	0.0001	0.002	0.003～0.2	0.0001	0.1	0.00004～0.0009
90	0.002～0.013	0.1	0.0001	0.002	0.0025～0.15	0.0001	0.01	0～0.0005
100	0.0054～0.01	0.1	0.0001	0.002	0.002～0.06	0.0001	0.01	0～0.0004
120	0.0037～0.0076	0.1	0.0001	0.002	0.0019～0.017	0.0001	0.01	0～0.0003

对表 5.13 中数据进行分析,可以看出:

(1) 对于 d_1、积分增益、比例增益三个参变量,每一个变量取值的改变都会影响另外两个变量的取值范围,如表 5.38 所示。以 d_1、积分增益的变化最为明显,如表 5.14 中 d_1 值和 k_1、k_2 值变化时,分别对 k_1、k_2 和 k_3、k_4的取值范围影响。k_3、k_4值固定为 0.0001 时,d_1 值越大,k_1、k_2 值的稳定范围越大。d_1 值越小,k_3、k_4值的稳定范围越大。

(2) 转速给定值越大,d_1 值的稳定范围越大,数值越大;积分增益、比例增益则相反。

(3) 通过上述实验,发现 d_1、积分增益、比例增益三个参变量取值过大或过小时,都可能使转速控制系统的稳态转速发生振荡,且过大和过小时的控制效果相似。

表 5.14　设定 d_1 值情况下的不同转速下的控制参数取值范围

N_{ref}/(r/min)	d_1	k_1、k_2 稳定范围		k_3、k_4稳定范围	
		k_1、k_2	k_3、k_4	k_1、k_2	k_3、k_4
90	0.002	0.0025～0.15	0.0001	0.01	0～0.0005
100	0.002	0.002～0.06	0.0001	0.01	0～0.0004
120	0.002	0.0019～0.017	0.0001	0.01	0～0.0003
90	0.007	0.0026～0.31	0.0001	0.2	0.00008～0.00019
100	0.007	0.002～0.32	0.0001	0.2	0.00007～0.00016
120	0.007	0.066～0.2	0.0001	0.2	0.00006～0.00011

4. $\alpha_0'(0)$、$\beta_0'(0)$初值不为 0 的情况

以上是在设定 $\alpha_0'(0)$、$\beta_0'(0)$初值为 0 的情况下，对所提控制策略的控制性能及控制参数影响的说明。一般地，当 $\alpha_0'(0)$、$\beta_0'(0)$初值不为 0 时，转速阶跃响应的起始阶段可能出现一个振荡调整的过程，如图 5.50 所示。根据之前对控制参数具体取值的研究结论，设定 $N_{ref}=90$r/min，$d_0=1$，$d_1=0.002$，$k_1=k_2=0.01$，$k_3=k_4=0.0001$。图 5.50 给出了 $\alpha_0'(0)=0$、$\beta_0'(0)=0$ 和 $\alpha_0'(0)=5$、$\beta_0'(0)=3$ 两种情况下的转速阶跃响应过程。图中虚线为参考模型输出转速响应过程。由图可见，$\alpha_0'(0)$、$\beta_0'(0)$初值为 0 时，转速能够较好地跟踪参考模型输出，而在初值不为 0 时，转速起始阶段有明显的振荡，这是控制器在自适应地调整参数使$\alpha_0'(0)$、$\beta_0'(0)$趋于 0 的过程。通过调节控制参数，可以抑制这一振荡调整过程，保持系统平稳运行。

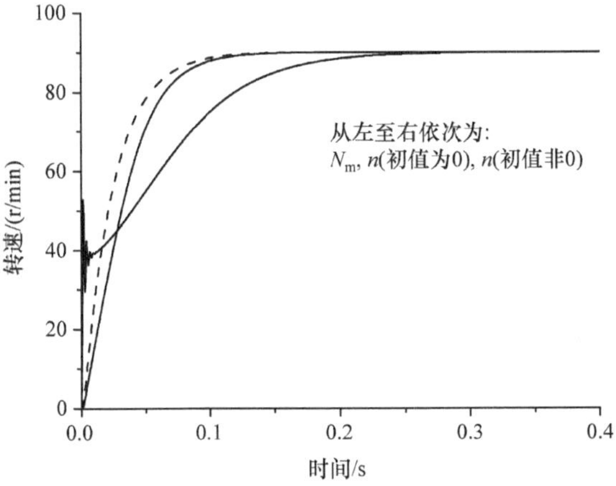

图 5.50　$\alpha_0'(0)$、$\beta_0'(0)$初值为 0 和非 0 时的转速阶跃响应对比

根据设定 $\alpha_0'(0)$、$\beta_0'(0)$初值为 0 时的参数调整经验，d_1 值越大，电机实际转速与参考模型输出转速之间的误差越小，模型跟踪准确度越高。所以，先调整 d_1 值。给定转速为 90r/min 时，d_1 取值范围为 0.002～0.013，增大 d_1 至 0.007，观察转速阶跃响应曲线可知，增大 d_1 值能有效地减弱转速初始上升阶段的振荡，但阶跃响应的调节时间增大；继而增大积分增益 k_1、k_2 值为 0.05，得转速阶跃响应曲线如图 5.51 所示，调节时间减小，跟踪参考模型输出转速的准确度提高。继续增大 k_1、k_2 值为 0.078，阶跃响应如图 5.52 中实线所示，此时积分增益为最大值，但转速起始上升不够平滑，继续增大 d_1 值至 0.013，如图 5.52 中虚线，转速上升阶段变得平滑。

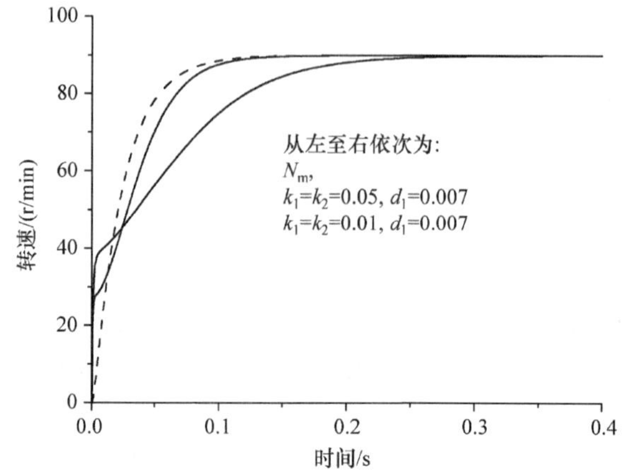

图 5.51　不同参数值时的转速阶跃响应

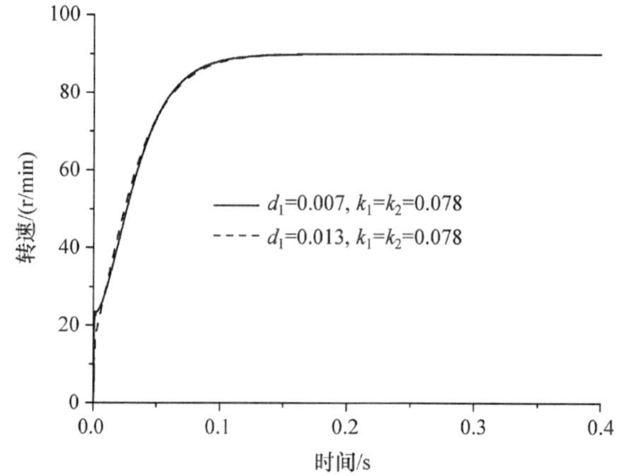

图 5.52　不同参数值时的转速阶跃响应($k_3=k_4=0.0001$)

设定 d_1 值为 0.013,k_1、k_2 值为 0.078,观察比例增益 k_3、k_4取值对转速起始阶段振荡的影响,得到转速阶跃响应如图 5.53～图 5.55 所示,随着 k_3、k_4值的增大,转速初始振荡得到了很好抑制。最终,各参数值均调整为可调范围内的最大值。图 5.55 所示转速阶跃响应,电机转速能良好、稳定地跟踪参考模型输出转速,调节时间为 0.13s。

从上述控制参数调整过程可以看出,增大 d_1、比例增益的数值都能有效地抑制转速起始振荡现象;调整积分增益可改变调节时间。调整这些参数时,应相互配合,依次、轮流调整。

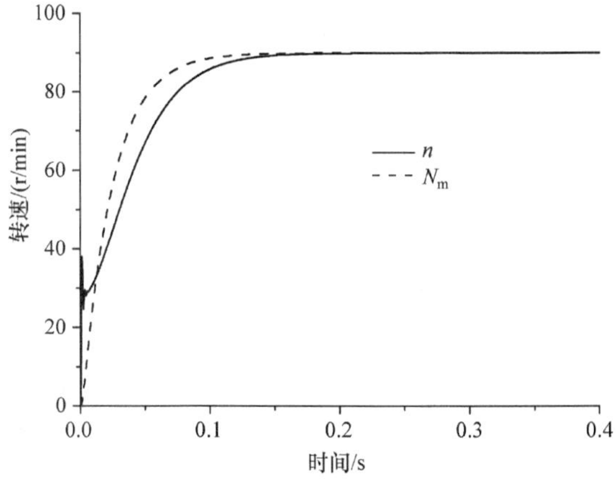

图 5.53　转速阶跃响应($k_3=k_4=0.00005$)

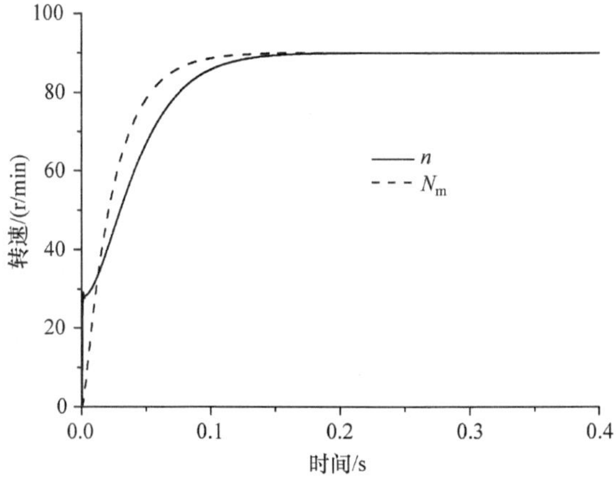

图 5.54　转速阶跃响应($k_3=k_4=0.00007$)

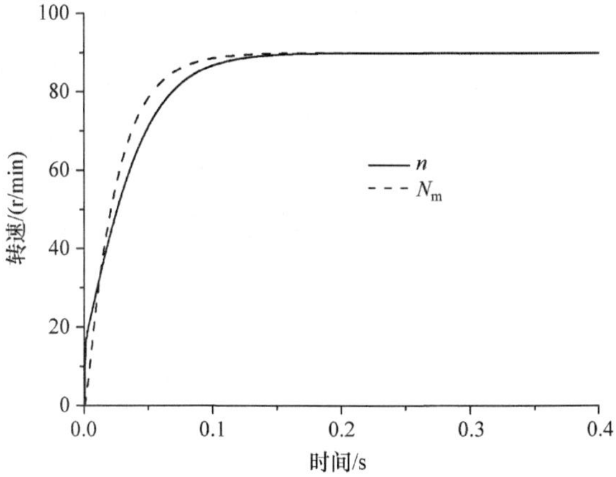

图 5.55　转速阶跃响应($N_{ref}=90$r/min)

5.2.4 采用滤波导数的超声波电机转速控制策略

基于超稳定理论，采用输入输出值微分反馈网络方法来设计超声波电机模型参考自适应转速控制策略时，推导出的控制算法不仅使用了系统输入、输出值，还包含它们的各阶导数，即需要对输入、输出变量进行在线的微分计算。实际系统中不可避免地存在各种噪声干扰信号，而微分计算会将这些通常为短时、瞬变信号的噪声干扰放大，降低控制系统的噪声干扰抑制能力，引起控制量及被控转速的较大幅度波动甚至振荡、失稳。为避免这一缺点，采用滤波导数即零状态等价关系方法来改进前述设计，即在超声波电机模型参考自适应转速控制策略中引入状态变量滤波器，用滤波信号的导数代替输入、输出变量的微分。仿真研究的结果表明，转速跟踪参考模型输出转速的效果更好。

1. 引入状态变量滤波器

基于超稳定理论的滤波导数，即零状态等价关系控制策略，是指在微分反馈网络的基础上，增加两个状态变量滤波器，分别位于系统的信号输入端和参考模型输出端，其对应的控制系统结构如图 5.56 所示。

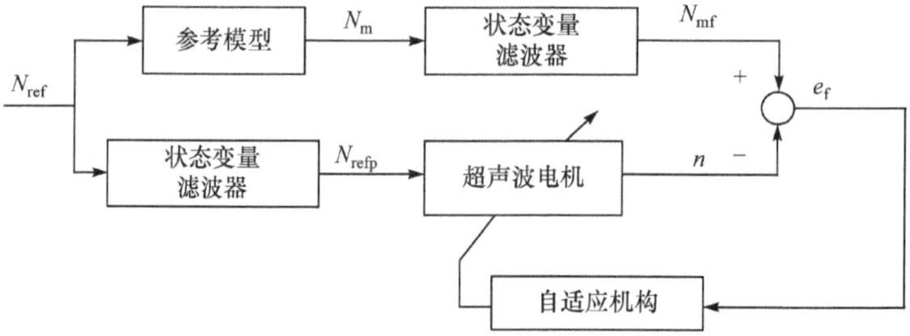

图 5.56　带有状态变量滤波器的 MRAC 结构框图

图 5.56 中，N_{ref}为输入的转速给定信号，N_m 为参考模型的输出转速，两个状态变量滤波器分别位于参考模型输出端和系统输入端，输出信号分别为 N_{mf}、N_{refp}。N_{mf}与电机实际转速 n 的误差 e_f作为自适应控制结构的输入，通过调节电机驱动电压的频率来实现电机转速控制，使转速平滑稳定地跟踪参考模型转速响应过程。

图 5.56 中，参考模型的时域方程为

$$A_m(p)N_m(t)=B_m(p)N_{ref}(t) \tag{5.93}$$

其中

$$A_m(p)=p^n+\sum_{i=0}^{n-1}a_ip^i$$

$$B_m(p) = \sum_{i=0}^{m} b_i p^i$$

式中，$a_i(i=0,1,\cdots,n-1)$、$b_i(i=0,1,\cdots,m)$为参考模型的已知定常参数；$m\leqslant n-1$；p 为微分算子 d/dt。

参考模型输出端的状态变量滤波器方程为

$$\left(\sum_{i=0}^{n-1} c_i p^i\right) N_{mf} = N_m, \quad c_{n-1} = 1 \tag{5.94}$$

控制系统输入端的状态变量滤波器方程为

$$\left(\sum_{i=0}^{n-1} c_i p^i\right) N_{refp} = N_{ref}, \quad c_{n-1} = 1 \tag{5.95}$$

超声波电机的数学模型为

$$A_p(p)n(t) = B_p(p)N_{refp}(t) \tag{5.96}$$

其中

$$A_p(p) = \sum_{i=0}^{n-1} \alpha_i p^i$$

$$B_p(p) = \sum_{i=0}^{m} \beta_i p^i$$

式中，$\alpha_i(i=0,1,\cdots,n-1)$、$\beta_i(i=0,1,\cdots,m)$为超声波电机未知定常或慢时变参数，且 $m\leqslant n-1$；p 为微分算子 d/dt。

广义输出转速误差向量为

$$e_f = N_{mf} - n \tag{5.97}$$

根据超稳定性理论，由参考模型、状态变量滤波器和 e_f 构成的等价线性回路必须是严格正实的，才能保证 e_f 趋向于 0。为了使线性回路严格正实，串入一个线性补偿器 $D(p)$，使得下式成立：

$$v = D(p)e_f = \left(\sum_{i=0}^{n-1} d_i p^i\right) e_f \tag{5.98}$$

取自适应律为

$$\alpha_i(v,t) = \int_0^t f_{i1}(v,\tau,t)d\tau + f_{i2}(v,t) + \alpha_i(0), \quad i = 0,1,\cdots,n-1, 0 \leqslant \tau \leqslant t \tag{5.99}$$

$$\beta_i(v,t) = \int_0^t g_{i1}(v,\tau,t)d\tau + g_{i2}(v,t) + \beta_i(0), \quad i = 0,1,\cdots,m, 0 \leqslant \tau \leqslant t \tag{5.100}$$

式中，f_{i1}、f_{i2}和 g_{i1}、g_{i2}分别是 $\alpha_i(v,t)$和 $\beta_i(v,t)$相应维数的矩阵。通过式(5.99)、式(5.100)所示自适应律的调整，使得对任意初始转速误差 $e_f(0)$、初始参数偏差 $a_i-\alpha_i(0)$、$b_i-\beta_i(0)$，在任意给定转速 N_{ref}作用下，有

$$\lim_{t\to\infty} e_f(t)=\lim_{t\to\infty}[N_{mf}(t)-n(t)]=0 \tag{5.101}$$

由式(5.93)、式(5.94)和式(5.95)知，参考模型方程也可写为

$$A_m(p)N_{mf}(t)=B_m(p)N_{refp}(t) \tag{5.102}$$

用式(5.102)减去电机模型式(5.96)，并在两边同时减去 $A_m(p)n(t)$，再将式(5.97)代入，得

$$A_m(p)e_f=[A_p(p)-A_m(p)]n+[B_m(p)-B_p(p)]N_{refp} \tag{5.103}$$

将 $A_m(p)$、$B_m(p)$、$A_p(p)$、$B_p(p)$多项式代入上式，得

$$\left(p^n+\sum_{i=0}^{n-1}a_ip^i\right)e_f=\left[\sum_{i=0}^{n-1}(\alpha_i-a_i)p^i\right]n+\left[\sum_{i=0}^{m}(b_i-\beta_i)p^i\right]N_{refp} \tag{5.104}$$

令

$$w_1=\left[\sum_{i=0}^{n-1}(\alpha_i-a_i)p^i\right]n+\left[\sum_{i=0}^{m}(b_i-\beta_i)p^i\right]N_{refp} \tag{5.105}$$

将式(5.99)、式(5.100)代入式(5.105)，得

$$\begin{aligned}w=-w_1=&-\left\{\sum_{i=0}^{n-1}\left[\int_0^t f_{i1}(v,\tau,t)\mathrm{d}\tau+f_{i2}(v,t)+\alpha_i(0)-a_i\right]p^in\right\}\\&+\left\{\sum_{i=0}^{m}\left[\int_0^t g_{i1}(v,\tau,t)\mathrm{d}\tau+g_{i2}(v,t)+\beta_i(0)-b_i\right]p^iN_{refp}\right\}\end{aligned} \tag{5.106}$$

式中，$v=De_f$，w 为等价非线性反馈回路，根据超稳定性理论，要求反馈回路满足波波夫积分不等式，于是得出自适应律为

$$f_{i1}(v,\tau,t)=-k_{i1}(t-\tau)v(\tau)p^in(\tau) \tag{5.107}$$

$$g_{i1}(v,\tau,t)=k_{i2}(t-\tau)v(\tau)p^iN_{refp}(\tau) \tag{5.108}$$

$$f_{i2}(v,t)=-k_{i3}(t)v(t)p^in(t) \tag{5.109}$$

$$g_{i2}(v,t)=k_{i4}(t)v(t)p^iN_{refp}(t) \tag{5.110}$$

式中，$k_{i1}(t-\tau)$、$k_{i2}(t-\tau)$为正定标量积分核；$k_{i3}(t)$、$k_{i4}(t)$为半增益。

由式(5.98)和式(5.103)得等价线性前向回路传递函数

$$G(s)=\frac{D(s)}{\sum_{i=0}^{n}a_is^i}=\frac{\sum_{i=0}^{n-1}d_is^i}{\sum_{i=0}^{n}a_is^i} \tag{5.111}$$

若要使整个电机控制系统渐近超稳定，$G(s)$必须是严格正实的。

2. 超声波电机转速控制系统仿真研究

采用二阶系统形式，使用本书 2.1 节给出的两相行波超声波电机频率-转速控制的阶跃响应模型作为电机模型，并将电机建模的不确定性及电机自身的时变特

性归为未建模动态。仿真时，令电机模型为

$$(s^2+632.6935002s+\alpha_0)n=\beta N_{\mathrm{refp}} \tag{5.112}$$

式中，α_0、β 为电机运行时受自身或外界干扰时变的参数。

系统控制性能指标要求为，在阶跃给定信号作用下，转速响应无超调，调节时间在 0.3s 内。根据这一要求，参考模型确定为

$$(s^2+632.6935002s+25000)N_{\mathrm{m}}=25000N_{\mathrm{ref}} \tag{5.113}$$

因为上述超声波电机模型和参考模型的传递函数都是二阶的，所以选择滤波器的传递函数为

$$L(s)=\frac{c}{s+c} \tag{5.114}$$

式中，c 为任意正常数，是上式所示低通滤波器的通带信号剪切频率。其取值，根据转速响应过程进行调节。在该滤波器的作用下，有

$$N_{\mathrm{refp}}(t)=L(s)N_{\mathrm{ref}}(t) \tag{5.115}$$

$$N_{\mathrm{mf}}(t)=L(s)N_{\mathrm{m}}(t) \tag{5.116}$$

定义广义转速误差 $e_{\mathrm{f}}(t)$ 为

$$e_{\mathrm{f}}(t)=N_{\mathrm{mf}}(t)-n(t) \tag{5.117}$$

线性前向回路串联线性补偿器 $D(s)$ 为

$$v(t)=D(s)e_{\mathrm{f}}(t)=(d_0+d_1s)e_{\mathrm{f}}(t) \tag{5.118}$$

式中，d_0、d_1 为正常数。由式(5.112)得

$$\ddot{n}+632.6935002\dot{n}+\alpha_0 n=\beta N_{\mathrm{refp}} \tag{5.119}$$

将式(5.113)两边同时乘以 $L(\mathrm{s})$，并将式(5.115)和式(5.116)代入，可得

$$\ddot{N}_{\mathrm{mf}}+632.6935002\dot{N}_{\mathrm{mf}}+25000N_{\mathrm{mf}}=25000N_{\mathrm{refp}} \tag{5.120}$$

式(5.120)减去式(5.119)，并将式(5.117)代入，可得

$$\ddot{e}_{\mathrm{f}}+632.6935002\dot{e}_{\mathrm{f}}+25000e_{\mathrm{f}}=(\alpha_0-25000)n+(25000-\beta)N_{\mathrm{refp}} \tag{5.121}$$

令

$$w_1=[\alpha_0-25000]n+[25000-\beta]N_{\mathrm{refp}} \tag{5.122}$$

则等价非线性时变反馈回路方程为

$$w=-w_1=-\{[\alpha_0-25000]n-[\beta-25000]N_{\mathrm{refp}}\} \tag{5.123}$$

由式(5.99)、式(5.100)、式(5.107)～式(5.110)，可得自适应律

$$\alpha_0(v,t)=-k_1\int_0^t vn\,\mathrm{d}\tau-k_3vn+\alpha_0(0) \tag{5.124}$$

$$\beta(v,t)=k_2\int_0^t vN_{\mathrm{refp}}\,\mathrm{d}\tau+k_4vN_{\mathrm{refp}}+\beta_0(0) \tag{5.125}$$

即

$$w=-\left\{-\left[k_1\int_0^t vn\,\mathrm{d}\tau+k_3vn-\alpha_0(0)+25000\right]n\right.$$

$$-\left[k_2\int_0^t vN_{\mathrm{refp}}\mathrm{d}\tau+k_4vN_{\mathrm{refp}}+\beta_0(0)-25000\right]N_{\mathrm{refp}}\Big\} \tag{5.126}$$

考虑到$\alpha_0'(0)=\alpha_0(0)-25000$,$\beta_0'(0)=\beta_0(0)-25000$,有

$$w=\left[k_1\int_0^t vn\mathrm{d}\tau+k_3vn-\alpha_0'(0)\right]n+\left[k_2\int_0^t vN_{\mathrm{refp}}\mathrm{d}\tau+k_4vN_{\mathrm{refp}}+\beta_0'(0)\right]N_{\mathrm{refp}} \tag{5.127}$$

将参考模型和线性补偿器的表达式代入式(5.111),得等价线性前向回路的传递函数为

$$G(s)=\frac{d_0+d_1s}{s^2+632.6935002s+25000} \tag{5.128}$$

为使$G(s)$为严格正实函数,线性补偿器参数d_0、d_1应满足的条件为

$$0<d_0<632.6935002d_1 \tag{5.129}$$

根据上述推导结果,可得图5.57所示Simulink仿真图。下面通过仿真,研究滤波器参数c的数值对转速响应性能的影响,确定其取值原则。

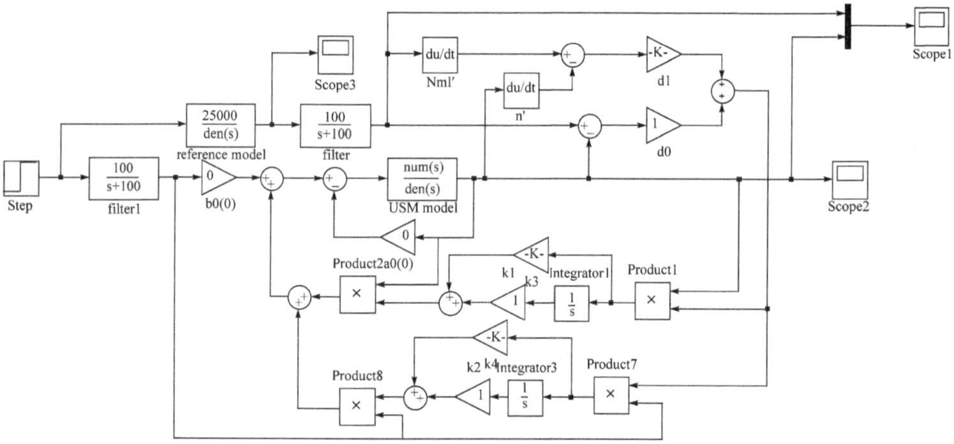

图5.57　包含状态变量滤波器的超声波电机模型参考自适应转速控制Simulink仿真图

转速给定值设为90r/min,设定控制器参数$d_0=1$,$d_1=0.007$,$k_1=k_2=0.1$,$k_3=k_4=0.0001$,$\alpha_0'(0)=0$、$\beta_0'(0)=0$,改变c的取值,分析转速阶跃响应性能。图5.58为不同c值情况下的转速阶跃响应曲线,可以看出,当c值取为30、100、1000时,转速阶跃响应均无超调且调节时间均在0.2s左右;c值越大,转速调节时间越短。

图5.59为转速误差e_f的响应过程,c值越大,转速误差越小,n跟踪N_{mf}的准确度越高,调节时间越短。c值过大,会出现系统不稳定现象;c值过小,n和N_{mf}的调节时间大于0.3s,如图5.60所示。

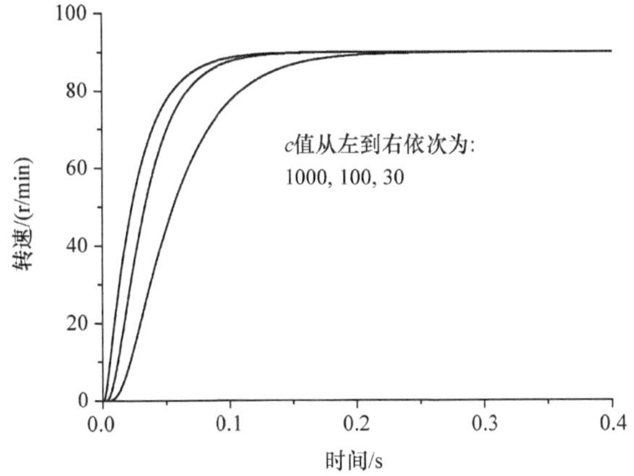

图 5.58　不同 c 值时的转速阶跃响应(仿真)

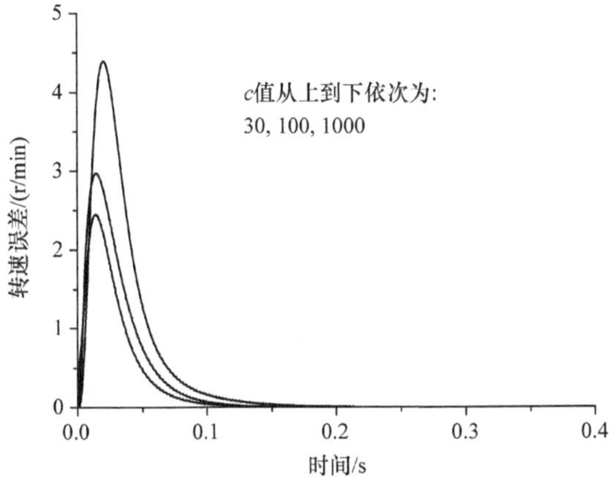

图 5.59　不同 c 值时的转速误差响应(仿真)

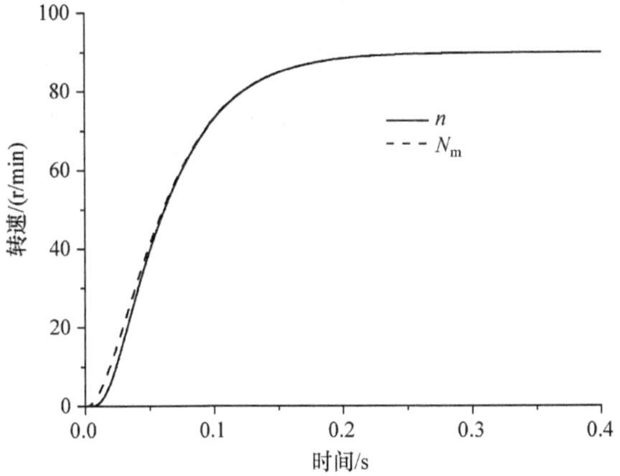

图 5.60　$c=23$ 时的转速阶跃响应(仿真)

仿真表明，当转速给定值为 90r/min 时，c 值的可调范围为 24～18000。图 5.61 给出了 $c=100$ 时的转速阶跃响应曲线，电机实际转速能够平稳、无超调地趋于转速给定值。仿真表明，在稳定范围内，c 值越大，转速跟踪准确度越高，转速误差越小，调节时间越短。

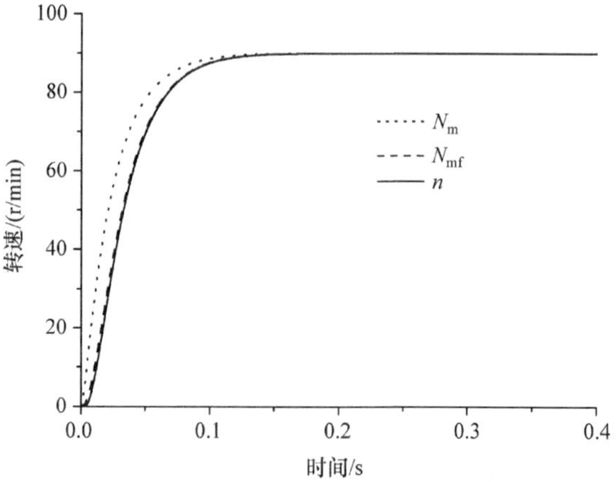

图 5.61　$c=100$ 时的转速阶跃响应(仿真)

随后，通过仿真确定不同转速给定值情况下的滤波器参数 c 的取值范围。当转速给定值为低速 0～30r/min 时，令 $d_1=0.002$，$k_1=k_2=1$，$k_3=k_4=0.005$；转速为高速 90～120r/min 时，令 $d_1=0.007$，$k_1=k_2=0.1$，$k_3=k_4=0.0001$。低速时，c 的可调范围为 28～199500，高速时为 30～18000，适用于全部转速的取值范围是 30～18000；低于最小值，n 和 N_{mf} 的调节时间大于 0.3s；高于最大值，转速出现振荡，系统不稳定。取 c 值为 100，在不同转速给定值情况下，电机实际转速 n 均能良好地跟踪 N_{mf} 变化。

参 考 文 献

沈晓茜，史敬灼. 2013. 超声波电机 MIT 模型参考自适应转速控制[J]. 微特电机，41(6)：41-44.

史敬灼，刘玉，沈晓茜，等. 2013. 行波超声电机驱动控制技术的发展[J]. 振动、测试与诊断，33(S2)：1-4.

史敬灼，沈晓茜. 2014. 基于 Lyapunov 稳定性的超声波电机模型参考自适应转速控制[J]. 微电机，47(2)：37-39.

第6章　超声波电机迭代学习控制策略

作为一种新型微电机，超声波电机在航空航天、汽车电子、家用电器等众多领域都有着广泛的应用前景。超声波电机本体研究的日渐成熟、应用水平的不断提高及应用领域的不断拓展，对超声波电机运动控制装置性能的要求不断提高，超声波电机控制研究日趋活跃。

由于超声波电机运行机理具有本质非线性，主要是其压电能量转换过程及机械能摩擦传递过程的非线性，超声波电机不易得到高的运动控制性能。为应对超声波电机的强非线性，研究者不断探求新的控制策略与实现形式，控制算法渐趋复杂化。超声波电机非线性运动过程具有复杂性，其运动控制策略为了抵消或补偿这种非线性，需要具有与超声波电机相适应的复杂性。从这个角度来说，控制算法复杂度越来越高是可理解的。但是，越来越复杂的控制算法，在增加电机系统复杂度而降低可靠性的同时，也对用来实现控制算法在线计算的 DSP 或单片机芯片的计算能力提出了更高要求，从而也就需要更昂贵的 DSP 或单片机及外围处理芯片，于是提高了系统成本，不利于超声波电机的产业化应用。

电机控制策略好坏的判别依据是该控制策略是否适用，是否适合于被控电机自身的非线性、时变等运行特征，而不是其复杂度高低。如果充分研究超声波电机的运行特性，探求适合于这一特性的控制策略，有可能得到复杂度较低的控制算法。这样的控制策略的控制性能应该满足工业化应用需求，而需要的实现成本相对较低，有利于提高运动控制产品的性价比。

为寻求适用于超声波电机的简单控制策略，本章尝试将迭代学习控制策略用于超声波电机控制。迭代学习控制是一种通过模仿人类学习行为来获得学习能力的渐进控制过程。本质上，迭代学习控制策略是一种算法相对简单的在线优化控制策略。该控制器在重复的运行过程中，基于经验知识学习来确定逐渐趋近期望控制过程的控制量最优变化轨迹，从而得到更好的控制性能。迭代学习控制算法较为简单，不依赖于被控对象的精确模型，根据较少的经验知识确定相应的参数值，就能够实现超声波电机这种复杂被控对象的有效控制。传统的迭代学习控制策略以 PID 控制为基础，在线计算量小；除了内含 PID 控制器的在线计算量之外，仅增加存储当前误差、控制量的操作及一次加法运算。

本章针对超声波电机的控制特点，设计了 P 型迭代学习、PI 型迭代学习和非线性迭代学习等多种控制律，并根据超声波电机的非线性、时变特点给出了改进的控制算法。实验表明，迭代学习控制律能够使超声波电机系统具有较好的学习能力，控制效果在学习过程中渐进改善，且算法简单易于实现；适当表述的期望控制响应对控制性能及学习过程都有显著影响，需要根据控制性能要求确定；控制参数个数及取值应适当，在考虑控制算法简单的同时，保证控制的有效性。研究表明，迭代学习控制策略可用于超声波电机运动控制，并应根据电机特性及控制特点进行适当改进。

6.1　迭代学习控制的思路与基本算法

超声波电机特殊的运行机理，使其运行特性表现出明显的非线性及时变特征，不易得到理想的运动控制性能。为克服超声波电机自身的这些缺点，努力得到符合应用期望的控制性能和运行稳定性，其控制策略的研究逐渐趋于复杂化。虽然希望控制策略越简单越好，但前提是电机系统控制性能满足工业应用要求。而之所以超声波电机控制策略日渐复杂化，原因在于惯常使用的定常参数 PID 等简单控制策略无法满足需要。于是，有必要探求其他的较为简单的控制形式和控制策略，并针对超声波电机的特点进行合理改变、设计与整定，才有可能实现人们的期望。

Arimoto 等在 20 世纪 80 年代提出的迭代学习控制思想，是一种通过模仿人类学习行为来获得学习能力的渐进控制过程。该控制器在重复的运行过程中，基于经验知识学习来确定逐渐趋近期望控制过程的控制量最优变化轨迹，从而得到更好的控制性能。迭代学习控制算法较为简单，不依赖于被控对象的精确模型，适用于超声波电机这类具有高度非线性、模型难以准确确定且可重复运行的被控对象。

迭代学习控制策略针对具有可重复性的被控对象，利用先前的控制经验，根据该系统的输入变量和输出期望信号之间的相互关系，来在线寻求一个理想的输入变量变化过程，从而使被控对象达到控制要求并输出期望的输出信号。这里所谓的可重复性，有两层含义：一是系统的运动是重复的，对于电机转速控制来说，即指其转速给定信号是重复施加的，电机每次运行均具有相同的期望输出转速；二是在上述每一次的重复运行过程中，被控对象的向量函数及其相互之间的函数关系是不变的。

作为普通和精密运动控制执行部件的超声波电机，经常工作于具有重复性的运动控制场合。据此，采用迭代学习控制方法，有可能通过相对简单的控制器形式、较小的在线计算量，利用电机运动的重复性，实现电机控制性能的渐进调整，并在有限次数的重复运动之后，达到较好的控制性能。这就为降低超声波电机系统的控制复杂度提供了一种新的可能思路。

迭代学习控制的基本控制规律为

$$u_{k+1}(t)=u_k(t)+K_P e_k(t) \tag{6.1}$$

$$e(t)=N_{ref}(t)-n(t) \tag{6.2}$$

式中，t 为时间；$u_{k+1}(t)$为系统第 $k+1$ 次重复运行过程中，在 t 时刻的控制器输出控制量，本节取为超声波电机的驱动频率值；$u_k(t)$为系统第 k 次运行过程中 t 时刻的控制量；$e_k(t)$为系统第 k 次运行过程中 t 时刻的转速误差；$N_{ref}(t)$为电机转速给定值；$n(t)$为电机的实际转速值；比例环节 K_P 为学习增益。因学习律为比例环节，式(6.1)所示控制规律又称为 P 型迭代学习控制。

迭代学习控制的目的是在系统结构和参数都未知的前提下，经过多次重复运行，控制器的输出 $u(t)$趋近于事先未知的理想输出控制量 $u_d(t)$，从而使得电机转速 $n(t)$趋近于期望的 $N_{ref}(t)$。当达到控制要求的精度之后，停止迭代学习并保存最近一次运行的控制器输入输出数据，就完成了迭代学习过程。

图 6.1 给出了超声波电机迭代学习转速控制系统的基本结构框图。图中“控制量记忆”、“误差记忆”与“延时”环节用来存储以前运动过程中的控制量和误差，K_P 环节表示学习控制律。这些环节构成了迭代学习控制器，对应于式(6.1)。显然，采用不同的学习控制律，可以得到不同的学习过程和控制过程。更一般地，迭代学习控制的一般控制规律为

$$u_{k+1}(t)=u_k(t)+K_P e_k(t)+K_I\int e_k(t)\mathrm{d}t+K_D\frac{\mathrm{d}e_k(t)}{\mathrm{d}t} \tag{6.3}$$

式中，K_P、K_I、K_D 分别为比例、积分、微分学习增益。式(6.3)所示控制规律称为 PID 型迭代学习控制。通过执行控制动作得到当前的控制信号 $u_k(t)$和误差信号 $e_k(t)$；当再次执行同样的任务时，以往所得的控制信号与 PID 控制器输出的控制信号相加，得到迭代学习控制器的输出控制信号。

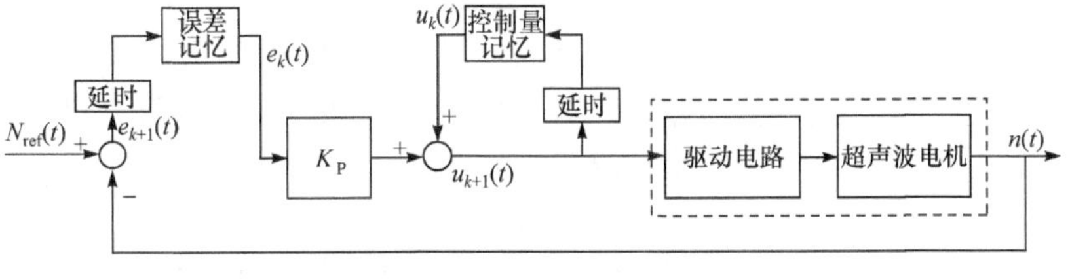

图 6.1　超声波电机迭代学习控制系统基本框图

图 6.1 所示系统中，控制器的输出为超声波电机频率的给定值，通过驱动电路给出具有相应频率的驱动电压作用于超声波电机。与电机同轴刚性连接的旋转编码器检测电机转速得到反馈信号，其与转速给定值之差作为控制器的输入，进而通过重复的迭代学习控制，得到更好的控制过程。

由式(6.1)与图 6.1 知，系统当前控制过程的控制量 $u_{k+1}(t)$是由前次的控制量 $u_k(t)$和误差 $e_k(t)$计算得到的，即控制量与当前的系统输出转速误差 $e_{k+1}(t)$无

关。从这一点来看，图 6.1 所示系统实质上是一个开环控制系统。如前所述，迭代学习控制是针对具有可重复性的系统提出的，其可重复性包含被控对象及其系统的时不变性质。对于时不变系统，采用式(6.1)计算控制量，能够保持控制的有效性，因为在每一次重复的控制过程中，控制对象的特性始终保持不变，变化的只是随机的扰动信号。由于随机扰动的量值通常微小，采用式(6.1)有可能保证并加快系统学习过程的收敛。但是超声波电机具有明显的时变特性，采用式(6.1)与图 6.1 所示形式进行控制，不能保证系统控制过程的有效性。实验表明，在阶跃转速给定值情况下，会导致电机转速跟踪过程中的抖动和稳态的转速偏差。因此，将式(6.1)改为

$$u_{k+1}(t)=u_k(t)+K_P e_{k+1}(t) \tag{6.4}$$

式中，$e_{k+1}(t)$为系统第 $k+1$ 次运行过程 t 时刻的转速误差。

对应于式(6.4)的控制系统框图如图 6.2 所示，控制形式进一步简化。

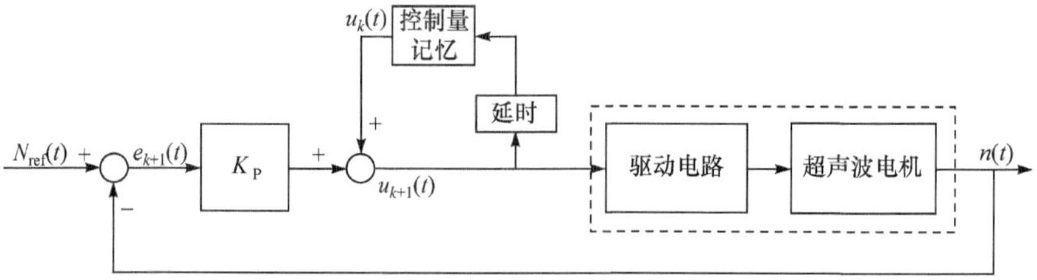

图 6.2　超声波电机改进迭代学习控制系统基本框图

式(6.4)给出的控制量与当前转速误差相关。从单次控制过程来看，具有闭环控制的性质，为克服超声波电机的时变特性提供了可能。从多次重复控制过程来看，每次的控制量都是在记忆前次控制量的基础上，根据时变对象当前的误差信息进行修正，同样具有迭代学习的特征，能够通过迭代使控制过程渐好。考察式(6.4)、图 6.2 所示控制过程的在线计算量，与传统的固定参数 PID 控制器相比，仅增加了控制量的一次存储与读取操作，计算量相当。

6.2　超声波电机 P 型迭代学习控制

采用式(6.4)对超声波电机进行转速控制，学习增益 K_P 是唯一需要确定的控制参数。该值不仅与单次控制过程的动态性能相关，而且直接决定了迭代学习过程是否能够收敛。

6.2.1　学习增益 K_P 的确定

为得到学习过程的收敛条件，进而确定合适的 K_P 值，首先取超声波电机的模

型为状态方程形式，并设为具有普遍意义的全局 Lipschitz 连续动力系统状态方程（于少娟等，2005）：

$$\begin{cases}\dot{x}(t)=F(x,u,t)\\ n(t)=G(x,u,t)\end{cases} \tag{6.5}$$

式中，$x(t)$为超声波电机系统的状态变量。根据状态方程式(6.5)，可以推导出 P 型迭代学习控制的收敛条件（许建新等，2005）为

$$\left|1-\frac{\partial G}{\partial u}K_{\mathrm{P}}\right|\leqslant\gamma<1 \tag{6.6}$$

式中，γ 为小于 1 的常数。限于篇幅，具体推导过程请参看许建新(2005)文章。该式给出了能够保证学习收敛的 K_{P} 取值范围。

式(6.5)中，函数关系 G 表征了超声波电机转速 $n(t)$与其控制量 $u(t)$（本节为电机驱动频率）之间的函数关系。与之对应，式(6.6)中的偏导数$\partial G/\partial u$ 代表了$n(t)$相对于 $u(t)$的变化率。对于线性被控对象，这个偏导数通常为固定值。而对于超声波电机这类非线性对象，$\partial G/\partial u$ 值随电机运行状态参数的不同而变化。由于超声波电机运行具有非线性和时变性，故其模型参数也是随着转速的变化而变化的。因此根据电机模型得到 K_{P} 值的范围也不是固定的，难以确定 K_{P} 值是否满足收敛条件。

本节实验用电机为 Shinsei USR60 型两相行波超声电机。Chen 等(2008)对该型电机做了详细测试，给出了电机转速与驱动频率之间的稳态关系曲线数据，如图 6.3、图 6.4 所示。据此，在实验电机运行频率范围内，可得到转速相对于驱动频率的变化率，即稳态的$\partial G/\partial u$ 数值。显然，不同频率情况下，$\partial G/\partial u$ 数值有些差别。若采用工作频率范围内的最大$\partial G/\partial u$ 值代入式(6.6)进行计算，得到的 K_{P} 值能够保证在超声波电机工作范围内的学习收敛性。

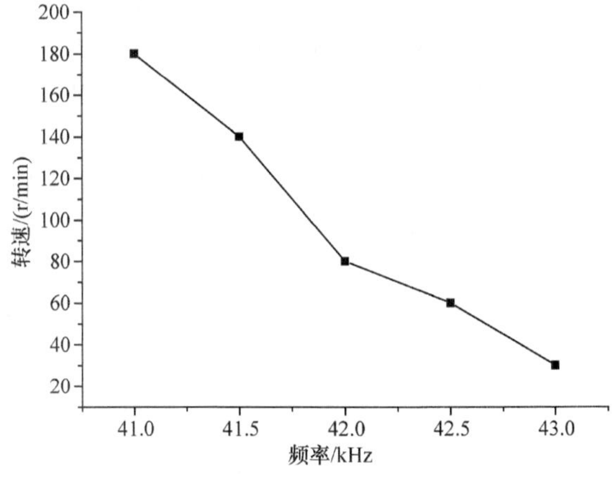

图 6.3　转速和驱动频率关系（反转，空载，实测）

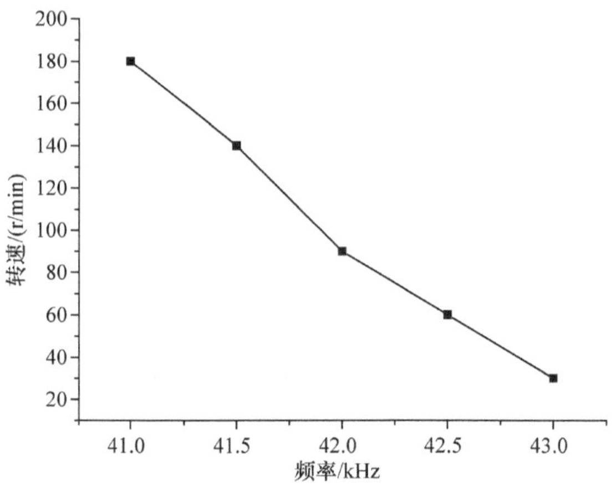

图 6.4 转速和输入频率关系(正转,空载,实测)

由图 6.3、图 6.4 可知,经数据拟合计算得到的最大$\partial G/\partial u$值为 121.0r/(min·kHz)。由式(6.6)收敛条件可得,K_P 的取值范围为 $0<K_P<0.017$。仿真校核表明,这一取值范围可同时保证系统控制的稳定性。考虑实验程序中采用频率控制字来调节频率,考虑其数量变换关系,程序中 K_P 的实际取值范围为 $0<K_P<10.58$。

6.2.2 实验分析

设定转速阶跃给定值为 30r/min,进行 P 型迭代学习实验,希望得到超调为 0 且响应速度较快的阶跃响应。实验用驱动电路为 H 桥结构,采用相移 PWM 控制方式。

在迭代学习控制实验中,必须把以往实验结果保存下来,并能够用于实验程序运行。而在编程运行过程中发现,如果仅仅对程序下载一次之后就连续运行,每次保存的以往实验结果就会被清零。因此,为了进行迭代学习控制的实验,在每做完一次转速响应实验并保存数据之后,就要结束本次试验;并在下一次开始实验之前,把上次实验结果中的控制器输出量数据载入到实验程序中用于下次实验,以此类推,通过编译-下载-数据载入-运行-保存数据 5 步进行迭代学习实验方法的设计和各个设计方法中参数的整定。

迭代学习控制过程是通过记忆前次控制过程,逐步学习不断改进的过程。在这个过程中,首次控制过程因为没有前次记忆,无法进行学习,仅为其后控制过程提供第一次记忆作为学习基础。所以,可采用任意控制器进行首次控制。为便于说明学习效果,实验中采用 $K_P=0.8$、$K_I=2$ 的 PI 控制器进行首次控制。该控制器可以保证超声波电机系统的稳定运行,但控制效果不够理想,响应时间较长。首次运行过程中，记忆控制器输出的控制量和相应的电机实际转速。从第二次控制过程开始，采用改进的 P 型迭代学习控制律式(6.4)作为控制器。当 $K_P=0.8$ 时，以上述的实验步骤进行 10 次实验。

实验所得转速阶跃响应如图 6.5 所示。表 6.1 给出了对应的转速控制性能指标。对其性能的表述，主要从上升时间、调节时间、超调量和稳态误差四个数据来考量，其中，设定转速达到转速给定值$-3\%\sim+3\%$范围内即为稳态。

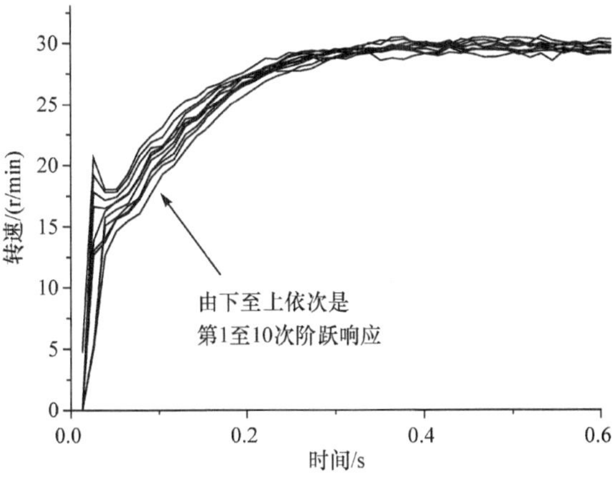

图 6.5　转速阶跃响应曲线($K_P=0.8$)

表 6.1　P 型迭代学习控制性能指标($K_P=0.8$)

实验次数	上升时间/s	调节时间/s	超调量/%	稳态误差/(r/min)
1	0.325	0.325	0	0.235
2	0.286	0.286	0	0.502
3	0.273	0.273	0	0.228
4	0.286	0.286	0	0.261
5	0.325	0.325	0	0.476
6	0.299	0.299	0	0.748
7	0.260	0.260	0	0.506
8	0.312	0.312	0	0.646
9	0.338	0.338	0	0.957
10	0.247	0.247	0	0.915

从图 6.5、表 6.1 可以明显看出，随着重复运行次数的逐渐增多，电机转速阶跃响应过程的上升时间逐渐减小。这表明，随着迭代学习的次数增加，控制强度也逐渐加强以加快响应速度，努力使响应过程趋近期望的理想状态，这说明迭代学习控制的方向是正确的。不足的是，上升时间仍然比较长，这主要是由于 K_P 值过

小，每次迭代学习后控制强度增加量不足，因此可适当改变迭代学习的 K_P 值进行下一步的实验。

由前述收敛条件可知 K_P 的取值范围为 $0<K_P<10.58$，于是取迭代学习的 $K_P=10$ 进行第二组实验。实验过程中，仍然采用 $K_P=0.8$、$K_I=2$ 进行第一次实验，然后取 $K_P=10$ 进行第二次及以后的实验。实验结果如图 6.6 和表 6.2 所示。可以看出，当迭代学习到第四次时，转速阶跃响应产生大幅度振荡，超调量非常大，电机已经无法正常运行。从前三次迭代学习过程的控制性能指标变化可以看出，第三次迭代之后的上升时间变化很小，而且超调已经较大，这主要是由控制强度过大造成的。因此，K_P 取值过大了。第二组实验的迭代过程中的调节幅度比第一组实验时要大一些，由此可见，增大 K_P 值的方向是没有错的，只是取值过大了。

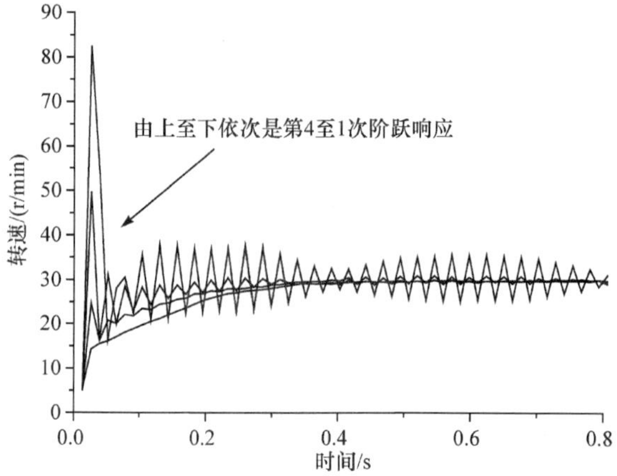

图 6.6　转速阶跃响应曲线($K_P=10$)

表 6.2　P 型迭代学习控制性能指标($K_P=10$)

实验次数	上升时间/s	调节时间/s	超调量/%	稳态误差/(r/min)
1	0.351	0.351	0	0.207
2	0.325	0.416	0	0.237
3	0.026	0.312	65.77	0.550
4	—	—	—	—

选取 $K_P=5$，进行第三组实验，第一次实验时的 K_P、K_I 值仍然是 $K_P=0.8$、$K_I=2$，进行 7 次迭代学习，实验结果如图 6.7、表 6.3 所示。图示响应曲线及表中数据表明，上升时间较短，但控制强度仍然偏大，可进一步减小 K_P 值。

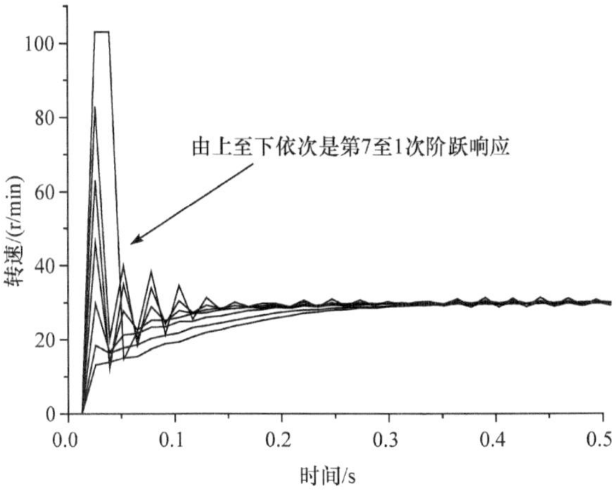

图 6.7　转速阶跃响应曲线($K_P=5$)

表 6.3　P 型迭代学习控制性能指标($K_P=5$)

实验次数	上升时间/s	调节时间/s	超调量/%	稳态误差/(r/min)
1	0.325	0.325	0	0.177
2	0.299	0.299	0	0.175
3	0.247	0.247	0	0.243
4	0.026	0.221	52.97	0.220
5	0.026	0.221	110.07	0.304
6	0.026	0.273	176.37	0.467
7	0.026	0.247	243.70	0.709

上述实验表明，学习增益 K_P 在(0,10.58]范围内取不同值，K_P 值越大，学习收敛越快，转速阶跃响应的超调越大。第四组实验时，选取 $K_P=3.5$，且将第一次阶跃响应实验所用固定 PID 参数值也取为 $K_P=3.5$、$K_I=2$，得到超声波电机的输入控制量数据，将其保存下来；然后进行迭代学习实验，使用前次控制量数据与当前控制器输出量之和作为控制量输出给电机驱动电路。连续进行 9 次迭代学习控制的阶跃响应实验，得到 9 次转速阶跃响应如图 6.8 所示，学习过程中的控制性能指标变化如表 6.4 所示。

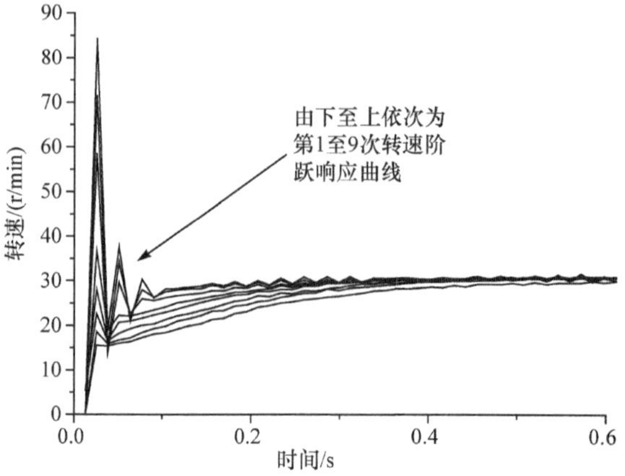

图 6.8 转速阶跃响应曲线(K_P=3.5)

表 6.4 P 型迭代学习控制性能指标(K_P=3.5)

实验次数	上升时间/s	调节时间/s	超调量/%	稳态误差/(r/min)
1	0.455	0.455	0	0.228
2	0.364	0.364	0	0.590
3	0.325	0.325	0	0.841
4	0.286	0.286	0	0.626
5	0.026	0.286	22.27	0.606
6	0.026	0.260	57.60	0.618
7	0.026	0.260	95.30	0.578
8	0.026	0.234	138.63	0.462
9	0.026	0.234	181.67	0.571

根据图 6.8 所示阶跃响应过程，当实验进行到第 5 次时，出现超调；调节时间虽然在减小，但减小的幅度不大，并且出现较大的稳态误差。第 8、9 次阶跃响应的超调明显增大。考虑到期望无超调，且学习导致的曲线其他部分变化已不明显，故而停止迭代学习。从现象上看，分析图 6.8 中转速的上升过程，起始几个时间点的控制量数据都较大，这是由于在控制过程中，每个时间点的控制量是上一次实验该点的控制量加上 K_P 和转速误差的积。在起始几个时间点，阶跃给定值在起始时刻跳变为非零的固定值(30r/min)，而电机实际转速从 0r/min 开始逐渐增大，转速值较小，因而转速误差大。考察式(6.1)或式(6.4)给出的控制策略，起始几个时间点的较大的起始转速误差，必然导致起始控制量随着迭代的持续而快速增大，从而使得转速上升过程快而导致超调。因此，为减小超调，不仅要选择比较好的 K_P 参数值，还要对控制器做出改进，例如，对阶跃给定值进行柔化处理。

从原理上讲，迭代学习控制策略在本质上是一个在线的控制响应优化过程，P 型迭代学习采用了最简单的比例渐近优化策略。这一优化过程试图"渐近"的目标，是减小控制误差，即，使响应曲线不断趋近于给定值曲线。这也就是说，给定值曲线表达了我们的控制期望。实验中，给定值为固定值阶跃信号，如图 6.9 中虚线所示。显然，考虑到包括超声波电机在内的任何被控对象都会有惯性，转速响应曲线绝对不会和图 6.9 中虚线重合，于是 P 型学习得到了转速数据点分布，如图 6.9 中虚线上、下的响应曲线，即出现了超调。既然图 6.9 中虚线是不可能达到的，这样的曲线也就没有真实反映合理的控制期望，这是出现超调的重要原因之一。应该采用恰当的方式，表达合理的控制期望。据此，对转速阶跃给定值进行柔化处理

$$N'_{\mathrm{ref}}=(1-\beta^{m})N_{\mathrm{ref}},\quad m=1,2,3,\cdots \tag{6.7}$$

式中，N'_{ref}为柔化之后的转速给定值；β 为常数，$0<\beta<1$；m 为一次阶跃响应过程中的采样点次序。图 6.9 给出了 β 值分别取为 0.5、0.6、0.7、0.8 时，阶跃给定值的柔化曲线。β 值越大，柔化后的转速给定曲线越平缓。柔化处理只是给出了合理的期望响应曲线作为在线迭代学习的目标，并没有改变转速的阶跃给定值。

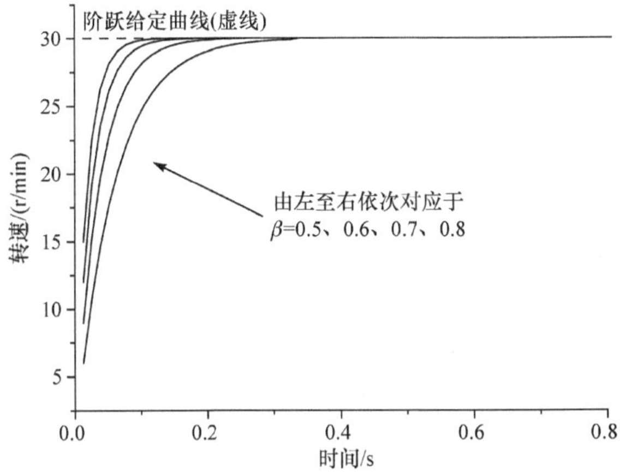

图 6.9　柔化的转速阶跃给定曲线

取 $K_P=0.8$、$\beta=0.7$，进行 P 型迭代学习控制实验，连续 5 次阶跃实验结果如图 6.10 所示，控制性能指标变化如表 6.5 所示，转速响应曲线逐渐趋于表征控制期望的柔化给定曲线，无超调。实验过程中，第一次阶跃响应过程以固定 PI 控制器对超声波电机控制，相应的 PI 参数值为 $K_P=2$、$K_I=3$；并将该次控制器输出量用于下次迭代学习控制过程；迭代学习中采用 $K_P=0.8$、$\beta=0.7$。

图 6.10 中的虚线是对应于 $\beta=0.7$ 的转速软化给定曲线。与图 6.5 对比，图 6.10 所示阶跃响应过程被"软化"，上升较平缓，无超调；第一个时间点的控制作用强度明显减弱，转速上升时间也相应变长。

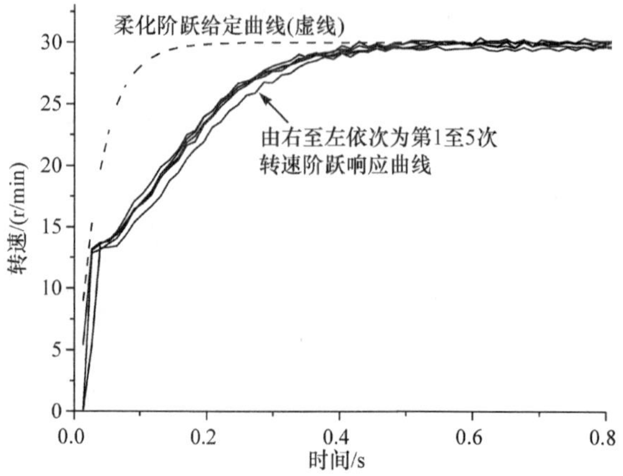

图 6.10　转速阶跃响应曲线($K_P=0.8,\beta=0.7$)

表 6.5　P 型迭代学习控制性能指标($K_P=0.8,\beta=0.7$)

实验次数	上升时间/s	调节时间/s	超调量/%	稳态误差/(r/min)
1	0.403	0.429	0	0.152
2	0.364	0.403	0	0.281
3	0.377	0.377	0	0.290
4	0.390	0.390	0	0.182
5	0.403	0.403	0	0.323

从图 6.9 来看,β 值越大,给定值被"软化"的程度就越大,转速给定值上升就越慢,由此,实际转速阶跃响应过程的上升时间也会相应变长。取 $\beta=0.5$,其他参数值及实验过程均不改变,再次进行 P 型迭代学习控制实验,进行了 4 次迭代,实验结果如图 6.11 所示。图中虚线为软化的转速给定曲线,实线从右向左依次是第

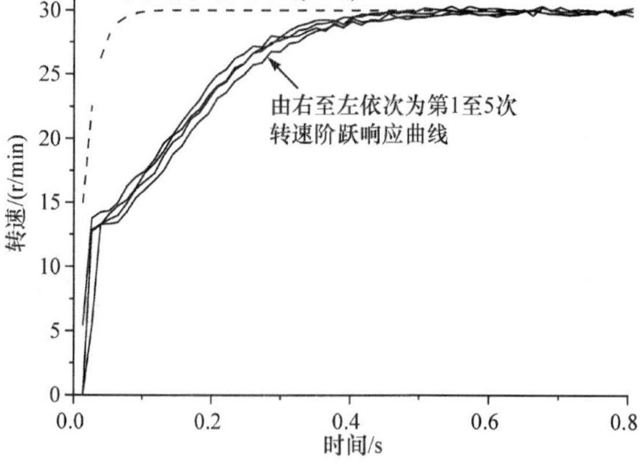

图 6.11　转速阶跃响应曲线($K_P=0.8,\beta=0.5$)

1 至第 4 次阶跃响应。表 6.6 为对应的控制性能指标，上升时间减小，但不明显，可继续增大 K_P 参数值以加大控制强度。

表 6.6　P 型迭代学习控制性能指标($K_P=0.8,\beta=0.5$)

实验次数	上升时间/s	调节时间/s	超调量/%	稳态误差/(r/min)
1	0.403	0.429	0	0.152
2	0.377	0.377	0	0.242
3	0.403	0.403	0	0.222
4	0.351	0.351	0	0.342

取 $K_P=3.5$、$\beta=0.7$ 进行实验。首先采用 $K_P=2$、$K_I=3$ 的 PI 控制器进行第一次阶跃响应实验，共进行 9 次实验，得图 6.12 所示阶跃响应曲线，特性数据见表 6.7。图中虚线是软化的转速给定曲线。表 6.7 数据表明，第 6 次阶跃响应过程的上升时间和调节时间都没有继续减小，转速稳态波动误差增大。可以认为迭代学习至第 6 次就可以结束了。实验结果表明，K_P 值越大，迭代学习收敛速度越快，但稳态波动误差也增大。为进一步加快收敛，减少迭代次数，可以尝试增大 K_P 值。

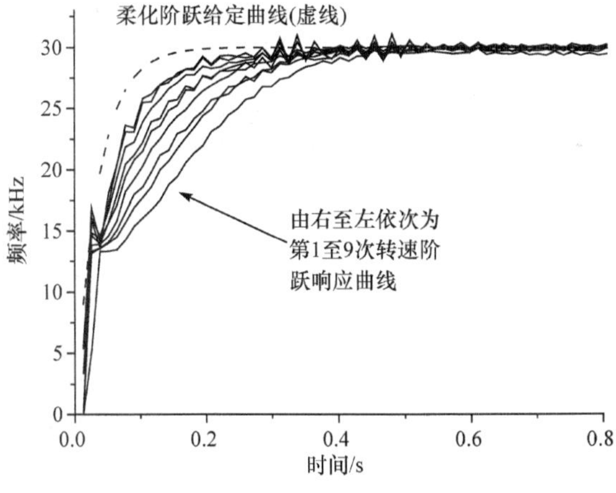

图 6.12　转速阶跃响应曲线($K_P=3.5,\beta=0.7$,实测)

表 6.7　P 型迭代学习控制性能指标($K_P=3.5,\beta=0.7$)

实验次数	上升时间/s	调节时间/s	超调量/%	稳态误差/(r/min)
1	0.403	0.429	0	0.152
2	0.338	0.338	0	0.198
3	0.351	0.390	0	0.144

续表

实验次数	上升时间/s	调节时间/s	超调量/%	稳态误差/(r/min)
4	0.312	0.338	0	0.288
5	0.286	0.312	0	0.174
6	0.286	0.312	0	0.203
7	0.286	0.364	0	0.404
8	0.195	0.338	0	0.377
9	0.195	0.364	0	0.313

取 $K_P=10$、$\beta=0.7$，首次实验仍采用 $K_P=2$、$K_I=3$ 的 PI 控制器，再次进行迭代学习控制实验，得图 6.13 所示 5 次阶跃响应过程及表 6.8 所示性能数据。图 6.13 表明，第 5 次阶跃响应出现明显的转速振荡，因而终止迭代学习进程。对比表 6.7、表 6.8 数据表明，电机转速控制性能相差不大。可见，K_P 值越大，迭代学习收敛速度越快，但稳态波动误差也增大；当稳态波动增大到一定程度，就出现振荡。

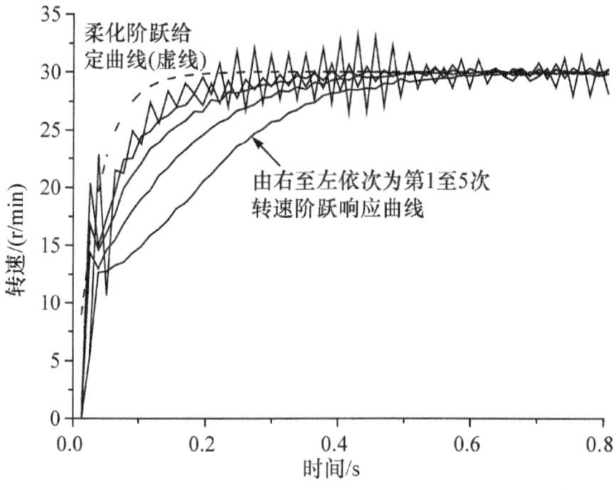

图 6.13　转速阶跃响应曲线($K_P=10$, $\beta=0.7$)

表 6.8　P 型迭代学习控制性能指标($K_P=10$, $\beta=0.7$)

实验次数	上升时间/s	调节时间/s	超调量/%	稳态误差/(r/min)
1	0.494	0.494	0	0.147
2	0.364	0.390	0	0.274
3	0.312	0.338	0	0.203
4	0.234	0.442	0	0.592
5	—	—	—	—

上述 P 型迭代学习控制实验中，电机能够无超调运行，通过迭代学习，电机控制性能逐渐趋好，P 型迭代学习策略是有效的。控制参数取 $K_P=3.5$、$\beta=0.7$ 时，电机的转速控制性能较好，但转速响应曲线的上升时间还是比较长。当增加 K_P 即增加控制强度之后，上升时间有所减小，但会导致较大的稳态波动误差。同时，迭代学习控制过程虽然能够单调收敛，但趋近期望响应曲线时，收敛速度放慢，学习过程对控制性能的改进量变小。

考察控制策略式(6.4)，其中仅有一个控制参数 K_P，其值的确定需要同时兼顾动态、稳态控制性能及学习收敛性能。对简单的被控对象，也许可以设定一个 K_P 值，使得这几种不同的性能要求得到较好的折中。但对于复杂对象，如超声波电机，虽然能够通过记忆、学习，实现控制性能渐进，但显然无法兼顾上述几种性能要求。基于此，考虑在式(6.4)中增加误差的积分项，构成 PI 型迭代学习控制，以期获得更好的控制性能。

6.3　超声波电机 PI 型迭代学习控制

在式(6.4)中增加误差的积分项，得 PI 型迭代学习控制策略

$$u_{k+1}(t)=u_k(t)+K_P e_{k+1}(t)+K_I\int e_{k+1}(t)\mathrm{d}t \tag{6.8}$$

式中，K_I 为积分学习增益。增加转速误差的积分项，有可能在增大控制强度的同时抑制超调，减小稳态转速波动，使系统运行更加平稳。

下面对超声波电机 PI 型迭代学习转速控制系统进行实验研究。PI 型迭代学习控制的实验步骤与 P 型迭代学习控制相同。设定给定转速为 30r/min，选取不同的 K_P、K_I、β 值进行阶跃响应实验，考察控制参数对控制和学习性能的影响。

设置参数值分别为 $K_P=0.8$、$K_I=2$ 的 PI 控制器来控制超声波电机进行第一次阶跃响应实验，进行 PI 型迭代学习控制的实验研究，迭代进行 4 次阶跃响应实验，得到实验结果如图 6.14 及表 6.9 所示。与 6.2 节相同参数值的 P 型迭代学习控制结果比较，在相同的迭代次数下，PI 型迭代学习控制所得阶跃响应的调节时间减小，表明增加积分环节在一定程度上提高了控制器的输出控制强度。表 6.9 数据表明，相对 P 型迭代学习控制策略而言，稳态误差减小，这得益于适度的积分控制作用能够使电机更稳定地运行。但是，表 6.9 数据也表明，超调量在迭代学习过程中逐渐增大，这是不利的。

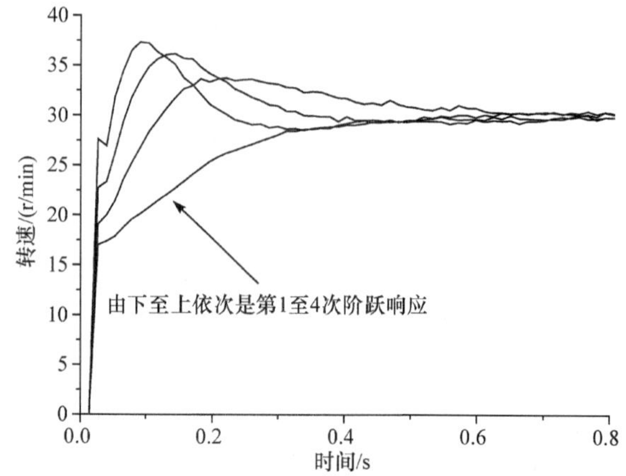

图 6.14　转速阶跃响应曲线($K_P=0.8,K_I=2$)

表 6.9　PI 型迭代学习控制性能指标($K_P=0.8,K_I=2$)

实验次数	上升时间/s	调节时间/s	超调量/%	稳态误差/(r/min)
1	0.403	0.403	0	0.191
2	0.117	0.494	12.37	0.208
3	0.065	0.299	20.50	0.266
4	0.052	0.429	24.43	0.183

取 $K_P=3$、$K_I=2$，进行 PI 型迭代学习控制，得电机转速阶跃响应过程如图 6.15 及表 6.10 所示。分析表 6.10 所示数据，随着迭代次数增加，调节时间虽然逐渐减小，但是与表 6.9 比较，相同迭代次数的调节时间是增大的；同时，超调量

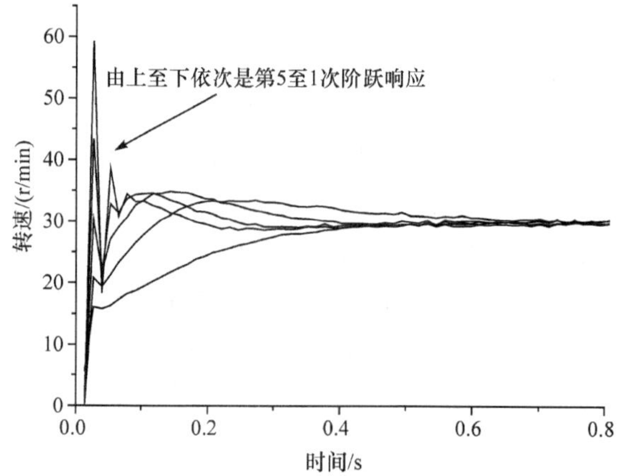

图 6.15　转速阶跃响应曲线($K_P=3,K_I=2$)

依然逐渐增加，上升时间逐渐减小，即随着迭代的进行，控制作用越来越强，导致转速更快上升，也导致越来越大的超调量。分析图 6.15 所示响应过程，迭代次数的增加，导致超调量的数据点都是第一个或是前几个时间点。根据 6.2 节实验过程中的经验，对转速的阶跃给定信号进行软化处理，来减小起始点的误差值及控制强度。

表 6.10　PI 型迭代学习控制性能指标($K_P=3,K_I=2$)

实验次数	上升时间/s	调节时间/s	超调量/%	稳态误差/(r/min)
1	0.429	0.429	0	0.178
2	0.117	0.533	11.47	0.198
3	0.026	0.325	16.13	0.268
4	0.026	0.221	44.53	0.278
5	0.026	0.351	97.50	0.208

取 $K_P=2$、$K_I=3$、$\beta=0.6$，得到实验结果如图 6.16 及表 6.11 所示。图 6.16 中，虚线是软化过后的转速给定曲线；图示阶跃响应曲线，在转速上升过程中出现突升突降的现象，表明此时的控制作用过于强烈，应进一步改变 β 值。保持 K_P、K_I 参数值不变，分别设置 β 值为 0.7、0.8，进行 PI 型迭代学习控制实验，得到图 6.17、图 6.18 所示阶跃响应过程。从两图中可以看出，在上升过程中还是有转速突变现象；β 值增大，转速初始上升减缓，突变幅度减小，控制效果好于图 6.16；但同时也导致阶跃响应的调节时间增大。

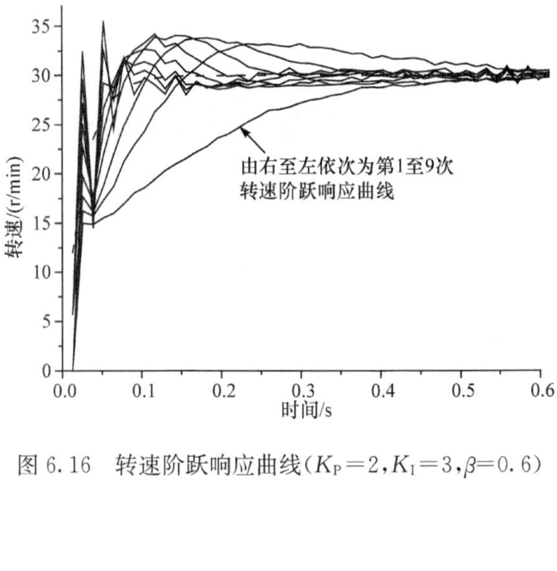

图 6.16　转速阶跃响应曲线($K_P=2,K_I=3,\beta=0.6$)

表 6.11　PI 型迭代学习控制性能指标($K_P=2, K_I=3, \beta=0.6$)

实验次数	上升时间/s	调节时间/s	超调量/%	稳态误差/(r/min)
1	0.455	0.455	0	0.228
2	0.156	0.546	10.73	0.199
3	0.104	0.338	12.67	0.190
4	0.078	0.364	13.47	0.267
5	0.078	0.351	13.93	0.229
6	0.065	0.299	8.87	0.250
7	0.052	0.286	5.20	0.280
8	0.026	0.247	8.37	0.331
9	0.026	0.208	18.40	0.462

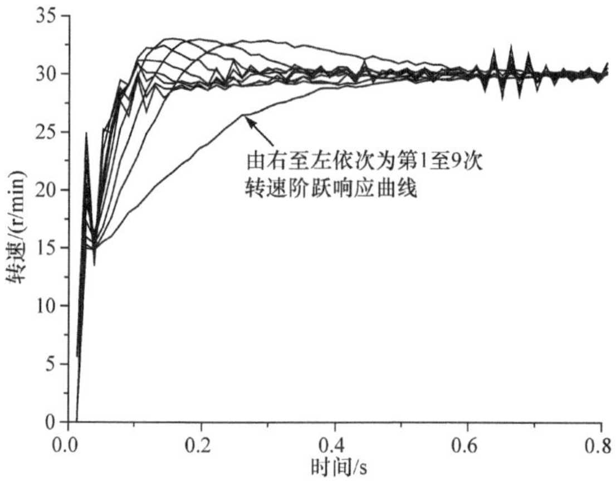

图 6.17　转速阶跃响应曲线($K_P=2, K_I=3, \beta=0.7$)

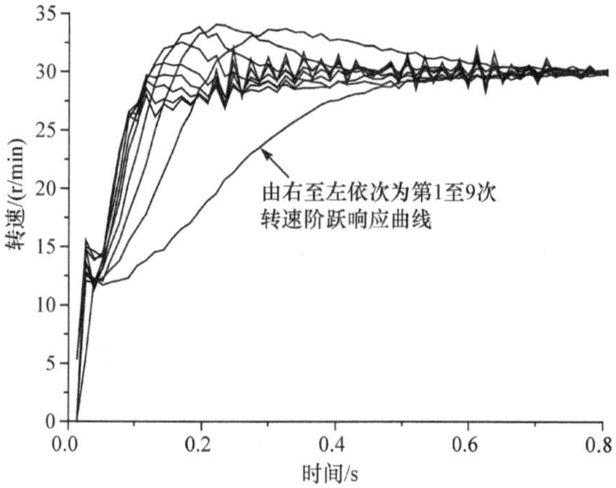

图 6.18　转速阶跃响应曲线($K_P=2, K_I=3, \beta=0.8$)

进一步，取将 PI 参数值为 $K_P=0.8$、$K_I=1$，令 $\beta=0.7$，迭代进行 8 次阶跃响应实验，得图 6.19 及表 6.12 所示实验结果。图 6.19 表明，一直存在超调量，且随着迭代次数的增加，转速上升阶段的控制强度渐增，转速上升渐快，超调逐渐增大，增大幅度越来越小。表 6.12 数据表明，随着迭代次数的增加，调节时间逐渐减小，但数值还是偏大。

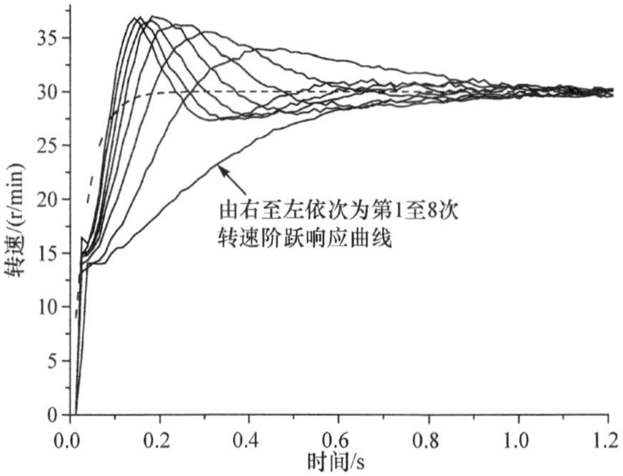

图 6.19　转速阶跃响应曲线（$K_P=0.8$，$K_I=1$，$\beta=0.7$）

表 6.12　PI 型迭代学习控制性能指标（$K_P=0.8$，$K_I=1$，$\beta=0.7$）

实验次数	上升时间/s	调节时间/s	超调量/%	稳态误差/(r/min)
1	0.780	0.780	0	0.238
2	0.260	0.936	13.2	0.154
3	0.182	0.845	18.43	0.160
4	0.143	0.845	20.77	0.171
5	0.130	0.676	23.23	0.187
6	0.117	0.572	21.90	0.295
7	0.104	0.520	23	0.260
8	0.104	0.455	22.7	0.332

设置 $K_P=2$、$K_I=6$，取 β 分别为 0.8、0.5，进行两组迭代学习控制实验，得到图 6.20、图 6.21 所示转速阶跃响应。可以看出，图 6.21 中控制强度过大，随着迭代次数的增加，超调量越来越大，控制效果不理想。比较而言，图 6.20 的控制过程相对较好。

表 6.13 给出了图 6.20 所示阶跃响应的控制性能数据，可以明显看出迭代学习的渐进收敛过程，稳态误差相对较小，调节时间与超调量适中。

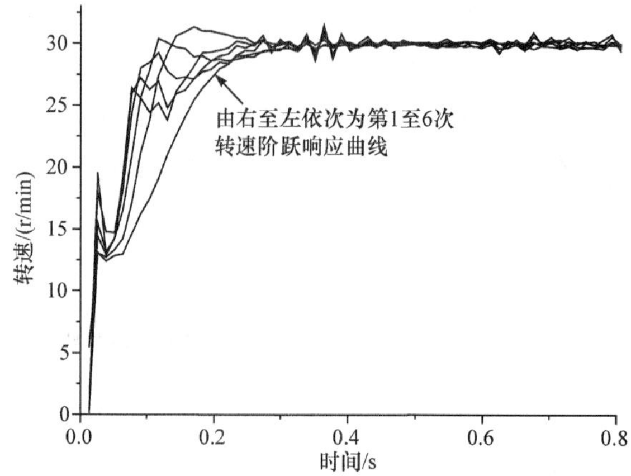

图 6.20 转速阶跃响应曲线($K_P=2, K_I=6, \beta=0.8$)

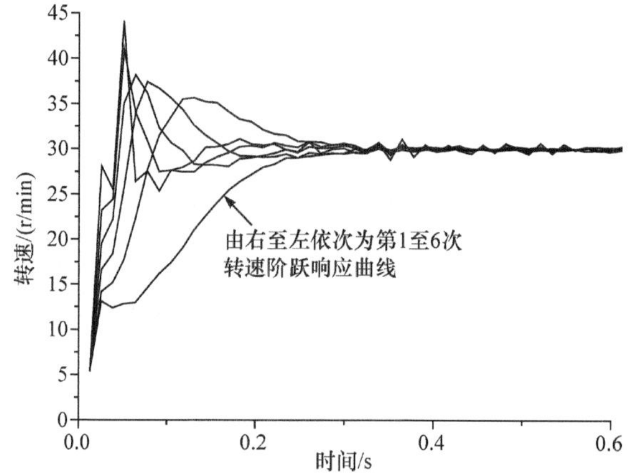

图 6.21 转速阶跃响应曲线($K_P=2, K_I=6, \beta=0.5$)

表 6.13 PI 型迭代学习控制性能指标($K_P=2, K_I=6, \beta=0.8$)

实验次数	上升时间/s	调节时间/s	超调量/%	稳态误差/(r/min)
1	0.26	0.26	0	0.142
2	0.13	0.208	4.47	0.145
3	0.117	0.273	0	0.155
4	0.117	0.247	0	0.198
5	0.221	0.221	0	0.267
6	0.182	0.39	0	0.291

上述 PI 型迭代学习控制实验表明,选取 $K_P=2$、$K_I=6$、$\beta=0.8$ 时,性能相对较好。

6.4　超声波电机PD和PID型迭代学习控制

回顾6.2节、6.3节，无论是P型还是PI型迭代学习转速控制策略，在研究过程中，当调整控制参数值以期得到更好控制效果的时候，总是面临着超调量、调节时间等多个指标之间的折中；同时，阶跃响应起始阶段过大的控制强度所导致的转速超调、响应曲线凹陷问题，也一直困扰着我们。回顾迭代学习控制的基本原理，考察图6.1与式(6.4)、式(6.8)，在一次次迭代学习的控制过程中，前次控制量持续地被累加到当前控制量上，直到整个响应过程中的误差一直保持为零，控制器在一次响应过程中给出的控制量曲线才会不再变化，达到完全收敛状态。但是，对于阶跃响应过程这一特定情况，给定值在起始时刻发生跃变；由于被控对象(超声波电机)存在惯性，在给定值跳变的时刻，或者更准确地说，在响应起始阶段，误差一定不为零。于是，在P型、PI型迭代学习转速控制过程中，起始阶段的控制量在一次次迭代中，不断累加，越来越大。这种类似于积分作用的控制量累积，是导致超调、转速快速上升然后下陷等现象出现的主因。虽然引入阶跃给定值的柔化处理可以削弱这些现象，但只是延缓控制量不断累积的进程，起始阶段的控制量依然在增加，问题并未得到根本解决。因此需要考虑调整控制策略本身，以寻求解决之道。

考察控制量时域表达式(6.3)，其中的微分项可以感知误差的当前变化方向与变化速率。在转速阶跃响应的起始阶段，随着电机转速不断增大，误差值在减小，式(6.3)中的微分值为负。也就是说，此时微分项的作用，是减小控制量值；而上述问题正是由控制作用过强所导致的，故需要减弱控制作用。于是，考虑在6.2节、6.3节研究P型、PI型迭代学习转速控制的基础上，增加微分学习增益，探究超声波电机PD型、PID型迭代学习转速控制的可行性。

6.4.1　超声波电机PD型迭代学习转速控制

由式(6.3)，取其中的比例项和微分项，可得PD型迭代学习控制律的时域表达式为

$$u_{k+1}(t)=u_k(t)+K_{\mathrm{P}}e_k(t)+K_{\mathrm{D}}\frac{\mathrm{d}e_k(t)}{\mathrm{d}t} \tag{6.9}$$

式(6.9)表明，转速控制系统第$k+1$次的控制量，等于系统第k次的控制量加上第k次误差的比例、微分调整项。由于未使用当前误差进行计算，式(6.9)所示的学习控制律事实上属于开环控制。根据6.2节、6.3节研究经验，可考虑用当前

误差 $e_{k+1}(t)$替代式(6.9)中的 $e_k(t)$,构成一种闭环控制策略。即

$$u_{k+1}(t)=u_k(t)+K_P e_{k+1}(t)+K_D \frac{de_{k+1}(t)}{dt} \tag{6.10}$$

取超声波电机的模型为式(3.1),采用表 3.1 给出的模型参数,在 MATLAB 环境中搭建仿真系统,对超声波电机 PD 型迭代学习转速控制系统进行仿真研究。

首先,采用式(6.9)控制律,选取电机模型参数为表 3.1 所示第一组模型参数。转速阶跃给定值为 30.3r/min,设置控制参数 $K_P=1.5$、$K_D=0.0027$ 进行仿真,迭代学习 4 次得到图 6.22 所示转速阶跃响应。从图中可以看出,开环 PD 型迭代学习控制系统,在上升过程中转速振荡幅度大,控制效果不好。

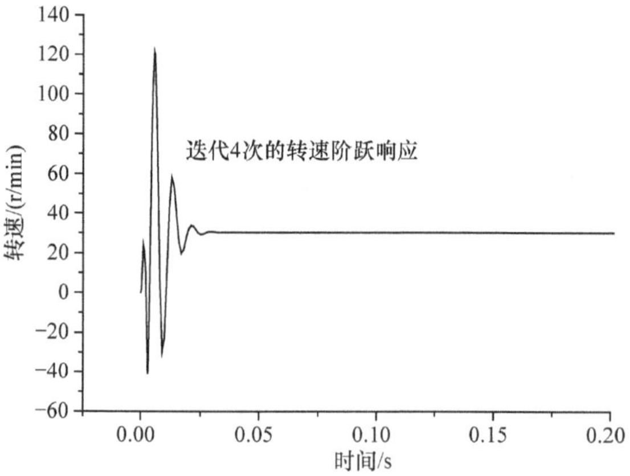

图 6.22　转速阶跃响应($N_{ref}=30.3$r/min,开环迭代学习)

随后,采用式(6.10)控制律,进行闭环 PD 型迭代学习转速控制系统仿真研究。为了比较开、闭环迭代控制效果,选用相同的电机模型参数和控制参数值进行仿真,转速阶跃给定值亦为 30.3r/min,迭代学习 4 次得到图 6.23 所示的转速阶跃响应曲线,表 6.14 为对应的控制性能指标数据。随后,分别采用表 3.1 所示第二、三组模型参数,设定转速阶跃给定值分别为 53.6r/min、62.8r/min,进行闭环 PD 型迭代学习转速控制系统仿真,结果如图 6.24、图 6.25 所示,对应的控制参数值分别是 $K_P=2.162$、$K_D=0.0031$,$K_P=2.5$、$K_D=0.0042$。从上述图表可以看出,闭环 PD 型迭代学习转速控制效果优于开环迭代学习策略,经过数次迭代后,转速阶跃响应性能指标较好,转速上升段平稳,无超调,稳态转速波动小。

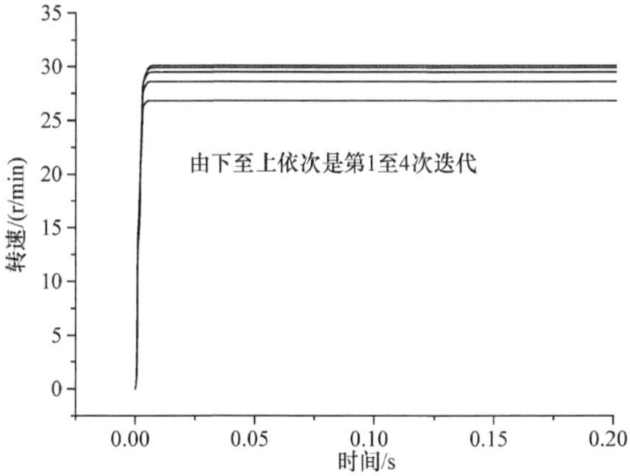

图 6.23　转速阶跃响应（N_{ref}=30.3r/min，闭环迭代学习）

表 6.14　闭环 PD 型迭代学习控制性能指标（N_{ref}=30.3r/min）

迭代次数	上升时间/s	调节时间/s	超调量/%	稳态误差/(r/min)
无迭代	0.0043	0.0058	0	3.4681
1	0.0042	0.0057	0	1.6839
2	0.0057	0.0078	0	0.8176
3	0.0055	0.0063	0	0.397
4	0.005	0.0067	0	0.1927

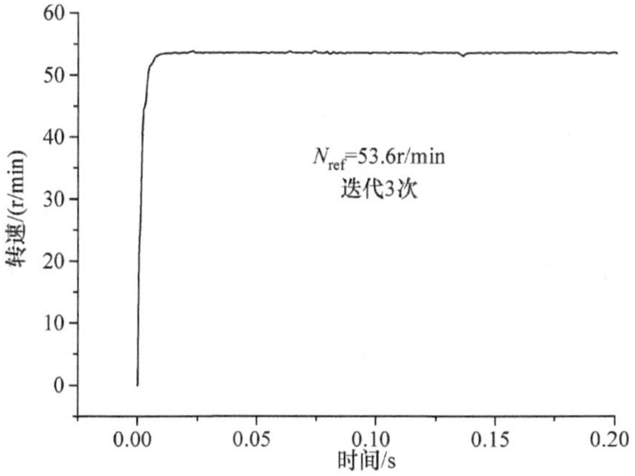

图 6.24　转速阶跃响应（闭环迭代学习）

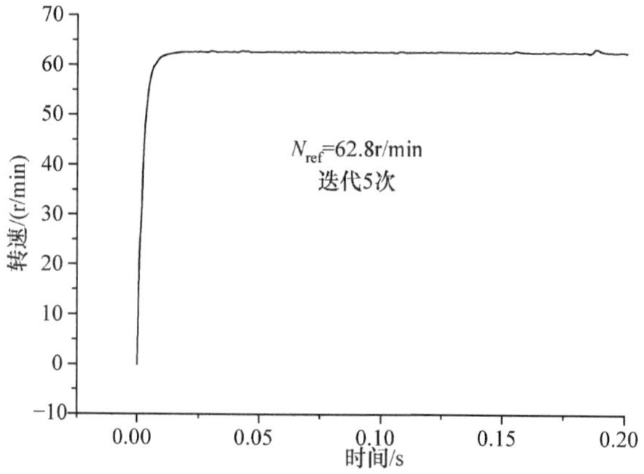

图 6.25　转速阶跃响应(闭环迭代学习)

6.4.2　超声波电机 PID 型迭代学习转速控制

用当前误差 $e_{k+1}(t)$ 替代式(6.3)中的前次误差 $e_k(t)$，构成闭环 PID 型迭代学习控制律

$$u_{k+1}(t) = u_k(t) + K_P e_{k+1}(t) + K_I \int e_{k+1}(t)\mathrm{d}t + K_D \frac{\mathrm{d}e_{k+1}(t)}{\mathrm{d}t} \tag{6.11}$$

进一步，考虑到超声波电机的时变特性，在式(6.11)中引入遗忘因子，构成带遗忘因子的 PID 型迭代学习控制律

$$u_{k+1}(t) = (1-\lambda)u_k(t) + K_P e_{k+1}(t) + K_I \int e_{k+1}(t)\mathrm{d}t + K_D \frac{\mathrm{d}e_{k+1}(t)}{\mathrm{d}t} \tag{6.12}$$

式中，λ 为遗忘因子，且有 $0 \leqslant \lambda < 1$。

式(6.12)中引入遗忘因子，使得控制量的数值更多地取决于系统当前的误差等状态信息，之前的控制量记忆被逐渐遗忘，以适应于系统状态随时间的变化。同时，已有研究表明(曹伟等，2015)，加入遗忘因子能够加快迭代学习时控制过程的收敛速度，在一定程度上抑制抖动，使迭代过程中的控制响应曲线更平滑，有利于保证迭代过程的收敛性和控制过程的鲁棒性。

关于遗忘因子 λ 如何取值，目前还没有成熟有效的设定方法。考察式(6.12)可知，遗忘因子取值过大，学习过程中有用的记忆信息也会被快速遗忘，可能使学习算法不能收敛至理想值。遗忘因子取值过小，控制算法趋于传统的 PID 型迭代学习控制。所以，需要通过仿真不断调整 λ 值，以得到期望的控制效果。

在 MATLAB 环境中搭建仿真系统，对带遗忘因子的 PID 型迭代学习转速控制系统进行仿真研究。设定转速阶跃给定值为 30r/min，在 $0 \leqslant \lambda < 1$ 范围内，取多个不同数值的遗忘因子分别进行仿真，图 6.26 给出了不同遗忘因子数值情况下的转速阶跃响应曲线对比；随着遗忘因子增大，阶跃响应过程的超调量逐渐减小。当 $\lambda = 0.6$ 时，可在三次迭代学习之后，得到相对性能较好的阶跃响应过程。

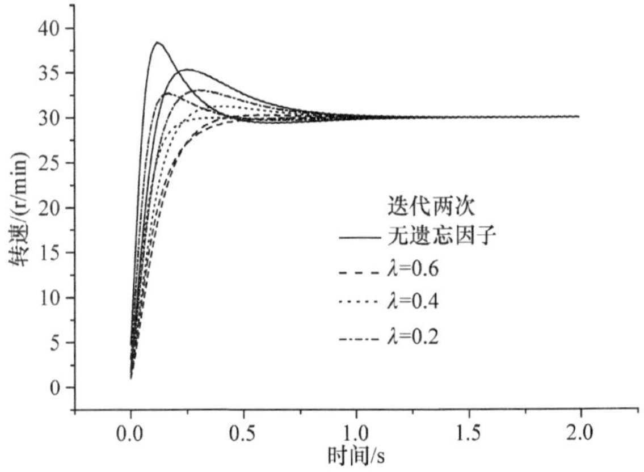

图 6.26　转速阶跃响应（$N_{ref}=30$r/min）

设定 $\lambda = 0.6$，在转速阶跃给定值分别为 30r/min、60r/min、90r/min、120r/min 的情况下，进行迭代学习控制系统仿真，得到迭代三次的转速阶跃响应曲线，分别如图 6.27～图 6.30 所示。可见，不同转速情况下，控制效果均较好。

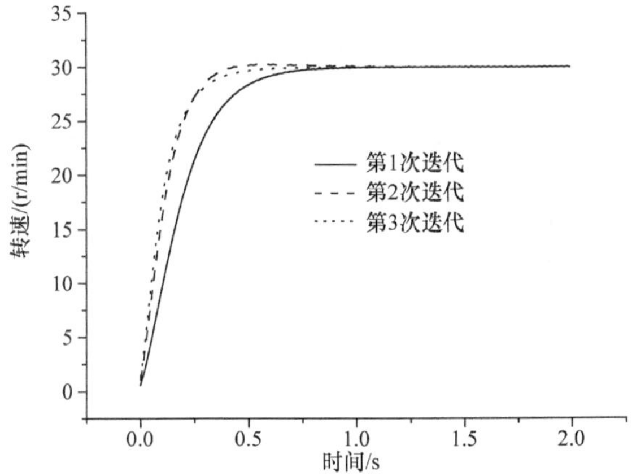

图 6.27　转速阶跃响应（$N_{ref}=30$r/min）

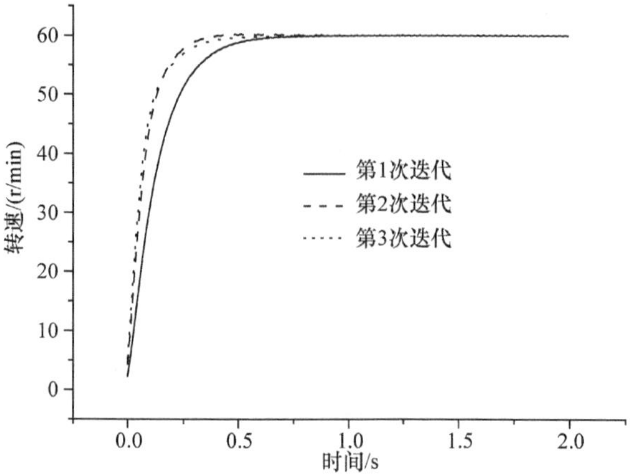

图 6.28 转速阶跃响应(N_{ref}=60r/min)

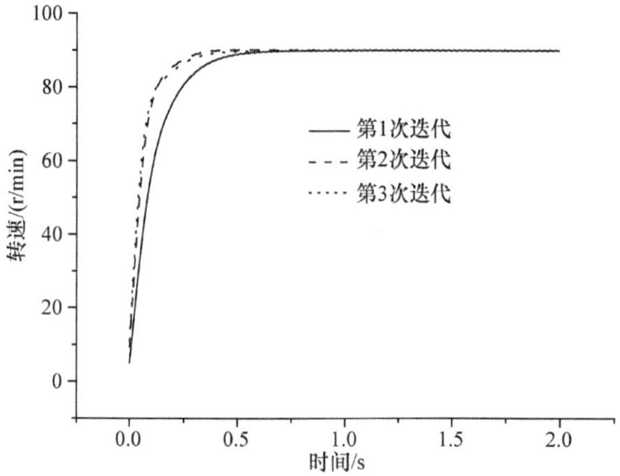

图 6.29 转速阶跃响应(N_{ref}=90r/min)

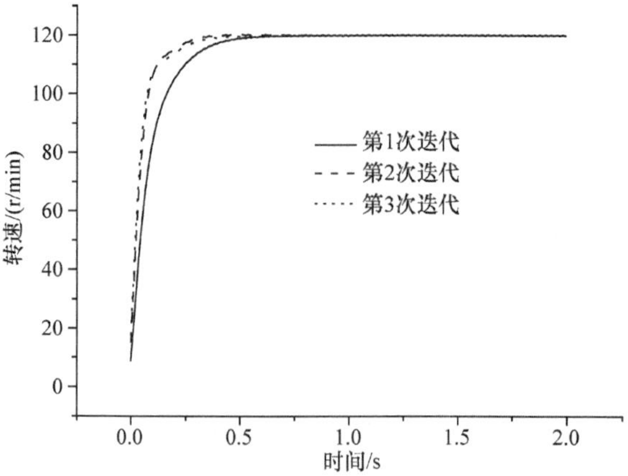

图 6.30 转速阶跃响应(N_{ref}=120r/min)

6.5　超声波电机非线性正割迭代学习控制

迭代学习控制是针对具有可重复性的被控对象，利用对象的可重复性，通过多次重复运行过程中的渐进学习，得到期望的控制性能。这里所谓可重复性，有两层含义：一是指每次系统运行过程的给定值是相同的，即期望响应过程是重复的；二是指被控对象数学模型的向量函数在每一次重复运行过程中，相互之间的函数关系是不变的。这样就可以利用前一次或几次运行积累的控制经验，来寻求一个更趋理想的控制量变化曲线，从而能够使被控对象的输出达到控制期望。

而从本质上来看，这个迭代的学习过程是一个优化过程，优化目标为响应过程中任意时刻控制误差均为 0。对于复杂被控对象，尤其是非线性被控对象，传统的固定增益迭代优化不易得到好的优化过程，于是提出了非线性迭代学习控制策略。式(6.13)为采用正割学习率的非线性迭代学习控制算式（许建新等，2005）

$$u_{k+1}(t)=u_k(t)+K_{\mathrm{P}}\frac{e_k(t)-e_{k-1}(t)}{u_k(t)-u_{k-1}(t)} \tag{6.13}$$

与式(6.1)相比，式(6.13)等号右侧第二项给出的控制改进量，不是与控制误差直接相关，而是连续两次控制过程的误差变化量与控制量变化量的比值，类似于连续域中梯度下降优化方法所采用的微分运算。这个比值表达了改变控制量导致的误差变化，如实反映了被控对象的特征；如果被控对象是非线性的，这个比值也是非线性的。同时，由于比值计算采用的是测量得到的真实值，而非计算值或估计值，于是也就能够跟随被控对象的时变特性而变化，具有一定的自适应能力。总的来说，对于非线性的超声波电机，正割迭代学习控制采用近似的梯度下降优化方法，并具有一定的跟踪被控对象非线性及时变特性的能力，其学习过程和控制响应有可能优于式(6.1)控制方法。

采用式(6.13)所示非线性迭代学习控制策略作为超声波电机转速控制器，编写控制程序，进行实验研究。所用实验电机为 Shinsei USR60 型两相行波超声波电机，电机驱动电路为两相 H 桥结构，控制器由 DSP 芯片实现，电机转速采用光电编码器在线测量并反馈给控制器。控制器输出控制量取为超声波电机的驱动频率。

实验中，电机转速给定值设定为阶跃形式，实验测取电机控制系统的阶跃响应过程。设定式(6.13)中 $K_{\mathrm{P}}=3.5$，进行非线性迭代学习控制实验，得转速阶跃响应如图 6.31 所示。实验中，连续进行了 4 次阶跃响应控制过程，图中给出了第 3、4 次非线性迭代学习的转速控制响应过程。可以看出，第 3 次响应过程中，当电机转速达到稳态后，出现了 5 次明显的凹陷；而第 4 次响应过程中，转速突然跌落至 5r/min 左右。分析实验数据得知，在转速凹陷的前一采样时刻，式(6.13)所示控

制律中的分母 $u_k(t)-u_{k-1}(t)$ 值为 0，于是导致该式计算结果异常，控制器也就无法对转速进行合理控制，出现了图 6.31 所示的转速凹陷与跌落。在控制程序中计算式(6.13)之前，加入对 $|u_k(t)-u_{k-1}(t)|$ 取值的判断，保证该值不为 0。再次进行实验，图 6.31 所示的转速凹陷与跌落现象消失，电机运行正常，响应过程如图 6.32 所示。

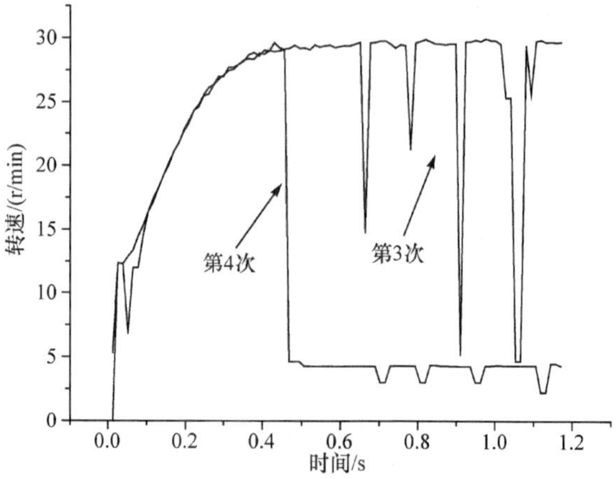

图 6.31　转速阶跃响应实验曲线($K_P=3.5$)

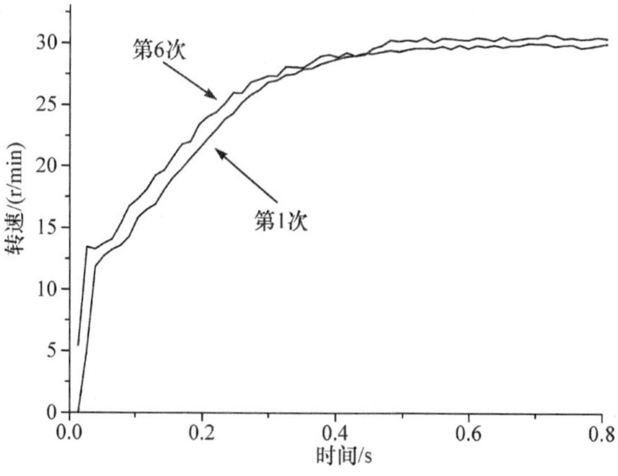

图 6.32　转速阶跃响应实验曲线($K_P=3.5$，分母限值)

图 6.32 为第 6 次与第 1 次响应过程的转速响应对比，由图可看出控制效果改进缓慢，即学习速率过低，可考虑增大 K_P 值。设 $K_P=10$，得实验结果如图 6.33 所示。图示响应曲线由下至上，对应控制次数渐增。可以看出，图示控制响应的学习过程是渐进的，控制性能的改进速率较图 6.32 加快，但改进依然缓慢，可考虑进一步增大 K_P 值。另外，在第 5 次控制响应过程中，出现了稳态误差。

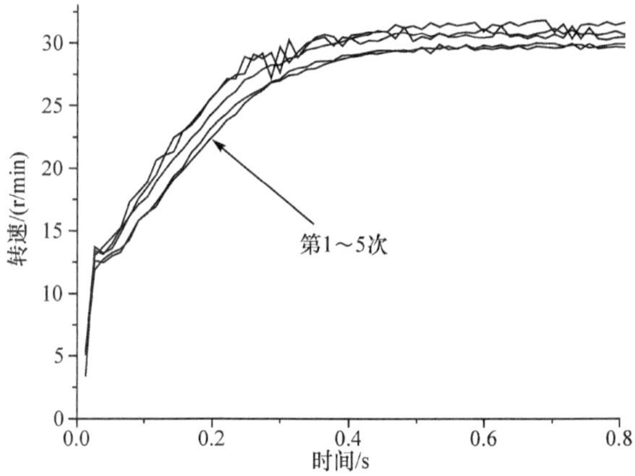

图 6.33　转速阶跃响应实验曲线($K_P=10$)

考察非线性正割迭代学习控制律式(6.13)。控制律仅包含了前次响应过程的误差信息，与当前响应过程的误差无关。对于非时变的线性控制对象，控制律式(6.13)可保证更好的学习收敛过程；但对于时变的被控对象，尤其是时变明显的超声波电机，由于式(6.13)基于前次控制过程信息改进本次控制性能，未包含当前已经变化了的电机控制参数特性，因此无法保证当前控制过程的控制效果，甚至出现了稳态误差。本质上，由于没有包含当前的控制误差信息，控制律式(6.13)是一种开环学习/控制律，它有可能保证学习过程的渐近收敛，但无法根据当前的超声波电机控制效果进行适当改变；而超声波电机的时变性使得当前的对象，已经不同于前次的对象。这正如图 6.32、图 6.33 实验结果表明的，增大 K_P，学习收敛过程加速，转速阶跃响应上升时间有所减少，但是更大的 K_P 也放大了稳态误差。

基于上述考虑，将正割非线性迭代学习控制算式修改为

$$u_{k+1}(t)=u_k(t)+K_P\left(\frac{e_k(t)-e_{k-1}(t)}{u_k(t)-u_{k-1}(t)}+\lambda e_{k+1}(t)\right)\tag{6.14}$$

式中，λ 为正常数。

与式(6.13)相比，式(6.14)增加了当前误差 $e_{k+1}(t)$，用来消除稳态误差，同时也可加快动态响应速度。在影响闭环控制响应过程的同时，$e_{k+1}(t)$项的加入也会影响迭代学习过程，参数 λ 用来调整梯度下降与 P 型两种学习律对学习过程的作用程度(权重)，以得到合适的学习收敛速率及稳定的收敛过程。一般来说，学习过程应以梯度下降学习率为主导。λ 的具体取值与式(6.14)中括号内两项数值的相对大小相关。本节超声波电机转速控制中，分式项的数值小于 $e_{k+1}(t)$项，其差别小于一个数量级。于是，取 $\lambda=0.1$，使分式项权重稍大，迭代学习过程以梯度下降优化为主。

编写 DSP 控制程序，采用式(6.14)进行转速迭代学习控制实验，得实验结果

如图 6.34 所示。实验连续进行了 4 次阶跃响应控制过程,可见学习导致的控制性能改进速度加快,响应过程没有稳态误差,没有超调,第 4 次运行得到的响应过程已较好。

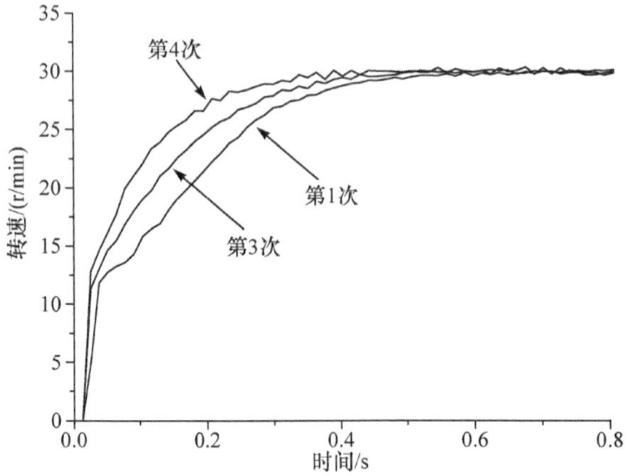

图 6.34　转速阶跃响应实验曲线($K_P=10,\lambda=0.1$)

本节针对超声波电机的控制非线性与时变特性,给出了基于非线性正割迭代学习的超声波电机转速控制策略。根据控制实验结果,提出了针对超声波电机时变特点的控制策略改进形式,适当考虑当前控制误差,以消除稳态误差,改善迭代学习收敛过程。实验表明,控制效果较好,为超声波电机转速控制提供了一种计算量较小的控制策略。

参考文献

曹伟,戴学丰,刘艳菊. 2015. 移动机器人的可变遗忘因子离散迭代学习控制[J]. 北京工业大学学报,40(10):1516-1521.

方忠,韩正之,陈彭年. 2002. 迭代学习控制新进展[J]. 控制理论与应用,18(2):161-166.

刘玉,史敬灼. 2015. 超声波电动机 P 与 PI 型迭代学习转速控制[J]. 微特电机,43(1):39-42.

宋乐,史敬灼. 2015. 超声波电机非线性正割迭代学习转速控制[J]. 微电机,48(2):62-64.

许建新,侯忠生. 2005. 学习控制的现状与展望[J]. 自动化学报,31(6):131-143.

于少娟,齐向东,吴聚华. 2005. 迭代学习控制理论及应用[M]. 北京:机械工业出版社.

Chen T C, Yu C H, Tsai M C. 2008. A novel driver with adjustable frequency and phase for traveling-wave type ultrasonic motor[J]. Journal of the Chinese Institute of Engineers, 31(4): 709-713.